Encyclopedia of
World & Japanese
Alcoholic Drinks

世界の酒
日本の酒
ものしり
事典

外池良三・編

Sake Awamori Shochu Irish Whiskey Aquavit Apple Brandy Absinthe Amer Picon
American Whiskey American Wine Argentina Wine Altbier Armagnac Italian Wine Vodka Ale
Austrian Wine Canadian Whisky Calvados Chianti Cointreau Cognac Goldwasser Sherry
Chartreuse Champagne Gin Scotch Whisky Spanish Wine Tequila Napoleon
Bourbon Whisky Punch Pilsner Bier Pink Lady Brandy Benedictine
Porter Port Malaga Marsala Liqueur London Gin etc

東京堂出版

序　言

人類にとって、長年の悪友だと思う。酒のことだ。

実際、この悪友に悩まされた人は枚挙に暇がないだろう。半面、この友によって、かつてないほどの癒しや喜びを得たという人は、もっと多くの数に上るのではないか。そもそも酒が無ければ、人類の歴史自体が、ずいぶんと平板で、素っ気ないものになっていたはずだ。

さて、順序があとさきになったが、この事典の成り立ちを説明しておかなければならないだろう。本書は、昭和五十年六月に初版を刊行した、外池良三著『酒の事典』を基にしている。この本は、外池良三氏の醸造に関する専門性と、酒類全般にわたる幅広い知識を基に独自の特徴を持ち、読者の広い支持を得て、版を重ねたと聞いている。外池氏は残念ながら平成七年にお亡くなりになった。

発行元の東京堂出版から、今日の情況を踏まえ、新たに項目の整理（追加・削除）、表記・表現の見直しなど全面改訂を行い、『酒の事典』を再生・復活させたいとの申し出があったのは平成十五年のことだった。

人間社会が変化すれば、酒もそれに合わせて進化を続ける。『酒の事典』初版が発売された時から三十年あまり。世界も、日本も、そして酒も大きく発展し、変化した。世紀が、年号が変わった。東西冷戦も、高度経済成長も終わった。吟醸酒など新たな酒が誕生し、焼酎が見直され、そしてワインなどの洋酒も一般の家庭にまで広く浸透した。この新版では、酒にまつわる新しい情報をできる限り盛り込んだつもりである。書名も『世界の酒日本の酒ものしり事典』と、より内容に即したものにした。ただ、「酒と酒席を楽しむ際、手がかりとなるような本を」という原作者の意図は尊重し、そのまま踏襲した。この本によって、飲みなれた〝友〟に、さらなる魅力を発見して頂くとともに、新たな〝友〟を見つけてくださる読者がいれば、こんなに嬉しいことはない。

なお、執筆にあたっては、日本醸造協会常務理事の石川雄章氏には全面的にご協力を頂いた。厚くお礼を申し上げる次第である。

平成十七年六月

多槑正芳

まえがき

「酒の事典」の話が私の所へ持ち込まれたのは友人の醸造試験所長村上博士からであった。その当時身辺がひまであったのでつい引受けてしまったが、それが約二年有余の苦しみともなったのである。四十年に近い年月を醸造の分野に携わってきた私にとって、「酒の事典」を書くということは、その生涯の決算のようなものであろうが、生れつきの浅学をさらしたような始末である。ただ、どこからでも気楽に読んで楽しめるような事典をと思いながら書き続けた。また、酒といっても広い領域なので不十分な点は少なくないと思うが、大方の叱正によってさらに完全正確なものにして行きたい。なお、ときどき特殊な用語が出てくるが、これは著者の全く個人的な好みから取り上げたもので、深い意味はない。

酒というものは不思議なものである。こんなものがと思いながら、長い間、人人のくらしの中に深いかかわりを持っている。この事典もそうしたかかわりの中に酒を楽しむ手がかりにでもなれば、著者にとっては望外の幸福である。

昭和五十年四月

藤沢にて

外池良三

分類目次

本文の項目の配列は五十音順に並んでいるので、検索の便をはかるため、以下のように項目名（太字）と、項目に準ずる語彙（明朝体）を九つに分類して、その中を五十音順に配列した。分類は便宜的なものである。

日本酒、焼酎

ウイスキー、ブランデー

ワイン

リキュール、カクテル

ジン、ウォッカなど洋酒

酒造工程関連語など

酒関連一般語

世界の酒日本の酒ものしり事典

あ

合　酒　あいしゅ

古酒と新酒を出荷する端境期《はざかい》に、古酒と新酒とを調合して出荷する酒のこと。

間　酒　あいしゅ

秋の彼岸ごろから造りはじめる「新酒」と、一月ごろの寒の入り前に造る「寒前酒」との間の時期に造る酒のこと。かつて、酒は秋の彼岸の頃から春までの間に仕込むものとされていたことから生まれた呼び名。古語。

アイスビール　Ice Beer

製造工程で、氷の結晶を形成させるまで冷やしてつくるビール。ドイツでは一世紀ほど前から行われていた製造法。不純物や雑味成分が氷とともに取り除かれることにより、後味がすっきりとした飲みやすいビールが生まれる。

アイス・ワイン　Ice Wine

凍結した完熟ぶどうから造るワイン。完熟したぶどうを樹に残して冬の寒さにさらし、凍らせてから醸造する。すると、水分が氷として残り、果糖分が凝縮され、非常に濃厚な果汁を得ることができる。その結果、極上の甘味と芳醇《ほうじゅん》な香りを持ち合わせた最高級ワインができあがるのである。主な生産地はカナダ、オーストリア、ドイツ。

【歴史】一七九四年の冬、ドイツ・フランコニア地方は早い霜に襲われ、熟したぶどうまで一気に凍結してしまった。思わぬ天災に途方に暮れた農民たちは、とりあえず捨てるはずのぶどうで僅かなワインを造ったところ、これまで味わったこともないような甘さと香りをもったワインになった。こうしてアイス・ワインの製造法が発見されたのである。その後、ドイツに続いてオーストリアやカナダ・オンタリオ州でもアイスワインの生産が始まった。近年、ドイツやオーストリアでは、温暖化の影響もあってぶどうが凍るまで気温が下がる日が少なく、安定したアイスワイン造りが困難になってきている。一方、カナダでは収穫期も氷点下八度以下を連続して三日間記録しなければぶどうを摘み取ることができないなど、厳しい規制を設けることでアイスワインの品質を維持している。

アイリッシュ・ウイスキー　Irish Whiskey

アイルランド島（イギリス領の北アイルランドと南部のアイルランド共和国とからなる）で製造されるウイスキー。スコッチウイスキーと並んでイギリスが世界に誇る特産物である。ちなみにアメリカでの法律上の規格では、スコッチをWhisky、アイリッシュをWhiskeyと書き分けている。

【歴史】　ロシア・ピョートル大帝（一六七二～一七二五）は「すべての酒のうちで、アイリシュの酒が最高である」と、アイリッシュウイスキーに対して賛辞を送っている。ウイスキーの製造は一〇〇〇年以上の歴史を持つといわれるが、実際、アイルランドの先住民族・ゲール人の間には、Whiskeyを意味する命の水（uisque-beata＝Water of Life）という言葉があった。このことからゲール人はウイスキーの醸造を知っていたとも推測される。そのほか、中国人は発酵した酒を蒸留する技術を持っており、ペルシャ人やアラブ人は香料を蒸留する術を知っていたようである。古代ギリシャの哲学者・科学者アリストテレス（前三八四―前三二二）が、その著書の中で蒸留について記していることから、地中海沿岸では古くから蒸留技術が普及していたようである。しかし、その知識がいつ、どのようにしてアイルランドに伝わったかははっきりしない。アイルランドの伝説では、一五〇〇年以前に島へ渡ってきたセント・パトリックが蒸留の技術をアイルランド人に教えたということになっている。ヘンリー二世の時代、すなわち八〇〇年前には穀類からスピリット（酒精飲料）を製造する術を住民が知っていたことは確かである。当時の酒が、今日のウイスキーと同じように自国産の穀類から造られたものであることは間違いない。このようにしてウイスキー製造はアイルランドにおいて数百年間続けられているのである。ちなみに、スコッチは、アイルランドのウイスキー製造技術がスコットランドに渡って生まれたものである。

【製法】原料には、アイルランドの多湿な気候で栽培された最高品質の大麦が使われる。この大麦を水で浸し、発芽させて麦芽を作る。その後、スコッチでは麦芽をピート（泥炭）の煙で焙焼《ばいしょう》させるが、アイリッシュの製造工程では麦芽は乾燥させるだけである。この生麦芽の処理の違いが、スコッチとアイリッシュの香りの大きな相違点となっているのである。もっとも、最近はアイリッシュでもスコッチと同じようにピートで焙焼し、煙臭をつける製品も現れてきた。発酵過程では、スコッチの場合、この麦芽に水を加えて発酵させるが、アイリッシュは二五〜五〇%の麦芽と五〇〜七五%の未発芽の穀類（大麦、燕麦、小麦、ライ麦など）を混合して発酵させるという違いがある。ただ発酵の工程自体は両者ともあまり違いはない。蒸留にはいずれもポット・スチルを用いるが、アイリッシュの釜がスコッチより大きく、二〜三万ガロン（約七六〜一一四kl）くらいの容量がある。蒸留で得られる酒は普通、八六%のアルコール分（オーバー・プルーフ五〇度、アメリカン・プルーフ一七二度）をもっており、スコッチの七〇%より高いのが特徴である。もちろん蒸留液の中間の部分（中留区分）を集め、はじめ（初留）と後（後留）の区分は改めて再留する。そしてスコッチが蒸留を二回行うのに対し、アイリッシュは三回蒸留を繰り返すのが普通である。さらに、アイリッシュの場合、その蒸留過程がかなり煩雑である点も特徴だ。こうして得られた蒸留液は、以前にブランデーを入れた樽と普通の樽の両方に貯蔵し、熟成させる。この熟成の間に酒は木質部から色と香り、そしてまるい香味を与えられるのである。業者の多くは一〇〜一二年ほどの調熟を行っている。このように貯蔵したウイスキーは、最後に必ず何十個かの樽のものを適当に混和した上で、さらに水で薄めてアルコール分四〇度内外にしてから出荷する。なお、ブレンディッド・アイリッシュ・ウイスキーBlended Irish Whiskeyと呼ばれるアイリッシュは、ポット・スチルで蒸留した酒とパテント・スチルで蒸留した酒を混和したものである。香味はずっと薄くなるが、さらに、とうもろこし主体のグレーン・スピリッツをブレンドし、軽いタイプに仕上げる場合もある。

【市場】イギリスでもアイリッシュは愛飲されているが、全体としてはスコッチのほうがよく飲まれているようだ。一方、アメリカはアイリッシュ最大の顧客で、その消費量はイギリスよりも多い。

アウスレーゼ　Auslese

① ぶどう果の摘み取り方で「房選《ふさえ》り」のことだが、ドイツのワイン法におけるいわゆる称号付き高級ワインの格付の一つ。アウスレーゼとは本来「選ぶ」という意味。

② とくに厳選したぶどうから造ったドイツワイン。ドイツでは、ぶどうの栽培地区、畑とともに、ぶどう果をいつ採取したか、どこまで選んだのか、つまり「房選り」か「粒選《つぶえ》り」かで酒のクラス（ラベルに表示できる称号）が決まる。冷害や傷によって傷んだ房を除き、よく熟したぶどうだけを摘んで醸造したのがシュペートレーゼ Spätlese（おそ摘み）。さらに房を厳選し、十分に熟した実のみで造られた酒がアウスレーゼ。この表示を得るためには、砂糖を全く加えない完全な生ぶどう酒（ナチュラル・ワイン）であることも不可欠な条件である。ほどよい甘さと濃く深い風味があるアウスレーゼは、食後酒（デザート・ワイン）の華といえる存在だ。もっとも、毎年どの畑でも造れるという酒ではない。また、晩秋までぶどうを木に残しておくと、ボトリティス菌というカビが繁殖し、果実は腐熟してくる。これが貴腐粒 Edelfäule（エーデルフォイレ）である。この貴腐粒のみを選んで搾《しぼ》るると糖分・アルコール分とも豊かなワインがとれる。これがベーレンアウスレーゼ Beerenauslese である。フランスではプーリテュール・ノーブル（pourriture noble）に相当する。この香り豊かなワインは、主にライン地区、フランス・ボルドー地方のソーテルヌ地区の醸造家によって造られてい

る。かなり甘口だが、それほどくどくはなく、食前、食後のいずれでも楽しめる。世界中の白ワインでももっとも注目すべき美酒といえるだろう。さらに長くぶどうを木に残しておくと、実は木についたままついに干しぶどうとなる。これを一粒づつピンセットで摘んで酒にしたのがトロッケンベーレンアウスレーゼ Trockenbeerenauslese（腐熟乾粒酒）である。この方法では一人で一日摘んでもやっと一本分の実がとれる程度である上に、ぶどうが干しあがるまで晴天が続かなければならない。すべてを天候に任せた醸造法で、毎年誰でも造れるという酒ではない。天が与えた偶然がなければ、高貴で美しい黄金色と芳醇な甘味を併せ持った貴い酒を生み出すことはできないのである。

赤酒　あかざけ

九州・熊本地方の特産の酒。鹿児島県や宮崎県では地酒（ぢしゅ、ぢざけ）と呼ばれている。製造過程で灰を使うことから灰持酒《あくもちしゅ》（火持ち酒）とも呼ばれる。独特の香りと赤褐色の色合い、濃厚な甘味が特徴。主に調味料として、また新春の屠蘇酒《とそしゅ》として用いられている。

【歴史】文禄・慶長の役（一五九二～九八）に出陣した加藤清正が、朝鮮からその製法を持ち帰ったという説や、出雲をはじめ朝鮮半島との交流が盛んだった日本海側の多くの地方に赤酒に似た地酒が伝わっていることから、その源流は朝鮮半島にあるとする説がある。しかし、朝鮮半島には赤酒と同じような製法や材料で作る酒が存在しないことから、どちらの説も伝説に過ぎないとする見方もある。いずれにせよ、江戸時代には赤酒は肥後国内に広く普及していた。とくに宝暦年間（一七五一～六四年）、肥後藩主・細川重賢が倹約令の一環として、赤酒と濁酒以外の酒を禁止したことから、赤酒の需要は一気に拡大。明治維新を迎えるまで、赤酒は〝郷土酒〟（清酒）として肥後の人々に愛され続けた。明治維新後、細川藩の禁令が解けると、熊本でも、いわゆる清酒が幅を利かせるようになり、赤酒の製造量は一気に減少している。

【製法】赤酒は本来、比較的暖かい時期（九月ごろ）から造り始める。ただ、気温の高い状態では、酸敗（味が酸っぱくなること）や甘酸敗（味が甘酸っぱくなること）が発生しやすかった。清酒醪《もろみ》をつくり、絞る直前に特別な灰を投入するのは、酸敗や甘酸敗による香味の劣化を矯正し、出来上がった酒の品質をより長く維持するための工夫である。この特別な灰は強いアルカリ性で、主にケヤキやツバキ、ヤナギ、茶、梅などの木から作る。赤酒が清酒のように加熱殺菌（火入れ）しなくても品質を維持できるのは、すべてこの灰のおかげであるといってよい。ちなみに、この製法は日本古来の醸造方法とよく似ているという。製法上、とくに日本酒と違う点は、仕込みで用いる水は米の量に対し五七％（日本酒の場合は一三〇～一四〇％）と少な目であること、一方、麹の量は三一％（日本酒の場合は二一～二三％）と多めであることである。醸造期間については、二〇日間寝かせて灰を加え、絞り上げるもの（新夏）と約百日間寝かせて、その間に何度か灰を加えてから完成するもの（本夏）がある。また、途中で焼酎を加えたり（柱焼酎）、麦芽を加える方法で造る赤酒もある。

【製品としての赤酒】濃厚な甘さと独特の風味が持ち味。通常、比重は一・〇四～一・〇九、アルコール分は一〇～一六％、エキス分三〇～四八度（うち糖分は二五～四五％）、pH六・八～七・〇。中性、もしくは微アルカリ性という世界でも珍しい酒である。

アクアビット　Aquavit

スカンジナビアで造られる蒸留酒の一種。穀類や馬鈴薯を原料とする。精製後に、ういきょうの実などの芳香ある種実や香味料で香りをつける。アクアビットはシナップス Snaps とも呼ばれ、有名なスカンジナビア料理の前菜とともに冷やして飲むのが昔からの習慣である。そもそも、このアクアビットという言葉は、ラテン語で「生命の水」を意味する Aqua vitae を縮めた言葉で、一三世紀、イタリアでワインから造られた最初の蒸留酒の名前とも一致している。ストックホルムでアクアビットの販売が始まったのは一四九八年。当時はワインを蒸留して造っていたが、必要なぶどう果は海外から輸入しなければならず、アクアビットもひどく高値で取引されたという。スウェーデン国内でも採れる穀物や、価格の安い馬鈴薯を原料とするようになったのは一八世紀に入ってからである。現在、スウェーデンには約二〇のアクアビット工場がある。

アクア・ビティー　Aqua Vitae

ラテン語で生命の水。転じて、蒸留酒、あるいは精製したアルコール。古くはウイスキー、ブランデーをも意味した。

灰持酒　あくもちしゅ　赤酒の別名。→赤酒

アスペルギルス　Aspergillus

アスパージャイラスともいわれる。かび（糸状菌）の属名の一つ。これに属するものに清酒に用いられる麹《こうじ》菌があり、その他日本で味噌・醤油・焼酎などの醸造に用いられているものが多い。全体で約一〇〇〇種が発見されている。

圧搾汁　あっさくじゅう

普通、果実酒をつくる時、果粒は潰した後、圧搾機によって搾《しぼ》られ、かすの部分と液に分けられる。この液体を圧搾汁、また搾汁ともいう。圧をかけないで流出する果汁はフリーランといわれる。

アップル・ブランデー　Apple Brandy

りんご酒 Cider を蒸留して造った酒。オー・ド・ヴィー・ド・シードル Eau-de-vie-de-Cidre ともいう。フランスでは最高のアップル・ブランデーはカルバドスと呼ばれる。また、アメリカではアップル・ジャック Apple Jack と呼ばれる。

このアップル・ジャックという言葉には二つの意味がある。一つはりんご酒を蒸留した酒という意味。もう一つは、りんご酒を凍結法によって精製した酒という意味である。凍結法による精製とは、りんご酒を低温下において凍結した部分を除去するという方法である。アルコールは水よりもはるかに凍結しにくいことから、凍った水だけを取り除くと、度数の強いアルコールに生まれ変わるのである。この方法は今日ではあまり見られない。

【歴史】　アップルジャックの歴史はアメリカの開拓

史そのものである。ヨーロッパ社会からの移住者が来るまで、アメリカ大陸にはりんごは存在しなかったから、りんご酒も存在しなかった。この大陸に移ってきたイギリス人は、ニューイングランドでホップと大麦の栽培をはじめたが、うまくいかなかった。同時にりんごなどの果樹を移植したが、この木は繁殖し、本国よりも早く実った。結局、ニューイングランドではビールよりりんご酒や、中南米からのラム、そしてりんごのブランデーが愛飲されるようになったのである。その後、いろいろな酒が新大陸で造られはしたが、長い間、村落地帯でもっとも一般的だったのはアップル・ジャックだった。また取引をするにしても交通の不便な時代、重い果実や穀類を運ぶよりは、アルコール分が高く、長期保存できるアップル・ジャックを運ぶ方が経済的だったと思われる。アップル・ジャックが人々の間に飲まれた理由もこの辺にあるのかもしれない。

【原料】アップル・ジャックの原料のりんご酒は、健全で堅く、良く熟したりんごから造られる。そして、その酒を蒸留する装置は、かつては簡単な単式蒸留機を用いたが、現在では二回蒸留を行うのが普通である。最初は六〇プルーフ、二回目は一一〇プルーフから一三〇プルーフにする。今日ではこれに穀類からの中性アルコールを加えて八五〜一〇〇プルーフ（四二〜五〇%）にし、オークの樽に一〜五年貯蔵熟成して商品としている。なお、りんご果汁の搾り粕（ポメースPomace）を発酵させ、これを蒸留した粕ブランデータイプのものもある。

アニゼット　Anisette

アニス（セリ科の植物）の実を浸漬して造ったリキュール。アニスの種子「アニシード」を主体とする。造りかたはアニシードとオレンジやレモンの果皮（ピール）など、いろいろな香料をアルコールで浸出、その浸出液を蒸留する。その後、水を加えてもう一度蒸留し、さらにシロップや香料を加えて完成させる。色は無色だが、中には多少ピンクがかったものもある。多くの場合、アルコール分は二五%。水で割って食前酒として用いられる。アブサンの飲用が禁止されたことから、その代用としてフランスやイタリアでよく飲まれるようになった。

アブサン　Absinthe

アニス系の香りをもつリキュール。本来はアブサン（ニガヨモギ）を用いて造る。かつては解熱剤として使われたが、向精神作用を持ち、習慣性があるため、現在、欧米諸国では飲用が禁止されている。最近ではアニスの実を原料とすることが多く、これにカンゾウ（マメ科）、ヤナギハッカ（シソ科）、コエンドロ（セリ科）などの草根木皮類十数種を加え、アルコール分八五～九〇％のスピリットで浸出して造る。アルコール分は七〇～七五％。暗緑色・辛口で、加水すれば白濁する。

アプリコット・ブランデー　Apricot Brandy

あんずを発酵させた液を蒸留して得る果実の蒸留酒。ハンガリーに多く、バラック・パリンカ Barack Palinka と呼ばれる。ケチケメト（ブタペストの東南約八〇キロ）の果樹園からきた新鮮なあんずを原料にしている。アルコール分約四〇％。

アペラシヨン・ドリジーヌ・コントローレ　Appelation d'Origine Contrôlée

ワインやブランデーに関するフランスの法律。原産地呼称統制法（A.O.C.とも略する）。特別なワインやブランデーの原産地の明示を義務付けた法律である。同時に品質保持のため、ぶどうの品種や製造方法も統制している。フランスは、ワインの品質を保持・向上させるため、国が音頭をとってワインやブランデーに関するさまざまな統制を行っており、一九世紀の中ごろには、すでにぶどう園の保護法が設定されていた。現行の原産地呼称統制法の骨子が固まったのは一九三五年のことである。フランスでは、この法律の正しい施行を監督するため国立原産地呼称研究所がパリに設けられたほか、地方では常駐の監督官が配置された。以降、この法律で指定を受けていないものは原産地を名乗れないし、登録を受けている業者は以下に示すような厳重な規制を受けることになる。なお、まったく新しい土地ですぐれたワインができたときは、一定の審査に合格した後、特殊上等酒V.D.Q.S.の証紙を貼って出荷することが認められている。

【規定】A.O.C.では主に以下のことを定めている。

(1) 原産地の範囲。その範囲は土壌の地質学的構成などから定められる。この範囲内のぶどう園のみが、A.O.C.に登録された名前をつけることができる。

(2) ぶどうの品種。この選択は各地方における伝統に従う。

(3) 最低アルコール含有量。何も添加しないワインの最低アルコール分は、品質を保持する上で重要な規定となる。

(4) ぶどうの栽培方法。刈込、肥料をはじめぶどう樹の一般的な取り扱いは、ワインの品質に大きな影響力を持つ。したがって、栽培方法も規定されている。刈込の型は、それぞれの地帯に特有のもの。また、ぶどうの収穫が多すぎて特長のない果実ができることを厳重に規制している。

(5) 許容収穫量。ぶどうの品質は、その収量とむしろ反比例する例が多い。そのため、品質保持のため収穫の許容量が定められている。その量はヘクタール当たりのヘクトリッター数で表される。

(6) 醸造法。ワインの品質を維持する上で欠かせない項目である。各地のワインの個性を守るため、伝統的なワイン醸造法は十分に守って行かなければならない。とくに醸造家やソムリエ、あるいは仲買人にとって、ワインのはっきりした特徴をつかむことが大切となる。そのため、ワインを識別する能力を高めるための唎酒《ききざけ》競技会もたびたび行われている。

(7) 蒸留。フランスでは蒸留酒（スピリット）も統制を受ける。とくに、この種の酒に関するさまざまな処理は、法律によって体系化されている。つまり、フランスのワインはA.O.C.の厳しい規制によって、その名声を保っているのである。

アペリチフ　Aperitif

食前酒のこと。食欲増進剤として、食前にたしなむ様々な酒を指す。フランスでは、ワインをベースにしたものと、蒸留酒をもとにしたものとの二つを区別している。一般にアルコール分があまり高くなく、味も甘すぎるものは食前酒には向かない。軽く、味は丸く、場合によっては苦味など、適当な刺激があってもよい。一般にシェリー、シャンパン、白ワインが用いられる。そのほか、ベルモット（ワインに蒸留酒を添加し、アルコールを強化したもの）や、特に香りが強いものも用いられる。例えばデュボネDubonnetは、白ワインにキナノキの樹皮から取ったキニーネQuinineを浸したもの。一種の強壮剤的なアペリチフだ。リレLilletは、ソーテルヌ地区の白ワインをコニャックで強めたものだが、その製法は秘密である。ビイルByrrhはキニーネやキナ皮などを加えた濃色の辛くてやや苦いワインである。サン・ラファエルSt.Raphaëllは、フランスだけでなく世界的に知られるアペリチフ。ブランデーで強めた赤ワインとキニーネを元に造る。繊細で赤味をおび、ほろ苦く甘い味わいを持った酒である。このほかにカクテルもアペリチフとして用いられる。だが、最高のアペリチフはシャンパンと辛口のシェリーを原料とした辛口のマディラである、というのが一般的な見解であろう。

甘口酒　あまくちしゅ

口あたりが甘い酒のこと。酒類にはほとんど糖分を含まないウイスキーやブランデー、焼酎もあるが、多くの酒は糖分を含んでいる。甘口・辛口は感覚的なものであるから、どのくらいの糖分から甘口酒であると定めるのは難しいし、酸度も影響する。同じ糖分でも酸度が高い方がより辛い感じになる。→日本酒（浮ひょう計）

甘　酒　あまざけ

古代には「醴（れい、らい）」とも言われた。米麹《こうじ》と飯とを等量混ぜ合わせ、一昼夜五五度C前後の環境に寝かせると甘酒が出来上がる。一夜酒（一宿酒とも書く）という別名は、この製法からつけられたもの。ほのかな甘さは米麹のもっている糖化酵素が働き、飯のでんぷんを糖化することによって生じる。ちなみに、材料の配分はいくつかあり、米麹と飯を同じ量ずつ混ぜるのは「かた造り」。米麹と飯を混ぜ合わせたものに対し、等量〜1/2程度の湯を混ぜるのが「うす造り」。また、「早造り」は米麹と等量か、倍量の湯で仕上げる。この時、飯は加えない。「うす造り」は五〜六時間、「早造り」なら約四時間の糖化時間が必要で、この間、温度を五五〜六〇度に保つのがコツである。その後、九〇ほどに温度を上げ、殺菌をして完成。飲む際は適当に白湯で薄める。少量の塩やしょうがを加えると甘味が一層引き立つ。

アミルアルコール　Amyl Alcohol

酒類の香気成分の一つ。高級アルコールで、イソアミルアルコールと活性アミルアルコールなどの異性体がある。醸造工程中、アミノ酸が酵母によって代謝されてできる。酒の香りを特徴づける要因のひとつ。アミルアルコールの含量量の違いと、ブチルアルコールとの含有比によって酒の香りに個性が生まれるといわれる。

飴　あめ

澱粉《でんぷん》を含んだ原料に温水を加え、さらに有機酸か麦芽、糖化酵素剤などを添加してある程度糖化させ、濃縮したもの。普通は、ねばり気のある液状だが、粉状にしたのもある。ほとんどは有機酸か酵素剤を用いたもので、麦芽の飴は少ない。水飴は、かすかな甘味（ぶどう糖のように澱粉を完全に糖化していないから）をもった、ねばり気のある半液体。甘味料として日本酒（増醸酒）や合成清酒、その他混和酒の醸造に用いられる。

アメール・ピコン　Amer Picon

フランス産の苦味酒《ビターズ》（リキュール）。パリのピコン社の創製によるもの。食欲増進剤に用いられる。ワインとブランデーを基に、キニーネ、オレンジの皮や様々な薬草を加え、浸出した酒。ロック、あるいは水割りで飲む。時にシロップなどで甘味をつけて飲む場合もある。

アメリカン・ウイスキー　American Whiskey

アメリカ合衆国産のウイスキー。Whsikey と綴るのは、アイリッシュとアメリカンのみである。

【沿革】アメリカの先住民の間には酒は存在しなかったが、この大陸を開拓・植民地化した人々は酒を欲した。当初、北部の清教徒や南部の富豪たちはビールやぶどう酒、ラムやアップルジャックといった酒を持ち込んで飲んでいた。やがてペンシルバニア周辺にスコットランドやアイルランドの人々が移り住んだことがきっかけとなり、ウイスキー造りが始まる。ちなみに西部開拓時代は道路事情も悪く、開拓民たちは余った農作物を自家消費しなければならなかった。そのことが酒造りの追い風ともなった。そしてラム酒の製造業者がウイスキーの駆逐を試みたにも関わらず、開拓民や農民の間ではウイスキーが次第に愛飲されるようになっていった。事実、ジョージ・ワシントンやトーマス・ジェファーソンがそうであったように、アメリカ合衆国を建国した農民たちの多くはウイスキーの蒸留業者でもあった。

そんな中、一八世紀末に政府がウイスキーに対して過大な税金を課そうとしたことがあった。政府の法案に対し、ペンシルバニアを中心とした農民たちは課税に反対し武装蜂起。思わぬ「ウイスキー反乱」に政府も手を焼き、ついには蒸留酒に対する課税案を撤廃するに至った。その後、南北戦争が始まるまで蒸留酒は無税であり続けたため、ウイスキーの醸造は一層盛んになった。なかでも、石灰岩地帯があるケンタッキーやインディアナ、イリノイ、メリーランドといった地方では、有機物をほとんど含まない上に硫酸塩と炭酸塩が含まれた水が得られることからウイスキーの生産地として発達した。現在でも、アメリカで免許を得た蒸留業者の約八割は、ペンシルバニアを含め、この五つの地帯に集まっている。

二〇世紀以降、酒税の税率が上がった上、一九二〇年に禁酒法が制定されるなどの逆風はあったが、それでもアメリカでのウイスキー蒸留は盛んに続けられている。

【製造法】一般にアメリカン・ウイスキーは麦芽を用いて、とうもろこしやライ麦など発芽させていない穀物を糖化させ、発酵させるのが特徴である。また蒸留は連続式蒸留機で、アルコール度数はかなり高くなる。いずれもスコッチとは大きく異なる特徴といえるだろう。まず、とうもろこしやライ麦は水を加えて蒸煮されるが、この時、水といっしょに醪《もろみ》の残りと蒸留廃液を加えることがある。サワー・マッシュ Sour Mash といわれるもので、製品の香味を増強するための工夫である。蒸煮の終わった醪は冷却し、麦芽を加えて糖化し、次に酵母を加えて数日間発酵させる。発酵の終わった醪は、一本の連続式蒸留塔へ導かれ、蒸留される。この後に得られるウイスキーのアルコール度数は、アメリカの法律で一九〇プルーフ以下（九五％）と規定されているが、これほどの濃度では香りや味といった原料の特性が失われてしまう。そこで多くの場合、一四〇～一六〇プルーフくらいのものを採取することになる。蒸留後加水をして樫の樽に最低二年以上貯蔵し、色や香味を十分つけ、最後に加水して八〇～一〇〇プルーフとしてびん詰めする。

【分類】現在、アメリカの法律によると、ウイスキーとは穀物を原料とした蒸留酒であって、その材料からバーボン・ウイスキー（Bourbon W.）、コーン・ウイスキー（Corn W.）、ホイート・ウイスキー（Wheat W.）、ライ・ウイスキー（Rye W.）、モルト・ウイスキー（Malt W.）、ライ・モルト・ウイスキー（Rye Malt W.）に分類される。また、同型のウイスキーのみを調合したストレート・ウイスキー（Straight W.）や、各種類のものを混ぜたブレンディッド・ウイスキー（Blended W.）という種類や、ボトル・イン・ボンド（Bottle-in-Bond）もある。

(1)　バーボン・ウイスキー＝ケンタッキーのバーボンが中心。とうもろこしを少なくとも五一％は含んだ醪《もろみ》を造り、蒸留は一六〇プルーフ以下で行う。そして内部を焦がした新しい樫《かし》の樽に、最低四年間熟成させたものである。なお、バーボンにもサワー・マッシュを使うことになっている。同型のバーボンのみを調合したものが、とくにストレート・バーボン・ウイスキーと呼ばれ、ストレートが五〇％で、他の中性アルコールなどを混入させたものがブレンディット・バーボン・ウイスキーである。ほかに、同一蒸留業者の同一工場で、同じ季節か、同じ年に作り、最低四年間は貯蔵したストレート同士を調合し、一〇〇プルーフでびん詰めしたものがボトル・イン・ボンドである。この際、貯蔵は政府の管理する倉庫で貯蔵熟成させる決まりとなっている。

(2)　コーン・ウイスキー＝バーボンと異なって、とうもろこしが八〇％以上入っている。貯蔵熟成は再使用の内部を焦がした樽、あるいは焦がしていない新樽を用いる。

(3)　ライ・ウイスキー＝ライ麦を最低五一％使ったもの。蒸留や熟成はバーボンと同じである。ストレート、ブレンディッドともにある。

(4)　ホイート・ウイスキー＝小麦を最低五一％使ったもの。

(5)　モルト・ウイスキー＝大麦麦芽を最低五一％使ったもの。

(6)　ライ・モルト・ウイスキー＝ライ麦の麦芽を最低五一％使ったもの。

このように、五一％以上を占めている原料によって、それぞれのウイスキーの名称を決定するのである。ただし、コーンの場合だけは、その材料の八〇％以上をコーンが占めていなければならない。

【性質】一般的にアメリカン・ウイスキーはスコッチやアイリッシュに比べて軽快で、香気や味もまる味を帯び、ソフトで飲みやすい。そんな中でもバーボンは樽の関係で色が濃く、香りも強い。また、すべての蒸留機に連続式蒸留塔を使っていることから不純物が少ないという特徴もある。

アメリカン・ブレンデッド・ウイスキー

American Blended Whiskey

異なったウイスキーを混ぜ合わせて造るウイスキー。アメリカの場合、アルコール分五〇度以上のストレート・ウイスキーを二〇％以上は混合しなければならない。なお、ストレート・ウイスキー二種類のみを混合したものは、ア・ブレンド・オブ・ストレート・ウイスキー（A Blend of Straight Whiskey）

と呼ぶ。主なアメリカン・ブレンデッド・ウイスキーには、以下の五つがある。

(1)　ブレンデッド・ライ・ウイスキー（Blended Rye Whiskey）＝五〇度のストレート・ライ・ウイスキーを五一％以上含んでいるウイスキー。

(2)　ブレンデッド・バーボン・ウイスキー（Blended Bourbon Whiskey）＝五〇度のストレート・バーボン・ウイスキーを五一％以上含んでいるブレンデッド・ウイスキー。

(3)　ブレンデッド・コーン・ウイスキー（Blended Corn Whiskey）＝五〇度のストレート・コーン・ウイスキーを五一％以上含んでいるブレンデッドウイスキー。

(4)　ブレンデッド・ホイート・ウイスキー（Blended Wheat Whiskey）五〇度のストレート・ホイート・ウイスキーを五一％以上含んでいるブレンデッド・ウイスキー。

(5)　ブレンデッド・モルト・ウイスキー（Blended Malt Whiskey）五〇度のストレート・モルト・ウイスキーを五一％以上含んでいるブレンデッド・ウイスキー。

アメリカン・ワイン　American Wine

アメリカは、その広大な国土の中におおよそ二つのワイン生産圏を持つ。一つはカリフォルニア州。アメリカンワインの九割ほどがこの土地で造られている。もうひとつはニューヨーク州を中心とした東海岸の諸州である。普通、アメリカン・ワインといえば、アメリカに本来あったぶどうを原料としたもので、とくに東部産のワインが相当する。一方、カリフォルニアのワインはヨーロッパのぶどうを導入したものだが、その圧倒的な生産量からカリフォルニア・ワインこそがアメリカン・ワインであるとする人もいる。本書では、主に東部のものをアメリカン・ワイン、カリフォルニア州のワインはカリフォルニア・ワイン、東部とカリフォルニア州以外で生産されるワインはアメリカのワインと分類し解説したい。ちなみに、アメリカン・ワインの生産地である東部とは、ニューヨーク、オハイオ、ニュージャージー、バージニア、ミズーリ、ミシガン、メリーランドを指す。また、アーカンソー、ジョージア、イリノイの一部も該当する。むろん、それ以外の州でもアメリカン・ワインは生産されているが、その原料となるぶどうは、アメリカ系ばかりではなく、欧州系との交配種が多く用いられている。オレゴン、ワシントン、アリゾナにいたってはカリフォルニアと同様、欧州系のぶどうによってワインが造られている。つまり、本来の意味でのアメリカン・ワインは、先にのべた州だけで生産されているというべきだろう。

【ぶどう品種】東部に古くからある品種は、マスカディン Muscadine。完全な野生種で、ヴィティス・ロトンディフォリア Vitis Rotundifolia に属する。このほかにラブルスカでよく知られるものは、ラブルスカ種 Labursca および交配種がある。ラブルスカでよく知られるものは、赤用にコンコード Concord、キャンベル・アーリー Campbell Early、アジロンダッグ Adirondac（交配種）、ハートフォード Hartford などがあり、白用にはナイアガラ Niagara、カトウバ Catawba、デラウエア Delaware（交配種）などがある。これらのぶどうは独特の匂い（狐臭）があって、ワイン用としては良質のものとはいえないが、多湿地帯でもよく育つことから、普通酒の原料として使われている。

【生産地帯】(1) ニューヨーク＝発泡性ワインの最大の生産地である。なかでも、コンコード種が主に育成されるハドソン河谷は、いわゆるコーシャー・ワイン Kosher Wine の産地として知られる。ちなみにコーシャー・ワインはユダヤ人が宗教上の儀式や祭りの際に飲む酒で、加糖されているためかなり甘い。東部を中心に大量に販売されている。フィンガー・レークスはニューヨーク州の中央にあり、カトウバ、デラウェア、エルビラ、イサベラ種のぶどうが育成されている。ここで造られるワインの多くは発泡性ワインである。その他、バッファローの南にあるシャトウケア湖の周辺でコンコード種のワインを造っているし、オンタリオ湖とエリー湖のうちにあるナイアガラではテーブル・ワインが造られる。

(2)　オハイオ＝エリー湖の湖岸に沿った地域がぶどう酒の産地である。サンダスキーがその中心地。原料の品種としてはカトウバ種が古くから多く育成されている。赤、白とも非発泡性のワインが多い。この州のワインはカリフォルニアのワインと調合される場合が多いが、その理由は増量のためと同時に、狐臭を消すという目的もあるという。なお、この州のデラウェアは同名のぶどうの原産地として有名である。

(3)　メリーランド＝この州の気候はぶどうの栽培に適している。熱心な人たちによってフランスの品種との交配などが行われている。

(4)　ミシガン＝この州の南部、つまりミシガン湖付近がぶどうの生産地帯である。品種としてはコンコードが主体で、そのほかカトウバ、デラウェアが育成されている。辛口、甘口、発泡性のワインが造られる。

(5)　ニュージャージー＝ワインの生産量は次第に減少している。

(6)　バージニア＝ぶどう園は少ないが、ワインの質はよいとされる。

アモンチリャド　Amontillado

スペイン産のシェリーの一種。フィノ（Fino）タイプのシェリーを長期熟成させた高級シェリー。色は薄くなく、香りはむしろ高い。本来は辛口だが、輸出用にやや甘くしたものもある。

菖蒲酒　あやめざけ

あやめの根を細かく刻み、これを酒にひたしたもの。『古今要覧稿』には「五月五日に飲めば、痐気或は蛇蟲の毒をさくるよし」とある。とくに泥の少ない渓谷に自生する菖蒲は薬効があるとされている。

アラック　Arrack

東南アジアから中近東にかけて古くから造られてきた蒸留酒の総称。インドネシア産が有名。ラック、ラッキとも呼ばれる。わが国へは江戸時代、オランダ人の手で持ち込まれた。国内ではあらき酒、阿刺木酒、阿刺吉、荒木酒と呼ばれ、南蛮渡来の強い酒として珍重された。南蛮酒の中でも代表的な存在だったようである。アラックはアルコール分六〇%前後、無色で香味はラムに似ている。樽に貯蔵したことで、黄色くなったものもある。アラックの製造法はさまざまだ。原料もサトウキビの糖蜜、米が混用される場合もあれば、これらにココヤシの枝の汁・トディ Toddy を加えて発酵させたやし酒を土台する場合もある。米を原料とする場合では、二つの違った方法がある。一つは米芽、つまり米のもやしを作るやり方である。米芽は、籾《もみ》を水に浸漬し、十分に水を吸わせた上、これを発酵させて米芽を作る。その後、米芽に水を加えて六〇度で糖化、漉《こ》して透明な液をとり、これにトディと糖蜜を加えて発酵させる。別の方法では、中国式の麴《こうじ》（粬子）を造るやり方がある。粬子は米粉やわら、サトウキビや香料を加えて造る。粬子ができたら、これと蒸した米の乾燥したものを混ぜ合わせ、溶解させる。その後、さらに糖蜜の液を加えて一〇～一三日ほど発酵させる。どちらのやり方でも発酵後は簡単な蒸留機で蒸留する。普通、蒸留は二～三回繰り返す。

荒走　あらばしり

醪《もろみ》を酒袋に詰めて、槽に入れた際、最初に出てくる白く濁った酒。

霰酒　あられざけ

あられを浮かべた酒。奈良の特産。あられは粳米《うるち》を蒸してモチとし、そのモチからかき餅を作る。さらに、このかき餅を焼酎に浸して乾燥させる。この過程を数回くりかえして作ったあられをみりんに浮かべた酒である。

亜硫酸　ありゅうさん

ワイン醸造の際、ぶどう果に付着する野生酵母やバクテリアの殺菌を主な目的に添加する。この他に亜硫酸およびその塩類は、白ワインの酸化を防ぎ、赤ワインの退色を防止する作用がある。

アルコール　alcohol

炭化水素の水素原子一つ、または二つ以上を、水酸基 OH で置換した化合物群。種類は多い。そのうち、エチルアルコールは酒類等に含まれ、飲用とされるため、普通「アルコール」といえばエチルアルコールを意味する。酵母のような微生物がもっている酵素の力で、糖分がアルコールに変わり（アルコール発酵）、そして酒が生れる。なお、エチルアルコールはすべての酒に含まれることから、酒精とも呼ばれる。

アルコール含有量　あるこーるがんゆうりょう

アルコール度。アルコールパーセント。酒類中に含まれているエチルアルコールの量のこと。この表示は国によって違っている。日本においては一五度Cにおける容量％で示すことになっている。つまり一〇〇㎖に一㎖のアルコールが含まれているとき、これを一％、あるいは一度とする。フランス、ベルギーも同じ表示法を用いている。ドイツは一五度Cにおける重量％で示すことになっている。つまり一〇〇g中に一gのアルコールが含まれるとき、一％とする。従って容量％とは表示が違ってくる。イギリスはプルーフ・ガロンまたはプルーフ・スピリットという表示を用いている。これは容量％で五七・一％のときのアルコールを標準とし、これより下をアンダー・プルーフ、上をオーバー・プルーフとよんで表示する。温度は六〇度F（一五・六度C）である。アメリカはプルーフを採用しているが、六〇度Fにおける容量％の五〇を一〇〇とし、以下容量％の倍量を示してプルーフ・スピリットとする（アメリカン・プルーフ）。イタリア、オーストリア、ロシア、アメリカでは、六〇度Fにおける容量％で表示する。

アルコール強化　あるこーるきょうか

ワインの醸造中、発酵をとめてアルコールやブランデーを加えること。甘口の酒を造るための工夫である。そうやって造り上げたワインはフォーティファイドワインと呼ぶ。発酵の終りに添加物を加えることもある。これをアルコール補強ともいい、こうして造られたワインは強化ぶどう酒という。我が国でもこの補強を認めてはいるが、添加した純アルコールの量を、加えた後の純アルコールの量に対して九〇％以内に抑えることで、ワインの品質の保持に努めている。

アルコール計　あるこーるけい

酒の中に含まれているアルコールの容量％（一〇〇㎖に含まれる純粋のエチルアルコールの容量）を計るために使う浮標（浮きばかり）の一種。一般にアルコールの比重は水より軽いから、アルコールと水との混合液の比重は、アルコールの含有量に比例して一定の割合で軽くなる。アルコール計はこの原理を応用したもの。酒をシリンダーにとって、浮標を浮かべ、液面との接線の目盛を液温一五度Cで読めば、アルコール％が得られる。ただしアルコールと水以外に他のものが入っているときは直接には測れない。最近は、アルコールセンサーを搭載したデジタル式のアルコール計や振動密度計によるアルコール測定も登場している。

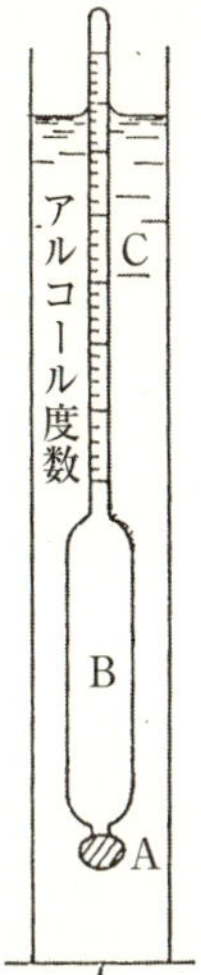

アルコールデヒドロゲナーゼ（ADH）

アルコール脱水素酵素とも呼ばれる。アルコールを酸化し、アルデヒドにする反応を触媒する酵素。肝臓に多く存在し、エタノールを摂取した時に働く。またアルデヒドは、アルデヒド脱水酵素（ALDH）によって無害な酢酸へと代謝される。ALDHについては肝臓中に四種類存在するが、特に重要なものは、ALDH1とALDH2である。このうちALDH2はアルデヒドを効率よく分解する。なお、日本人をはじめとしたモンゴロイドではALDH2の活性が低いタイプとまったくないタイプが多く検出される。西欧人などに比べて日本人に酒を飲めない人が多いのはそのためと考えられている。

アルコール添加　あるこーるてんか

清酒もろみの発酵が終る頃に、一定量のアルコール（三〇〜四〇％）を加えること。日本の伝統的な技法のひとつ。当初は、これによってアルコール分を高め、清酒を増産することを目的としていた。ただ、少量のアルコールを加えることで発酵時に生まれる華やかな香りを酒に引き出し、味もさわやかさを増すという効果がある。その上、酒の味と香りを劣化させる火落菌の増殖を防ぐ効果もある。昔から柱焼酎といって清酒に焼酎を加える方法があった。なお、アルコールの添加の量は、品質を維持するため、使用する白米重量の1/10までと決められている。

アルコール・ハラスメント

酒席におけるいやがらせ・人権侵害の総称。アルハラと略することもある。具体的には、イッキ飲ませ、罰ゲームで無理に飲ませる、伝統や慣習のもとに、やはり無理な飲酒を強要する、つぶすことを目的として飲ませる、飲めない人がいるのにアルコールしか用意しない、酔ってからんだり暴言・暴力・セクハラなどを行う、といったことが含まれる。とくに一九八〇年代以降、大学のサークルなどで横行し、命を失うケースも出たことから、急速に問題視されるようになった。

アルゼンチナ・ワイン Argentina Wine

アルゼンチンは南アメリカの東南、アンデス山脈でチリと接し、東部は大西洋にも面している。南米大陸では第一のワイン生産国で、その生産量はフランスやイタリア、スペインに次ぎ、アメリカやドイツと肩を並べる。ぶどう栽培面積は約二〇万ha、年間ワイン生産量 は約一三五万kℓ。もともとワインの大消費国だったが、一九八〇年代以降、国内消費が激減したため、現在は高級品市場に対応したワイン造りを導入。輸出に力を入れ始めている。一九九三年原産地呼称（DOC）制度が導入され、メンドーサ北部のルハン・デ・クージョ、マイプ、南部のサン・ラファエルの三地区が指定されている。そのうち、メンドーサ州がアルゼンチンワイン生産量の七割を占めている。アルゼンチンの発泡性ワインは二次発酵をびんの中で行うというシャンパンの方法、あるいは炭酸ガスを人工的に加える方法など、製造方法も一通りではない。どちらかというと赤の方が、白やロゼより品質がよいといわれる。ここで用いられるぶどうは、赤としてはカベルネ Caberne、マルベック Malbec、ピノー・ノワール Pinot Noir、ガメーGamay、バーベラ Baberaなどが、白にはソービニヨン Sauvignon、セミヨン Semillon、マスカデルMuscadelle、シャルドネー Chardonnay、リースリング Riseling、パロミノ Palominoなど、いずれもヨーロッパ系の品種が多い。また、あとでふれるようにこのほかに数百年前に植えられた古い品種の子孫が残っていることも興味深い。なお、アルゼンチンワインは「コムネ（メサ）」の一般消費ワインと「コムネス（上級ワイン）」に大別され、コムネスは「フィノ」とフィノの下位に位置する「レゼレバ」に分かれる。

【沿革】この地に初めてワインをもたらしたのは、イエズス会の修道士達で、一六世紀の中頃、神父の一人がこの地でぶどうの栽培を始めたという。このうち四〇〇年前の品種のクリオラス種は、今日でもその子孫が残り、白とロゼの中心をなしている。近代のアルゼンチンのワインを大きく発展させたのは、この地に大勢でやってきたスペインとイタリアの移民たちである。このうちイタリア系の移民は、アンデスの雪どけ水をメンドサー州の砂漠地帯に引き入れ、今日のぶどう栽培繁栄の基礎をつくりあげるに至った。もちろん、その後の歴史は決して平坦なものではなかった。フィロクセラをはじめ、いろいろな災害や危難が発生している。しかし政府・業者も一つになってこの困難を克服してきた。メンドサ州には大学付属のぶどうとぶどう酒の研究所が設けられており、研究と指導に力を入れている。

【生産地帯】この国のぶどう生産地帯は三つに分けられる。メンドサー州とサンファン州およびリオネグロ地方である。

(1)　メンドサー州＝アンデス山脈を隔ててチリと相対している。この地が開けたのは一世紀前のことである。現在アルゼンチンのぶどう酒の約八〇％はこの地区で造られている。多くの零細な業者の中にごく少数の大農場がある。これらは自己のぶどう園をもち、製造場を所有し、全アルゼンチンを通じての販売組織をもっている。そして新しいマスプロの体系を取り入れた醸造方法を採っているものもある。赤の生産が多く、品質も白やロゼよりはよいようだ。

(2)　サンファン＝メンドサー州のすぐ北隣、同じようにアンデス山脈の麓である。同じ土質で、常に灌漑が必要な土地である。気候はやや暑い。ワインはどっしりした味の濃いタイプ。食後酒の製造に向けられる酒、ベルモット用のものがよく造られる。一方、一般向きの食卓酒も造られる。

(3)　リオネグロ＝メンドサー州のずっと南。ぶどうの量は少ない。しかし質的にはむしろ優れているとされる。土質は砂質的な所はやや少なく、石灰質の所がある。ヨーロッパ型の酒があり、南の方では軽い酒が、北の方では、辛口の白、そして発泡性のワインが造られている。

アルター・ワイン　Altar Wine

カトリックの寺院で宗教上の儀式等に用いられるぶどう酒のこと。アルターは「祭壇」の意味。この酒は何も加えない完全な生ぶどう酒である。

アルト・ビール　Altbier

ドイツ・デュッセルドルフを中心とするノルトラインヴェストファーレン州で主につくられているビール。伝統的で古い（Alt）技法を用いた上面発酵の中等色ビールである。麦芽のこげ臭を強調している。また、苦味の強いものが多く、どちらかというとイギリスのエールに似ている。新鮮な果実に似た香りが強いが、ホップ香をつける場合もある。

アルマニャック　Armagnac

フランスの南西部・アルマニャック地方に産するブランデー。この地方で作られ、なおかつ一定の規格（原産地呼称統制法）にあったもののみが許される名称である。コニャックに匹敵する優秀なブランデーであるといえるだろう。

アルマニャック地方は、ボルドーのさらに南西、ガロンヌ川の上流の一帯。ピレネー山脈に近く、山脈を越えればスペインである。古くからのワイン産地ではあるが土地はさほど肥沃ではない。気候も冬になると雪混じりの寒風がピレネーの山々から吹き降ろす一方、夏には焼けつくような強い日差しが降り注ぐという極端さだ。そんな砂質土壌地帯と強烈な天候から生み出される酒が、強いコクと、〝鋭さ〟を併せ持ったアルマニャックである。アルマニャックは現在、バ・ザルマニャック（Bas-Armagnac、中心地はオーヅEauze）、トナレーズ（Tenareze、中心地はコンドンCondom）、オー・タルマニャック（Haut-Armagnac、中心地はオーシュAuch）の三つの地域名をラベルで示すこともある。アルマニャックはバスケーズBasquaiseと呼ばれる平たい、丸々とした首の長いワインびんに入れられて市場に出ている。アルマニャックの製造に用いられる原料ぶどうはフォール・ブランシェFolle Blancheを主とし、数種類の品種が権威づけれられている。しかし、フォール・ブランシェもサン・テミリオンSaint Emillionやその他耐寒性の品種に次第に変わりつつある。このような品種から造るぶどう酒は一般に酸が多く、ワインとしてはあまり上等な方ではない。そんなワインから、すぐれた香りのアルマニャックが生まれるのも不思議であるが、この辺が蒸留と樽貯蔵の秘密であろう。それでこれを蒸留するのは、できるだけ早いうちに行う。昔は多くの農家は自分で蒸留機をもっていなかったから、移動蒸留機をもって歩く蒸留の専門業者の手に任せるのが普通であった。しかし、現在では業者は自らコニャックとはタイプの違った精留棚を持つポット・スチルを備え付けている。蒸留は、コニャックと異なって一回だけ行うのが普通で、アルコール度もそれほど高くはならない。蒸留し、六三％をこえない程度のものを採取し、ガスコーニュ産の樫樽に貯蔵する。もともと粗っぽいブランデーであるので、熟成には時間もかかる。しかし、アルコール度数が低いので、ある年月がすぎると熟成が早くなるともいわれる。蒸留に際してはアルコール以外の味と香りを与えるような物質をできるだけ飛ばすようにしている。その結果、アルマニャックは一年程度しか貯蔵しない若い酒であっても、驚くほど豊かな芳香を放つ。とくに若いアルマニャックはコーヒーの中に入れると、強烈な芳香が広がることから、しばしばコーヒーとともに飲まれる。市販のアルマニャックはアルコール分四〇～四二％。

泡立ち　あわだち

ビールをコップに注ぐと、液面に泡が生じる。これを泡立ちという。開栓する際の圧力減によってビールに含まれる炭酸ガスが発泡する。泡立ちを悪くする要因はビールの冷やしすぎやコップの内壁の汚れ（油類など）である。また泡の持続性を示す言葉が泡持ちである。正常なビールならコップの泡は数分間は消えない。泡の体積が一分半程で約半量になる程度までは正常で、それより早く消えてしまうものは泡持ち不良といえる。

泡盛　あわもり

米を材料とした沖縄の焼酎。アルコール分は四〇～四五％。特有の甘い香りのある濃厚な蒸留酒で、味はかすかに甘く、苦味や酸味はない。数百年の歴史を持つ。日本本土の焼酎は、この泡盛が起源であるとする説もある。

泡盛の製法は米（主にタイ米などの外国産の米）を数日間水につけておく。その後、蒸して黒麹菌の種麹をまき、麹室に入れて三～四日間寝かせて麹を造る。次に、麹に水を加えて仕込み（現在でも一部では土に埋めた甕《かめ》に仕込み）、一〇～二〇日ほど発酵させた上で単式蒸留器で蒸留。四〇～五〇度の泡盛ができる。甕などに入れて三年以上熟成させたものは古酒（クース）と呼ばれる。完成品は小さな甕（三〇〇～四〇〇㎖）に詰め、芭蕉葉で巻いた栓をして市販するのが伝統的販売方法である。古い醸造方法では米を洗わず、糠《ぬか》を付着させたまま水に数日間つけておく。すると糠の中の乳酸菌が繁殖して乳酸を造り、つけ水が酸性になる。この酸性のつけ水はシー汁と呼ばれており、シー汁につけてこそ硬い外米が柔らかく蒸せるし、麹もうまくできるのだという。

また、麹は胞子が黒もしくは灰色の「黒麹」と呼ばれるものを使う。清酒に使う黄色の麹に比べてクエン酸を大量に造る特徴がある。このクエン酸が醪《もろみ》を酸性にしてくれるため、温度が高くても醪が雑菌によって腐ることなく酒を仕上げられるのである。この黒麹は後に九州にも伝わり、鹿児島の芋焼酎などにも活用されるようになった。

　こうして造られた泡盛は本来、きわめて長期間にわたって熟成させるのが普通で、かつては二〇〇年前から保管しているという超熟成の逸品もあった。泡盛の保管・熟成には釉薬《ゆうやく》をかけない素焼きの甕《かめ》を使う。この素焼きの甕による熟成が泡盛の味に一層の深みを与えるという。この点、樽が熟成に大きな役目を果たすスコッチと共通する現象といえるだろう。ただ、太平洋戦争末期の沖縄戦において、百年以上保管した超熟成品はほとんど失われてしまった。ところで、一六世紀の沖縄で造られていた蒸留酒はシャム（タイ）から来たもので中国の露酒とよく似ているという明人の記録が残っている。これによると、当時の沖縄の酒は、中国の露酒（高粱酒、白酒、茅台酒）と同様、水を加えず中国で広く用いられている餅麴（粬という）と原料だけで発酵させる「固形醪」という方式で造られていた。ところが一八世紀、新井白石が記した文書には、泡盛の醸造法について、水を加えて造る清酒の醸造法とよく似ていると記録されている。現在のタイにも良く似た酒はあるようだが、麴が全く違うこと、そして早くから泡盛は水を多量に加えるようになったことから見ると、日本酒の古いタイプの醸造法が沖縄に伝わり、そのまま残っていたとも考えられる。いずれにせよ、泡盛は日本の酒と中国の酒の接点という意味から見ても興味深い存在である。

【名前の由来】泡盛という名前の由来は、粟《あわ》でつくったとする説、醸造するときに泡が盛り上がったからとする説、杯に盛り上がるからとする説がある。また、かつて泡盛のアルコール度を計る際、水と泡を用いていた。茶碗一杯分の泡盛を用意し、そこへ水を加えて泡立たせていく。当然、一定以上の水を加えれば泡は生まれなくなるが、泡が生まれなくなるまでどのくらいの水が必要かで、泡盛の強弱を決めていたのである。この計測方法から泡盛という名前が生まれたという説もある。もっとも、この計測方法は日本では珍しいが、中国などではごく普通に行われていたものである。平成九年には約二万㎘（アルコール度数三〇度で換算）以上生産されるなど、最近、生産量は伸び続けている。

紅　麹　アンカー

中国麹の一種で、蒸した白米に毛かび Monascus purpveus などを繁殖させたもの。紅麹菌は、半子のう菌科の一属で黄麹の縁類とされる。胞子の色が深紅色なので、この名がついた。中国南部および台湾でよく造られ、紅酒（アンチュウ）の製造に用いられる。日本では、沖縄地方でこの紅麹を用いて豆腐よう、紅ムーチ（チマキ）などの食品が作られている。近年、化学的な分析によって、コレステロールを下げる物質（モナコリン類）や、血圧を正常にする働きを持つ（GABA）等が含まれることが証明された。

アンゴスチュラ　Angostura

苦味剤の一種。ラム酒をベースにしたもので、トリニダッド島産である。南アメリカ解放の際、シーガード博士というフランス人が軍医総監としてベネズエラにやってきた。彼は熱帯性の気候が人々の身心に悪影響を及ぼすことを防ぐため、いろいろな薬草や木皮から、苦味料を探しもとめた。その結果得られたのが、このアンゴスチュラである。この名はベネズエラのポリバー市の旧名である。現在も栽培は続いており、酒をはじめ多くの飲料、食品の苦味料として広く用いられている。製法はシーガード家の秘法であるとされる。

アンジェリカ　Angelica

きわめて甘い、カリフォルニア産の混和ワイン。一部分発酵させたぶどう果汁と、ブランデーをまぜたもの。なお別にセリ科の植物に同名のものがあり、これは薬草としてリキュールの製造に用いられる。

紅　酒　アンチュウ

中国の南から台湾にかけて造られている赤色、もしくは紅色の酒。紅麹《アンカー》と精米を米酒に浸して造る一種の混成酒である。古いものを老紅酒と呼んで賞美される。その工程は、次の通り。

（糯米）
（紅麹）→（醪《もろみ》）→ 圧搾 → 貯蔵 → 濾過 →（製品）
（米酒）

全体で約一七〜二〇日間かかる。新紅酒はいったん濾過をしてから甕に詰め、木蓋を施し、目張りをして貯蔵庫に入れる。製品となるのは数ケ月後である。なお老紅酒（老酒）は一年以上を経過している。最初は名前の通り深紅色であるが、一年以上経過すると淡黄色に変わってくる。紅酒はアルコール分二一〜二三%、酸量〇・一六〜〇・二%（乳酸）、エキス分〇・八度、やや酸味を感じる酒で、日本酒に比して内容がうすい。渋味があり、爽快な香気をもっており、貯蔵が長くなる程熟成して風味を増すのが特徴。

い

板粕　いたがす　→酒粕《さけかす》

イタリアン・ベルモット　Italian Vermouth　→ベルモット

イタリアン・ワイン　Italian Wine

イタリアはフランスについで世界有数のワイン生産国であり、年度によってはフランスを抜いて世界第一位となることもある。ぶどうの栽培地はイタリア全土に広がっているが、いずれにせよ北イタリアのアルプスから、南は地中海のシシリー島までの間であるから、気候や土質、ぶどうの種類も異なっており、ワインの酒質もさまざまである。

【歴史】　イタリアのワインの歴史は古い。ローマ時代よりもずっと以前、北部イタリアでは住民が野生のぶどうからワインを造っていたといわれる（青銅時代）。また古代のイタリアのエトルリア人は今日のトスカーナとラツィオとよばれている地帯で、ワインを造っていたというが（前一〇～前九世紀）、異説もあるようだ。紀元前一五〇年代には、ローマは地中海の覇者だったが、同時にイタリアは世界でも有数なぶどう酒生産国となっていたようだ。最盛期のローマには、世界でも名だたるワインが一八もあったという。当時のギリシア人はワインを海水で処理して用いたということで、ワインそのものはかなり濃厚なものであったようだ。このような方法は北部イタリアから伝えられたといわれる。当時カンパニアからのワイン―ファレルニアン―はギリシアのものと比較してもはるかに高級で、このものはラチウムとカンパニアの境界をなしている丘陵地帯で造られた。現在と同様当時のイタリアでは、赤、白、甘口、辛口さまざまの種類があったが、最も優れていたのは辛口の赤・ファレルニアンであったといわれる。有名なローマ皇帝のネロ（三七～六八）の寵を得た政治家ペトロニウスは彼の客に百年もののファレルニアンでもてなしたと伝えられる。またソレント半島のワインサレンチネは若くて粗い酒で、熟成には二五年を要したという。この他カレニアンが有名であったが、いずれの酒も香りの強いものであったらしい。

このようにローマ人はよき栽培家であり、醸造家であったが、彼らの造るワインは自然にそのまま発酵するワインに限られていた。そして非常に強くてゼリーのように濃厚であり、飲用時は水でうすめて供されたり、リユウゼッランやミルウ、樹脂や松脂、海水、大理石の屑、香料、薬辛料などで味をきかせ、香りをつけて飲んでいたようだ。

ローマ人はガラスをつくることが得手だった。したがってワインにガラスびんやコルク栓を用いていたらしい。またギリシア人から土製の容器（多孔質なかめ）を松脂やその他の樹脂で裏張りする方法も学んでいた。樫の樽も使っていたが、かめほど一般的ではなかったという。とにかくローマの興隆とともにワインの醸造はイタリアの風土に適合し、盛大になって行く。ローマ帝国の滅亡という事件はワインに少しの影響はあったろう。しかし教会がワイン醸造に着手し、多くの貴族もこれに援助を与たため、政治の興亡には関わりなくイタリアのワインは栄えるようになった。一四～一五世紀、ルネッサンスは芸術が栄えるばかりでなく、人々の生活に満ち足りた幸福を与えようとした。ルネッサンスの文学がワインとぶどう造りについてくりかえし讃えているのもその表われであった。その後の数百年、イタリアのワインはいろいろな危機を乗りこえて続いている。第一次大戦、第二次大戦、いずれも、大なり小なりの影響を及ぼしているが、北は白雪のアルプスから南はシシリーの果てまで、この国が一つの広いぶどう園のようにぶどうが植えられ、ワインが造られ続けていることは、今も昔も変わらないし、そして未来も変わりそうにない。

【ワインの統制】　イタリアは世界有数のワイン生産国であり、従ってワインの品種についても厳重な統制を行なっている。フランスの原産地呼称法にならって一九六六年、呼称統制法を制定し、原産地呼称については、次のように区別した。

(1)　センプリーチェ Semplice＝定められた生産地域内で、伝統あるぶどうを用い、その地方の方法に従い、その地区で変らないぶどう園から生れたワインは、その地区の名前を名乗ることができる。略号D.O.S.

(2)　コントロラーター Controllata＝このワインはそれぞれの製造法統制に従って、その条件とあたえられた制限に応じ得るものであって、前のより上質のワインになる。Denominazione di Origine Contrllata　略号D.O.C.

(3)　コントロラータ・エ・ギャランティタ Controllatae e Garantita＝特別の声名と価値をもったワインに対して与えられる。略号D.O.C.G.いろいろの外観、表示の仕方は別に法律で定められてある。もちろんこれに適合するワインは、それぞれが該当する製造法統制に応じた条件と定められた制限に適合するものでなければならない。ここでいう製造法の統制は、別の条文で詳しく規定され、ワインの原産地の名称から始まって、ぶどう栽培の地域、製造の条件、その他が詳しく定められてある。このように、かつてはワインの量産国といわれたこの国も、厳重な政府の対策によって急速に質的な向上を遂げつつあるといえる。

【産地】

北部イタリア＝アルプス山脈を北に臨む地域。気温も他地域に比べると低い。ピエモンテ州、ロンバルディア州、ヴェネト州などを含む。バランスが良く、そして心地よい酸味をもったワインが造られる。イタリア国内でも、高級なワインを生産する地域として知られる。「バローロ」（赤）、「バルバレスコ」（赤）などが有名。

中部イタリア＝イタリア半島のちょうど付け根に当たる部分に位置する。ポー河の流域に広がる平野部に産地が広がっている。エミーリア・ロマーニャ州が含まれる。フルーティでバランスもいいワインが造られる。また、早飲みタイプのものも多い。

アドリア海沿岸部＝イタリア半島の中心を走る山地とアドリア海に挟まれた地域。マルケ州やアブルッツォ州などが含まれる。良質の白ワインで知られる。とくに海産物の料理との相性は抜群とされる。

ティレニア海沿岸＝南北に細長い生産地帯。「フラスカーティ」（白）を生産するラッツィオ州などが含まれる。とくに「キャンティ」（赤）などを生産するトスカーナ州は、イタリア屈指の産地として

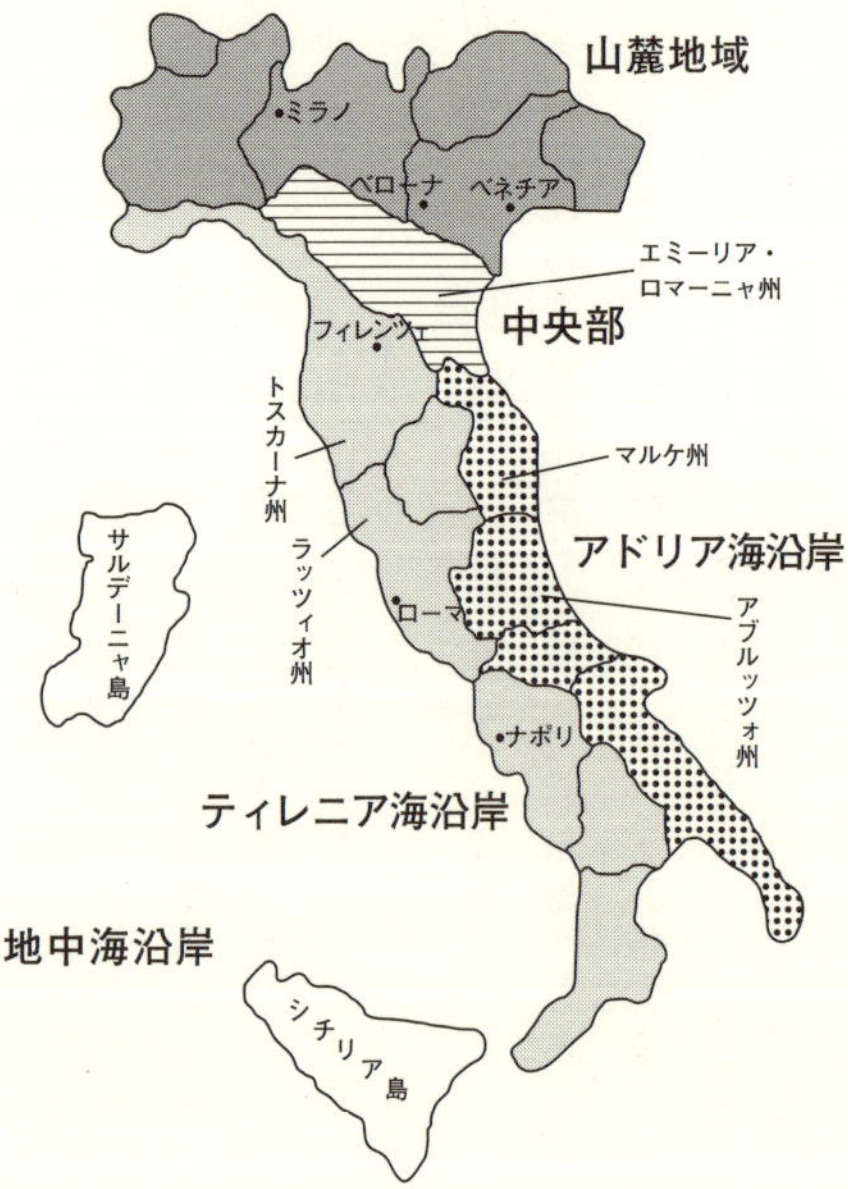

有名。

地中海沿海地方＝シチリア島やサルデーニャ島を含む地中海沿岸の生産地。白ワインが中心である。近年の醸造技術の進歩により、甘口から辛口まで、多種多様なワインが生産されるようになった。

いちご酒（覆盆子酒）　いちござけ

①　いちごを清酒につけ、さらに砂糖を加えたお酒。一種の再製酒といえる。いちごが日本に持ち込まれた江戸時代の末に造られたようで、『和漢三才図会』では薬酒の一つとして紹介されている。

②　ホワイトリカー（甲類焼酎）といちご、レモン、砂糖を使って作る果実酒。

芋焼酎　いもじょうちゅう

米麹とさつま芋で造られる焼酎。デンプン質の多い品種コガネセンガンが原料として最も多く使われている。独特の香りと口に含んだときの甘みが特徴。おもにサツマイモの主産地である鹿児島県と宮崎県南部で造られる。藩政期には貴重な存在だった米を節約できることから、薩摩藩はとくに税を免じるなど、芋焼酎造りを奨励したため、鹿児島県や宮崎県では米を原料とした焼酎にかわって芋焼酎が主流となった。北海道清里町にはじゃがいもを材料とした焼酎がある。

煎　酒　いりざけ

清酒を鍋に入れて煮たて、その間にかつお節、梅干等を加えて時に塩で味を加減し、一升を約四合に煮詰めたもの。風味がよく、調味料として用いる。また養生訓には「脾虚の人は生魚をあぶりて食すに宜し……或いは煎酒を熱くして、生わさびなどを加へ、浸し食すれば害なし」とある。江戸時代には薬酒のような存在だったようだ。

岩　泡　いわあわ

日本酒の醪《もろみ》の仕込後、数日で表面に泡が出、やがて泡がしだいに高く膨れ上ってきて、その表面が、ちょうど岩石のような凸凹が多い泡になる。この泡を岩泡とよぶ。二、三日後には凸凹がなくなり、一面円く盛り上がってくる。日本酒のもろみの表面は泡がある程度規則正しく変って行くため、これを観察することは管理の上の一つの手がかりとなる。そこで泡の形にこのような名前がつけられている。

インマチュア・ウイスキー　Immature Whisky
未熟のウイスキーという意味。イギリスでは貯蔵三年未満のものをこのように呼ぶ。

飲用アルコール　いんようあるこーる
酒類等の飲料の製造に用いられる中性（不純物を含むことの少ない）エチルアルコールをいう。

う

ヴァイツェン・ビール　Weizenbier
ドイツ・バイエルン地方特有の上面発酵・淡色ビール。小麦麦芽を最低五〇％以上使用している。苦みがおだやかな一方、炭酸ガスの刺激が強く清涼感もある。小麦特有の香りと細かな泡立ちも特徴。酵母入りのものもある。

ういきょう（茴香）酒　ういきょうしゅ
江戸時代、ういきょうを使った酒があった。『本草綱目』などの古文書では、ういきょうを酒につけ、これを煮て浸出して飲むと薬効があるとしている。欧米ではういきょうを用いた酒としてはアクアビットのうちO.P.Andersonのものがそれであり、またジンの中で香料にこれを使ったものがある。

ウイスキー　Whisky, whiskey
麦芽と水とをまぜて糖化・発酵させ、蒸留した酒。麦芽と水のほかに未発芽の穀類を加えることもある。わが国の酒税法では、ウイスキーについての定義を、

(1)　発芽させた穀類および水を原料として糖化させて、発酵せたアルコール類含有物を蒸留したもの（当該アルコール含有物蒸留後の留出時のアルコール分が九五％未満のものに限る）。

(2)　発芽させた穀物および水によって穀類を糖化させて、発酵させたアルコール含有物を蒸留したもの（当該アルコール含有物蒸留後の留出時のアルコ

ール分が九五%未満のものに限る)。

(3) (1)または(2)にあげる酒類にアルコール、スピリッツ、香味料、色素または水を加えたもの。ただし、(1)または(2)にあげる酒類のアルコール分の総量が、アルコール、スピリッツまたは香味料を加えたあとのアルコール分の総量10/100未満であるものはウイスキーと呼ばない、と定める。つまり、香味料や色素などを混入させる場合でも、全体の一〇%以上はウイスキーの原酒でなければならないということである。

ウイスキーには、原料や製造方法によってモルト・ウイスキーとグレーン・ウイスキーの大別がある。アメリカでは調合の内容によってストレート・ウイスキーとブレンディッド・ウイスキーに大別する。また、そのタイプによってアメリカン、カナディアン、スコッチ、アイリッシュ、ジャパニーズなどに細分される。なお、アメリカンとアイリッシュのみはWhiskeyと書く習慣がある。

【歴史】 ウイスキーの語源はゲール人のVisge Beathaであって、Eau-de-Vie(生命の水)と同義である。起源については一〇〇〇年前という説もあり、あるいは五世紀ごろともいう。いずれにせよ、語源から考えても、かなり以前にゲール人は発酵した麦芽の汁液を自家用に蒸留していたようである。また、歴史的にはアイルランドの方が古いようで、スコットランドへ蒸留の技術が伝わったのは、ヘンリー二世のアイルランド遠征のときからであるという(一一七〇年代)。そして、スコットランドから漸次世界へとウイスキーはひろまり、それぞれの国でまた独自のタイプが生まれた。日本への伝来は、一八五三年のハリス来航時である。このとき、ハリスは多くの洋酒とともにスコッチやバーボンも持参したといわれる。事実、帝への献上物にもウイスキー一樽があげられていた。日本でのウイスキーの製造は、明治四四年「寿屋《ことぶきや》」がアルコールに香料を加えた人工ウイスキーを発売したのが始まりとされる。さらに大正一二年、本格的なウイスキーの製造がはじまり、やがてジャパニーズウイスキーと呼ばれる現在のタイプが完成し、今日の盛況を見るに至ったのである。

【製造法】 ウイスキーの製法は、そのタイプによって多少異なっている。しかし、その大筋は製麦（麦芽の製造）→糖化（麦芽と水で甘い麦汁を作る）→発酵（麦汁を発酵させる）→蒸留（発酵した醪を蒸留）→貯蔵熟成→調合→びん詰という工程である。

① 製麦＝大麦を水に浸し、発芽槽で穀粒の発芽を行わせる。この工程では、穀粒内にでんぷんやタンパク質を分解する酵素類が生成、あるいは活性化され、同時に穀粒中には糖分やタンパク質の溶解性の成分がわずかに造りだされる。麦芽は主としてこの酵素を利用するために造る。次にできた麦芽を火力で乾燥するが、スコッチタイプの場合、ピート（泥炭）をたいて特有の煙臭 Smoky Flavour をつける。

② 糖化＝麦芽を粉砕し、糖化槽で温水で混ぜた後、四五～六〇度くらいの温度を約四時間保持すると、麦芽中のでんぷんの糖化とタンパクの分解が完全に行われ、甘い麦芽汁が得られる。なお麦芽と水のほかに未発芽の穀類を加え、糖化を行うやり方もある（バーボン）。この麦汁を濾過し固形物を除き、冷却する。

③ 発酵＝冷却した麦汁は発酵槽に送られて、酵母を加えて発酵を行わせる。三～四日で発酵は終わり、アルコール分は六～七％になる。

④ 発酵が終わった液は蒸留機に送られて熱を加えて蒸留し、その留液を採取する。一般に蒸留機の構造によって製品のタイプは異なってくる。また蒸留のやり方によっても、違ったタイプになる。国によっては蒸留に関することをウイスキーの定義中に厳密に規定している場合もある。一般的にはポット・スチルという簡単な銅製の蒸留機を用いる。この装置では醪《もろみ》中のアルコール以外の揮発性成分「味や香に影響するもの」の分離はできないから、製品は濃厚で特有の香味を持っている。これがモルト・ウイスキーである。アルコール分は六〇～七〇％。また蒸留では最初に出てくる部

分が初留、中ごろが中留、最後が後留といって区別する。蒸留のやり方で一回だけしか蒸留を行わないものは、そこでこの区分のうち中留のみを製品に送り、初留と後留とは次の醪の蒸留にまわす。二回蒸留をするものは、最初は区分せずに全留液を回収し、二回目に区分して行う。蒸留機にはポット・スチル（単式蒸留機）のほかにパテント・スチル（連続式蒸留機）と呼ばれる装置がある。これはアルコール以外の揮発性成分を分離除去できるので、製品の香味はうすいが軽快である。グレーン・ウイス

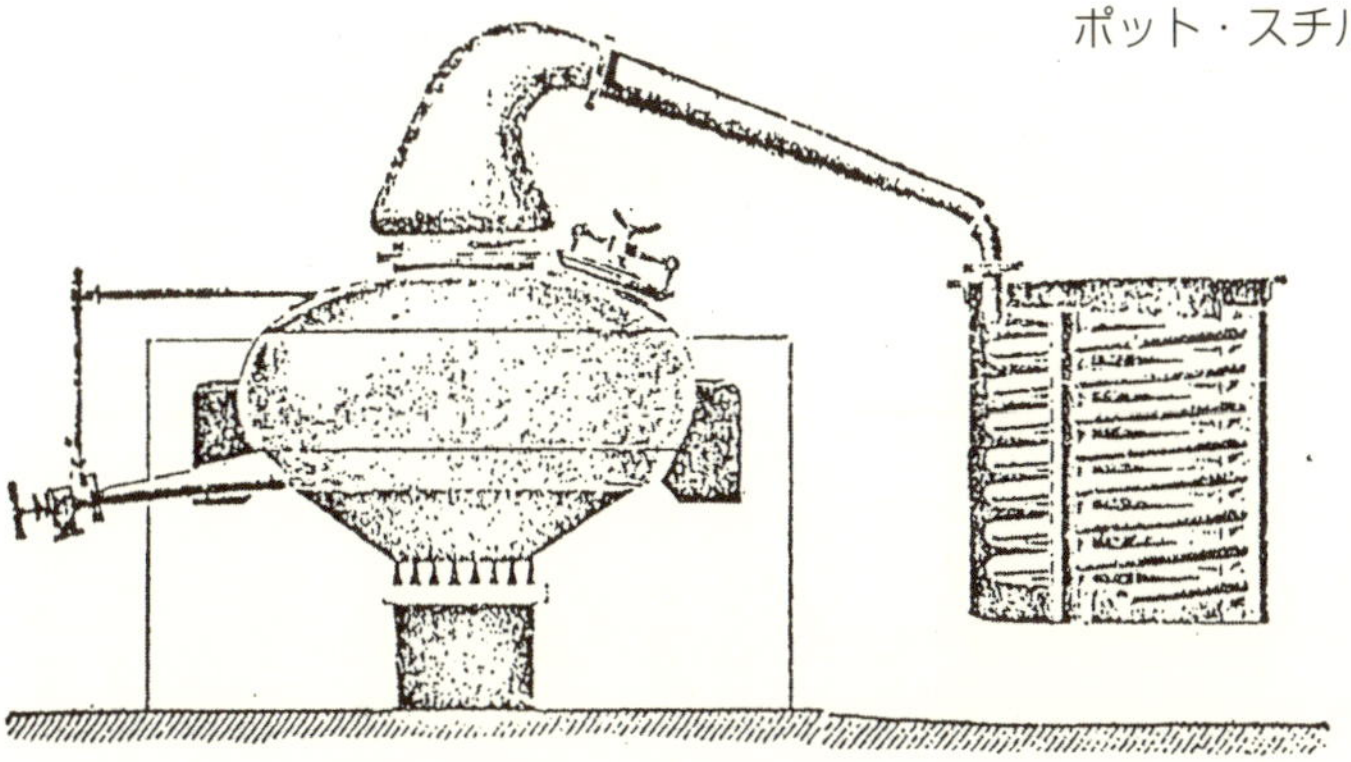
ポット・スチル

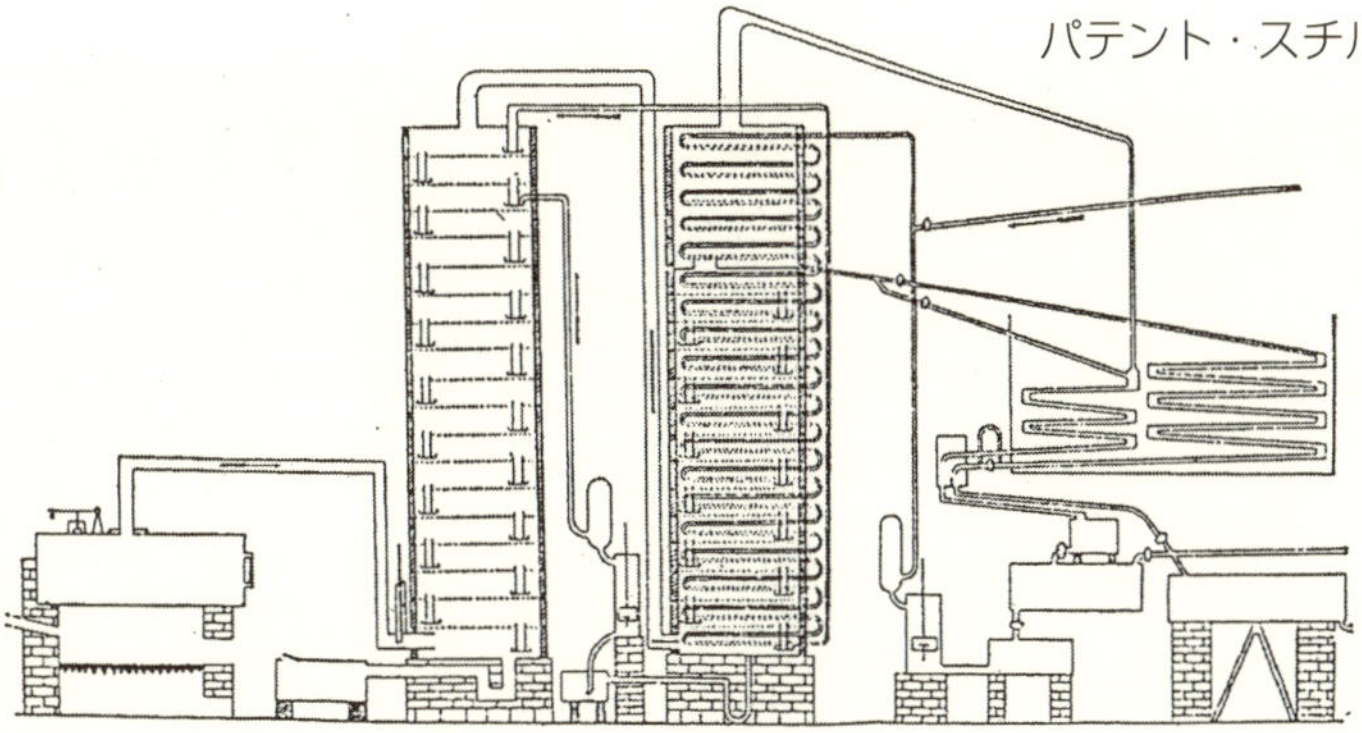
パテント・スチル

キーがこれに相当する。ポット・スチルを使用するのがスコッチやアイリッシュ、日本などで、パテント・スチルを使うのがアメリカンである。ただし、最近は前者も後者で蒸留した留液を混和するようになってきている。つまり、現在のウイスキーは蒸留機からいうと、ほとんどがポット・スチルとパテント・スチルの製品の調合品であるといえる。

⑤　貯蔵熟成＝蒸留したてのウイスキーは無色で粗く、そのままでは製品にならない。まず水を加えてアルコール分を五〇〜七〇％に調製するが、この薄め方もタイプによって違う。これを普通は樫Oakの樽に入れて何年か貯蔵する。この間に香味は粗さがなくなってまるくなり、色も樽の色が浸出されてくる。これが熟成である。おそらく樽材が不快な香りや味の元となる成分を吸着する一方で、樽材からポリフェノールなどが溶け出してきたり、あるいは樽材を通して少しずつ入ってくる酸素の作用などによって、熟成が完成するのであろう。また、貯蔵中、樽材を通して水は外部に蒸発し、全体の量はやや減少し、場合によっては一〇年で四分の三程度になってしまう。ちなみに、かつて酒造りに従事した人々は、天使が飲んでいくために貯蔵している酒が減っているのだと考えていたことから、醸造中に減ってしまう酒はエンジェルズ・シェア（天使の分け前）と呼ばれている。もっとも、アルコールの分子は樽材を通過しにくいので、〝天使の分け前〟の大半は水ということになる。その一方で、残った酒のアルコール度はやや高まる。樽詰の貯蔵期間は、国によって違うが、一〇年くらいまでは長いほうがいいとされている。

⑥　調合＝樽にわけて貯蔵された酒は出荷の前にいくつかの樽の内容をまぜあわせて商品を作る。これを調合と呼ぶ。つまり、樽ごとに少しずつ酒質が異なることがあっても、調合によって均一の性質の酒を市場に送り出すことができるのである。モルト・ウイスキーにグレーン・ウイスキーを混

ぜる場合でも、酒質を中心に調合が行われる。調合の技術は勘と経験によるもので、奥が深い技法である。

⑦　びん詰＝調合の終わったものは、場合によりさらに短期間ではあるが、樽で貯蔵された後、びん詰めされて市場へ出荷される。

【飲み方】　特有の香りを楽しむため、そのまま飲むのが最も良い。このため、ウイスキーグラス（一〜二オンス）が用いられ、水が別に添えられる。また、単に水で割る飲み方もあり、この時のグラスはオールド・ファッションド（四〜六オンス）が普通である。オンザロックは氷をグラスの中に重ねておき、この上からウイスキーを注ぐというやり方。ハイ・ボールはソーダでウイスキーを割ったもの。グラスは前記のオールド・ファッションドか、タンブラーの中くらいのもの。水やソーダで割るときは、約九〇㎖の酒を倍に薄めるのが普通である。ウイスキーをベースにしたカクテルもいろいろあるが、もっとも有名なのはマンハッタンで、これはアメリカン・ウイスキーをベースにベルモットを加えたものである。ウイスキー・サワーはウイスキーにレモンジュースを加えたものである。

ウォッカ　Vodka

ロシアの伝統的な蒸留酒。無色無臭、味も淡い。アルコール分四〇〜六〇％、磨き抜かれた蒸留酒である。今ではウォッカは世界的な酒となり、とくにアメリカなどの欧米でよく飲まれている。ウォッカの流行は欧米ではカリフォルニアで始まり、間もなくアメリカ全土やヨーロッパに広がった。ウォッカの原料は大麦が中心で、とうもろこしや小麦が使われることもある。加熱して蒸煮し、麦芽を加えて糖化、続いて発酵させる。発酵が終ったもろみはパテント・スチルにかけて蒸留するから、不純物の少ない中性で純良なアルコールがとれる。ここまではグレーン・ウイスキーの製造法と同じである。次に水でうすめ、アルコール分を約四〇％にした後、白樺の炭の層を通して濾過精製する。このため、数本から二製法上の特長である。この工程のため、ここがウォッカの

○本の銅製（最近はステンレス製もある）の円塔に白樺の炭をつめたものが設けられてあり、この中をゆっくりと順々にアルコールを流すのである。塔の数、炭とアルコールとの接触時間が製品の品質に影響する。このように精製したものは、特別に熟成を行なわず、びん詰めする。粗さや不純物からくる匂いや味は炭で処理することで除かれ、無臭のウォッカが生れるのである。ウォッカはそのままストレートで飲む（水を添えて）やり方もあるが、これでは慣れていないと潰れてしまう。普通鉱泉水で割るか、トマトジュースで割って飲む。またウォッカは無臭無味であることから、マルチニその他いろいろのカクテルのよきベースとして用途は広い。

薄火　うすび

古語。密火《かくしび》ともいった。加温の際、手を入れて二、三回かきまわせる程度の熱さに火入することを指した。おそらく通常の火入れとは別に、清酒が多少変敗したようなとき、火入れすることを意味しているのであろう。その後、桶に火入れ貯蔵したもの、あるいは酒質の弱いものを夏に出荷するとき、さらに火入れして樽詰することを指すようになったが　これも今日では、古語となった。

梅酒　うめしゅ

梅の実を砂糖と共に焼酎に漬けた一種の果実リキュール。梅酒の材料となるのは、五月から六月にかけて青い梅の実である。できれば傷のついていない、きれいな梅の実を水で洗い、水切りをして水気をふきとってしまう。苦味をとるため、予め一日位水に漬けておくのもよい。次に蓋があり、密閉できる容器に焼酎を入れ砂糖を加えて溶解させてから梅の実を入れる。攪拌などは行わず密閉して静置する。この間に梅の成分がある程度浸出され、特有の香味が生れてくる。約一ケ月で飲めるようになるが、四～六ケ月おくとよく熟成する。飲むときはそのまま、

配合例	梅の実	五〇〇～六〇〇g
	氷砂糖	四〇〇～五〇〇g
	焼　酎	一・八ℓ（三五度のもの）

なお砂糖は普通の白砂糖でもよい。

あるいは氷水で割ったりして飲むのがよい。砂糖の量は余り多くしない方が旨いものができる。一～二ケ月で梅の実を引きあげた方が苦味が出ず、きれいに仕上がる。梅酒の造り方の基本は以上であるが、各家庭の工夫で漬け込みの期間や、梅の実をいつ引きあげるか、砂糖の量などいろいろなやり方を変えた方が、造る面白さを味わえる。なお醸造業者の造った市販の梅酒もある。梅酒の成分は造り方で一概にいえないが、アルコール分一三％から二〇％にわたり、糖分三〇～三六 g/dℓ、総酸一・四～二・〇 g/dℓである。

梅宮大社　うめのみやたいしゃ

京都市右京区梅津にある神社。酒の神を祭っていることで知られる。祭神は酒解神《さかとけのかみ》（大山祇神《おおやまずみのかみ》）、大《おお》若子神《わくごのかみ》（瓊々杵尊《ににぎのみこと》）、小若子神《こわくごのかみ》（彦火々出身尊《ひこほほでみのみこと》）、酒解《さかとけの》子神《このかみ》（木花咲耶姫命《このはなさくやひめのみこと》）の四柱である。天孫瓊々杵尊が木花咲耶姫命を皇妃とし、一夜の契りを結んだところ、姫はめでたく懐妊した。ところが、たった一夜の契りで身ごもった姫の貞操を瓊々杵尊は疑い始める。それを知った木花咲耶姫命は、生れる子が天孫であればどんな災難も避けて通るはずと、あえて産殿に火を放ち、出産に臨んだ。そして火中で無事に三子を出産。その一子が彦火々出身尊である。姫は命を懸けて自らの貞操と、わが子の貴い血筋を証明したのである。この出産を喜んだ木花咲耶姫命の父・大山祇神は狭名田の稲で天甜酒（アマノタムサケ）を造り、天地の神に捧げた（『古事記』『日本書紀』）。この酒こそが穀物の酒の始まりとされ、以後、酒は宮中の儀式で用いられるようになった。この故事にちなんで天平宝字年中、藤原不比等の女・橘三千代がはじめて四人の神々を祭った。以後、梅宮の四祭神は酒の神として、また安産の神として崇められた。梅宮の神官は代々橘氏であるが、その橘氏橋本家には神代稲であるといわれる特別の稲を保存し育成を続けてきた。いつかその栽培は中止されたが昭和になってその籾《もみ》を神田にまいた所、発芽し立派に収穫を見た。この稲は、現在の稲と異なって大きく、茎も太く長い。ときには二mに達するものである。節は葦に似ており、穂の長さも房々と長くたれている。

え

エージング　Aging, Ageing

調熱、熟成のこと。→熟成

エーデル・フォイレ　Edel Fäule

貴腐《きふ》。ドイツのモーゼル、ボルドーのソーテルヌの最高級の白ワインは、その原料の白ぶどうを天候のよい秋にはおそくまで摘まずに残しておく。そうすると、やがて貴腐菌というかびが果皮に増殖する。この結果、水分が失なわれ糖の多いぶどう果が得られる。このような粒を選んで搾汁をとり造ったワインがベーレンアウスレーゼ、さらに果粒を干ぶどうになるまで残しておいて造ったワインがトロッケン・ベーレンアウスレーゼである。味の濃醇な香りの深い高貴な白ワインがとれることから、この状態を高貴なる腐敗ということで貴腐という。

エール　Ale

イギリスやアイルランドの伝統的ビール。イギリスではビールの代名詞ともなっている。原料は強く焙燥したエール麦芽。通常のビールが低温の下面発酵で作るのに対し、エールはホップを加え上面発酵法によって作る。色は比較的濃く、味は濃厚でアルコール度数も平均八度前後とやや高い（普通のビールは約四・五度）。なかでもペール・エールPale Ale（ビター・エールBitter Ale）はアルコール度数が高く、淡色でホップの苦味も強い。一方、アルコール分が弱く色合いが濃厚で、麦芽の風味が十分に生きているものをマイルドMild Aleという。エールとビールの定義は時代によって異なる。一〇世紀ごろには苦味の強いものをエール、少ないものをビールと呼んでいた。当時の苦味はホップではなく、キヅタやコショウ、ショウヤク、ういきょう、ニクヅクなどさまざまな薬草から得ていたらしい。

一二世紀に入るとイングランドでも麦酒醸造が盛んになり、醸造所に隣接してビールを売る居酒屋も現れ始めた。こうした居酒屋はエールハウスと呼ばれていたという。一五世紀になってフランダースとイングランドが本格的な交易を開始するようになる。そしてポップ入りのビールが輸入されるようになる。その後、イギリスではホップが入っていないものをエール、それ以外の麦酒をビールと呼ぶようになった。一六世紀に入るとイングランド内でもホップの栽培が盛んになり、エールにもホップが使われるようになり、今日のエールが誕生したのである。

液化仕込み　えきかじこみ

白米またはその粉砕物を仕込水とともに八〇～九〇度Cくらいの高温で、液化酵素の作用によって澱粉を液化させ、冷却後に酒母と麹を加えて発酵させる日本酒の醸造法。

エキス　extract

酒類の成分で水、アルコール、揮発酸以外の、いわゆる不揮発性成分。酒類に熱を加えて蒸発させると、飴のような暗褐色の固形物が残る。これがエキスである。このエキスは、糖分を主として炭水化物、蛋白質、灰分、不揮発酸等から構成されている。なお、エキス分とは酒類一〇〇㎖中に含まれるエキスをグラムで表わしたものである。一般にエキスが多い程、酒の味は濃厚に、甘くなる。醸造酒は蒸留酒よりエキスが多い。とくにエキス分の多いものとしては、日本のみりん（四五）があげられる。また甘味の強いキュラソーやペパーミントのようなリキュール類は二五～四七ほどの高エキス分を持つ。ポート・ワインでは一二～二〇である。日本酒やビールでは二～六程度。蒸留酒は〇・一～〇・三で、最もエキスが少ない。

エステル　Ester

広く醸造物の芳香の主体をなす物であって、化学的には有機酸類とアルコールとが反応してできた化合物の総称。

エチルアルコール　Ethyl Alcohol、Ethanol　→アルコール、飲用アルコール

エッグ・ノッグ　Egg Nog

日本の卵酒に似た酒。卵と砂糖、香辛料、ウイス

キーやワイン、その他の酒をまぜた飲料。卵の黄味に白砂糖をまぜてよくかきまぜ、肉豆蔻《にくずく》、シェリー、マディラの少量を香料に、暖めたウイスキー、ブランデー、ラム等を三分の一までまぜて加え、さらに卵の白味を泡立たせたものを上に浮べて飲む。同じようなものでエッグ・フリップは暖い蒸留酒。エールまたはワインを加えた同じような飲料。外国にも日本の卵酒と同じようなものがあるのも面白い。

エッグ・ブランデー　Egg Brandy

卵の黄味をすりつぶし、砂糖と香料とブランデーを加え、十分にかき混ぜて乳濁させたクリーム状の酒。完全に乳化し、分離しないことが特徴である。もっとも有名なのはオランダのAdovocate Bollsである。ブランデーのかわりにキルシュバッサーを用いたり、精製したアルコールを用いることもある。エッグ・ブランデーはカクテル用につくられることが多い。

延命酒　えんめいしゅ

紀州に産した名物の薬酒。シソ科の植物であるヒキオコシ別名延命薬を焼酎やみりんと合わせて熟成させ、しぼったもの。

お

オーストラリアン・ワイン　Australian Wine

ワイン生産国としてのオーストラリアの歴史は、おおよそ一世紀ほどしかない。しかし、その生産量は八五万kl（一九九九年）にも達するなど、現在では世界屈指のワイン王国となっている。

この国のワインの大部分は東南部で造られる。南にあるマレー川はビクトリア州とニュー・サウス・ウェールズとを分け、さらにサウス・オーストラリアに入って流下し、エンカウンター湾で南方洋に注いでいる。この川の両岸とサウス・オーストラリアのアデレード付近の丘陵から低地へのスロープなどに数千エーカーのぶどう園が開け、オーストラリアの主要なぶどう生産地帯をなしている。

一八世紀末、アーサー・フィリップにひきいられた艦隊がイギリスからやってきて上陸し、シドニー付近を開拓し始めたが、この時、ぶどうの栽培も開始したという。その後イギリスがこの付近を統治するとともにぶどうの栽培にも力を入れ、さらに適地を求めて栽培は広まって行き、一世紀の間に既述の三つの州がぶどうとワインの主な生産地帯となった。

この国で栽培されるぶどうはカベルネ・ソービニヨン Cabernet Sauvignon やマタロ Mataro、カリニアン Carignan などが赤の品種として、またリースリング Riesling、セミヨン Semillon、パロミノ Palomino、ペドロ Pedro が白に用いられる。パロミノ Palomino、ペドロ・ヒメネス Pedro Ximénez がシェリー酒用に、そしてグルナッシュ Grenache、トゥリガ Touriga がポート用として栽培されている。

この国はワイン生産国としては後進国であるので、世界の名酒を模倣したタイプが多いことは止むを得ない。その点カリフォルニアと似ている。甘口の酒としては、シェリータイプ、ソーテルヌタイプ、ポートタイプのものが多く、白はリースリング、赤はクラレットに似たものが多い。しかし最近は質的にもかなり向上し、すぐれた酒質のものも見受けられるし、我が国にも少しずつ輸入されている。最大の輸出先はイギリスである。それだけに酒もイギリス人の好みに応じてやや重い風味を持つ。

(1)　ニュー・サウス・ウェールズ＝この州の東岸ハンター川の谷は早くから開けた生産地である。ここで造られる赤と白のテーブル・ワインは、古い時代からすぐれた品質の酒としてしられている。中央のマランムビジー・イリゲーション・エリアは次に重要な生産地。主なる品種はドラディロ Doradillo、サルタナ Sultana、ゴルド・ブランコ Gordo Blannco である。第三番目の地帯はコロワである。小さい地区であるが、最良のデザート・ワインができる。

(2)　ビクトリア＝この地のぶどうの栽培は他の二州よりおくれたが、後にはこれを追い越す程になって、最大のぶどう生産地になったこともあった。しかし残念なことに二〇世紀のはじめフィロクセラ（害虫）の襲撃にあって、荒廃化した。その後フィロクセラに強い品種を栽培し、復興している。この地区には発泡性ワインも造られている。

(3) サウス・オーストラリア＝最大の生産地帯。主なる品種はライン・リースリング Rhine Riesling、カベルネ Cabernet、ペドロ Pedro、パロミノ Palomino などである。アデレードの近くのマギルはすぐれたワインの産地であり、その他この付近に生産地が多い。またマレー・イリゲーション・エリアも有名で、この地帯からは食中酒や酒精強化のアルコール分の高い酒が造られる。この他にウエスト・オーストラリア、クウィーンズランドにも、ぶどう酒がつくられる。

オーストリアン・ワイン　Austrian Wine

古くからワインを嗜んできたこの国の人々は、隣のスイス人やドイツ人以上によく飲むといえるかもしれない。かつてオーストリア・ハンガリー帝国が欧亜にまたがる大帝国として栄えた時代、その勢力下にあった国々の名酒は首都ウィーンに集まったといわれる。

現在は、輸出より輸入の方がやや多い。主な輸入先はイタリアである。

オーストリアの最良の酒は、白で軽快なタイプである。ぶどうはリースリング Riesling やトラミネル Traminer、フルミント Furmint、ノイバーガー Neuberger、ミュラー・ツルガウ Müller-Thurgau、ミュスカ・オットーネル Muscat-Ottonel などが用いられる。この国の白ワインの特徴としては香の高い新鮮さや、果実の匂いの強さがあげられる。赤はピノ・ノワール Pinot Noir などの品種が多く、赤のワインは味も香りもかなり濃厚である。

オーストリアン・ワインの最大の生産地といえばウィーンである。ここで造られたウィーナ Wiener、グリンツィンゲル Grinzinger は有名である。またウィーンから南約三〇マイルほど離れたグムポルヅキルツェンは最高の白といわれている。またウィーンの西約四〇マイル、ダニューブ川の丘からとれるクレムセル Kremser、ロイブネル Loibner なども有名である。これらすぐれた白はアメリカその他へ輸出される。

オー・ド・ヴィ　Eau-de-Vie

フランスではブランデーのことをこのように呼ぶ。原義はラテン語の Aqua Vitae「生命の水」。これをフランス語に訳したことばがオー・ド・ヴィである。なお、狭義にはコニャックやアルマニャック以外のブランデーをオー・ド・ヴィということもある。

オー・ド・ヴィ・ド・マール　Eau-de-Vie-de-Marc（Marc Brandy）

かすブランデー。ぶどうの果皮や果肉などのかすに糖などを加えて発酵させ、これを蒸留したもの。ぶどう酒を蒸留したものより香味はやや劣り、安価でもある。

オー・ド・ヴィ・ド・リー　Eau-de-Vie-de-Lee

滓《おり》から造ったブランデー。ぶどう酒の滓を集め、場合によってこれに加水をして蒸留したもの。粕ブランデーと同様に安価である。

大御酒　おおみき

神に奉納したり、天皇に献上したりする酒のこと。同じような言葉に「御酒《みき》」がある。

オールド・トム・ジン　Old Tom Gin

ジンのなかでロンドン・ジンのうち、甘口のもの。蔗糖を一〜二％加えてあり、やわらかな味になっている。ロンドン・ジンの一タイプといってよい。この名前はトーマスという人が、このようなジンを酒場で売り出したことに由来するという説がある。また、雄猫の作り物をかざって、これに仕掛けをして一種のジンの販売機にしたのがロンドンで評判になり、この猫をOld Tom Catと呼んだことからオールド・トム・ジンになったとする説もあり、どちらが真実かははっきりしない。オールド・トム・ジンは主にカクテル用として愛用されている。

乙類焼酎　おつるいしょうちゅう

単式蒸留機で蒸留したアルコール分四五度以下の焼酎。わが国で古くからつくられている伝統的な焼酎である。一回の蒸留しかしないだけに素材の持つ香味成分や味などが十分に維持されたままの酒が出来上がる。本格焼酎、旧式焼酎とも言われる。

最近、減圧蒸留機が使われるため、原料由来の個性的な香りを薄めることができるようになり、個性的な香りに馴染まない人にも受け入れられるようになった。

踊　おどり

清酒もろみを仕込むのには、原料の米と米麹と水とを初添、仲添、留添の三回に分割し日を違えて行なう（三段仕込）のが普通である。この初添と仲添の間には一日仕込を行なわない期間があり、これを踊と呼ぶ。この期間に初添で仕込まれた酵母が、再び増殖して活力を得るのである。

オランダ・ジン　Dutch Gin

オランダ産のジン。オランダはジン発祥の地であり、シーダム市付近は、今でもこの種のジン（オランダではジンをジェネバと称している）を製造している。このジンはライ麦を大麦の麦芽で糖化・発酵させ、これをポット・スチルで蒸留し（この点がアメリカやイギリスのタイプとは異なる）、このアルコールを杜松《ねず》の実を容れた部分を通して再留して、短期間樽で貯蔵する。したがって、他のタイプと異なり、色は淡黄色で、風味に重厚さがあるため、どちらかというとストレートで飲まれる。アルコール分は四五％内外。→ドライジン

滓　おり

搾り立ての清酒や主発酵の終った後のワインには、原料に由来する残りかすや発酵を終えた酵母などが混じっており いずれも濁っている。この濁りはやがて底に沈む。このような沈澱物を滓とよんでいる。この滓と透明な酒の部分とを分けることが「滓《おり》引《び》き」である。こうした過程を経て、酒はしだいに透明になっていく。

織部盃　おりべさかずき

朱漆の小さな木盃のこと。酒盃は古くから土器となっていたが、この土盃がこわれやすいことを嫌い、桃山時代ころからは神酒、婚礼、祝事等に朱漆の木

盃が用いられるようになってきた。この木盃のうち形の小さいものは、茶人・古田織部重然《しげなり》（一五四四〜一六一五）という茶人の考案とされる。そのため、朱漆の小さな木盃は織部盃と呼ばれるようになった（『和漢三才図会』『日本国風』）。

オレンジ・キュラソー　Orange Curaçao

キュラソーの一種でオレンジの香りがあるもの。

オレンジ・ビターズ　Orange Bitters

ビターズのうち、特にオレンジを原料としたもの。スペイン産の苦味のあるオレンジが用いられる。カクテルにオレンジの香をつけるのによく用いられる。

オン・ザ・ロック　On the rocks

グラスに氷塊を入れ、ウイスキーなどの酒類を注いだ飲み物。

か

柿　渋　かきしぶ

渋柿を圧搾して得られた搾汁を熟成させてタンニンを重合させたもの。赤褐色の液体で、特有の臭気がある。最近では、臭気が発生する前に酵母を作用させ、無臭柿渋を作ることもできる。特に玉柿から製する柿渋を玉渋という。我が国では古くから紙、布、魚網の染料や漆器の下塗りに用いられたが、最近では無臭柿渋は化粧品にも使われる。清酒醸造では、昔からもろみの上槽の際の搾り袋の染料に用いてきた。また酒の清澄剤としても重要な用途をもっている。柿渋の渋みの主成分はタンニンである。タンニンは容易に蛋白質と結合する性質を持っている。その性質を利用し、清酒の濁りの原因となっている浮遊性の微小な蛋白質と結合・沈澱させ、酒の濁りを取り除くのである。

カクテル　Cocktail

飲用の直前、酒類、果汁、シロップなどを混ぜて、新しい香りと味をつくりだして飲む混成飲料のこと。いろいろな処方があるが、基本となるのはウイスキー、ジン、ブランデー、ラムなどで、ベルモットが使われることも多い。最近はカクテルの瓶詰、缶詰も市販されている。

【由来】その名の由来についてはいろいろな説がある。ひとつは古代メキシコのトルテカ人の一貴族が珍しい調合酒を造り、美しい娘のコキトル Xochitol の手で国王に献上したところ、王は非常に喜んでこの酒をコクトル Xoctl と命名したという説。もう一つはアメリカ、ニュー・オーリンズの薬酒商、アントニー・ペイショーが調合した卵酒のような混成酒を人々がコクテエーといって愛飲したのが始まりという説。こんな説もある。「アメリカ独立戦争のころ、フラナガン未亡人は酒場を経営していた。多くのアメリカ軍人やフランス軍人が酒場にやってきたある夜、フラナガン未亡人はおんどりの尾羽で酒場内のびんを全部飾り立て、そして自慢の調合酒もおんどりの尾（cock tail）でかき混ぜた。そして、その味が実に美味であったことから、コック・テールという名前が生まれた」。いずれにせよ、後説の信憑性が高く、カクテルは一八世紀末から一九世紀にかけて、アメリカで生まれたのは事実であるようだ。しかし二〇世紀以降、カクテルは世界中に広がり、今ではパーティで、家庭で、そして酒場で、このカクテルは親しまれている。わが国では明治初期に鹿鳴館《ろくめいかん》で供されたという。一九二〇年代には東京にカクテルバーが開かれてもいる。

【種類】カクテルは大きく分けて、ショートドリンクスとロングドリンクスに分かれる。ショートドリンクスは、いわゆる本格カクテルと呼ばれるもので、ウイスキーベースのマンハッタンやオールドファッション、ウォツカをベースにしたスクリュードライバー、ラムをベースにしたダイキリ、ブランデーをベースにしたアレキサンダー、サイドカーなどがある。いずれも量は六〇㎖程度で、二〜三口で短時間に飲み干すのが本来の飲み方とされる。

ロングドリンクスは量も多くつくられる。フィズ（泡）は蒸留酒に炭酸水と氷を加えた飲み物。ジンフィズが有名だ。ハイボールは、主にウイスキーを炭酸水で割ったもの。サワーは蒸留酒などに酸味を加えた飲料で、ウイスキーサワーなどが知られる。クーラーは酒精含有と無酒精のものがあり、前者は蒸留酒にレモンジュース、ライムジュースなどの甘酸味を加え、ジンジャーエール、ソーダなどで割った清涼感のある飲み物で、ボストンクーラーなどが知られている。ジュレップは凍る寸前に飲むミントの香りをもった飲み物で、タンブラーに砕氷を詰め、別のグラスに酒をつぎ、ミントの若葉と砂糖を加えて軽くつぶし、ミントを除いてから前のタンブラーについで、表面が氷結するまでスプーンで混ぜる。かならずミントの小枝または葉を飾りにつける。ラムジュレップなどがある。コブラーは暑いときの疲労回復によいとされる飲み物で、砕いた氷とフルーツシロップとベースとなる酒の混合酒である。クラレットコブラーなどがある。デージー（ヒナギク）は蒸留酒にレモンジュース、ライムジュース、シロップ、砂糖などの甘酸味を加えた飲み物である。スリングは蒸留酒にチェリーブランデーなどの甘酸味をつけ、水で割ったもので、シンガポールスリングなどがある。そのほかアメリカの代表的な飲み物にエッグノッグがある。これは卵と牛乳と酒からなる滋養に富んだもので、クリスマスなどによく飲まれる。パンチはパーティー用飲み物としてつくられ、クラレットパンチなどが有名である。

【作り方】各カクテルにはそれぞれ処方が決められており、それに従ってつくる。材料を混ぜ合わせる方法には、シェーカーを使う方法とミキシンググラスで混ぜる方法（ステア）がある。いずれも決まった分量の酒などを入れ、氷を加え、手早くシェークするか、ステアすることが必要である。

掛麹　かけこうじ

日本酒の醪《もろみ》を仕込むとき、使用する麹を掛麹とよぶ。これに対して酛《もと》に使う麹は酛麹とよぶ。掛麹は醪の中で糖化や蛋白質分解など大切な働きをし、その質はできあがった酒の品質にかなり大きな影響をあたえる。そのため醸造家は掛麹の製造には注意を払い、その原料である米も掛米に比して精米歩合を下げる（より白い米を使う）などの工夫もしている。使用量は掛米に対して約二六％程度、もろみ全体の米の約二〇％を占めている。

掛　米　かけまい

清酒醪を仕込むときに使う掛麹以外の米。実（味）米ともいう。

囲　桶　かこいおけ

清酒を貯蔵する桶。

果実酒（類）　かじつしゅ（るい）

果実あるいはその搾汁を発酵させて造る酒。果実のもっている色や香味が製品にうつるため、穀類を原料とした日本酒やビールとは異なる風味をもった酒である。代表的なものはワインで、ついでこの系統に属するシャンパン、ポートワイン、ベルモット、シェリーなどがある。また、りんご、かんきつ類、もも、なし、桜桃、いちごなど、さまざまな果実が酒の材料となる。果実酒の歴史は古い。とくにワインは世界で最も古い酒といわれ、少なくとも紀元前二〇〇〇年には、造られていたとされる。わが国において果実酒は、果汁を発酵させた本格的なものと甘味果実酒とに分けられる。前者は、酒質や貯蔵の安全を考慮して、一定制限下（糖分二六％以下）で補糖して発酵させてつくる。甘味果実酒は、果汁への補糖が一定枠を超えたり、酒に糖分を加えたもの。甘味ワイン（「スイートワイン」または「ハニーワイン」）がこれである。果実リキュール、ホームリキュールなどとよばれる果実の酒は、梅酒に代表されるように、昔から家庭で造られていた。法律的には昭和三七年から梅酒を、ついで昭和四六年からブドウを除くすべての果実を使って家庭で自家用に造ることができるようになった。

火　酒　かしゅ

蒸留酒のこと。火とは熱を加えることで、日本では古くから焼酎と同義に用いられていた。また最近はスピリッツの訳語に火酒をあてることもある。いずれにしても蒸留酒であってアルコール分の強い酒である。

粕（糟）　かす

醗酵終了後のもろみをろ過（搾る）して、酒（液部）を分離して残った固形部。焼酎など蒸留酒では蒸留後の残さ。酒粕（清酒粕）、ビール粕、ぶどう酒粕、焼酎粕、みりん粕とさまざまである。それなりに用途があり、酒粕、みりん粕は食用（漬物用）に、ビール粕、焼酎粕は飼料や肥料として利用される。最近、焼酎や泡盛の蒸留粕はクエン酸などが多いため、黒糖などを加えて健康飲料としても活用されている。

粕取焼酎　かすとりしょうちゅう

酒粕を原料とした焼酎。アルコール分は二五～三〇％。特有の甘味と甘い焦げ臭の高い香りがある。一般に酒粕にはアルコール分が五～一〇％含まれている。この酒粕に生の水蒸気を通してアルコールを蒸発させ、その蒸気を凝縮させたものが粕取焼酎である。また、酒粕に少量の水を加え、タンクに二～三ヶ月間漬け込み、密封して発酵させてから蒸留する方法もある。蒸留するとき、酒粕に籾殻《もみがら》をまぜて蒸気の通りをよくする。この焼酎は、米の油からくる脂肪酸のエステルを多く含む。やや白濁していたり、水で割ったときに白濁するのはそのためである。かつてはほとんどの清酒醸造場が副産物的に酒粕を利用して粕取焼酎を造っていた。一時はわずかになったが、現在、焼酎が見直されており、粕取焼酎の製造も復活させる動きがみられる。なお、第二次世界大戦直後、闇市で出回った「かすとり」という酒と粕取焼酎は全く別物である。こちらの「かすとり」は、サツマイモや米を材料にした味も風味も劣悪な密造酒。メチルアルコールを使ったものもあり、死者や失明者を出すことすらあったという。

片白　かたしろ

古語。「かたはく」ともいう。かつて清酒用の米のうち、掛米だけを精白することをこのように言った。これは江戸時代以前のことで、それ以降は掛米、麴米共に白い諸白《もろはく》に移っている。当然、品質的には諸白が上である。

活性炭　かっせいたん

木材や木炭、果実殻、石炭などをガスの中で焼いて炭化させたまっ黒な粉末。ほとんど純粋の炭素で、いろいろな物質を吸着する。この性質から、酒類の脱色、濁りの除去、香りや味の調整など、製品の仕上に活用される場合が多い。上水の脱臭など仕上げにも使われる。酒に一定量の活性炭を入れて攪拌し、一定の時間をおいてから濾過する。あるいは原酒を炭素の層に通すなど使用法がある。粉末のものの他に粒状もある。

カナディアン・ウイスキー　Canadian Whisky

カナダ産のウイスキー。スコッチ、アイリッシュ、アメリカン、ジャパニーズとともに世界五大ウイスキーの一つに数えられる。トウモロコシを原料としたベースウイスキーを主体に、ライムギを主原料とした香味豊かなフレーバリングウイスキーをブレンドして造るもので、三年以上の樽《たる》貯蔵が義務づけられている。世界の主なウイスキーの中でも、もっとも軽い風味を持ち味とし、生産量の七割ほどがアメリカに輸出されている。

釜場　かまば

清酒蔵の大釜のすえてある場所。普通は径二mに近い大きな釜と、やや小さ目の釜と二つが炉に備えられ、湯はいつも沸いている。この釜の上に、甑《こしき》を据えて米を蒸すのである。酒蔵のなかの原料処理場といえる。

釜屋　かまや

清酒蔵の従業員の職名。釜場で釜を炊き、米を蒸す仕事を専門としている者。釜場で働くことが多いので、こうした名がつけられたのであろう。

加無太知　かむ（ん）だち

古語。今の麴《こうじ》のこと。「かむ」「かん」は「かび」を意味し、かびがついて花が咲くことが「かびたち」、後に「かむたち」となった。

下面発酵ビール　かめんはっこうびーる

下面発酵酵母を使用し、低温（六〜一五度C）で発酵を行う醸造法。発酵の末期になると酵母がタンクの底に沈降することから、この名が生まれた。現在、世界的に主流となっている醸造方法である。爽快な味わいが特徴。

辛口酒　からくちしゅ

甘口酒に対する言葉。つまり糖分の少ない酒である。酒類の中でも赤ワインが代表的な辛口酒といえるだろう。日本酒には甘・辛の両方がある。ただし、辛口といっても、ここからが辛口という明確な線引きはなかなか難しい。多くの場合、酒の甘い、辛いは相対的な感覚で判断するものであるからだ。↓日本酒度（浮ひょう計）

枯し　からし

清酒を造る過程で、麹や酒母ができあがっても、すぐ使わずに冷所に放置すること。これを枯し（枯す）とよんでいる。

カリフォルニアン・ワイン　Calfornian Wine

カリフォルニアに産するワイン。この州では、合衆国で造られるワインのうち約八〇％を生産している。アメリカのワイン＝カリフォルニアン・ワインといえるだろう。この地帯は気候、土質、その他の条件が比較的ぶどう酒の醸造に適している。カリフォルニアの多くの地区でとれるぶどうは、ヨーロッパの名産地と、品質が異なるといわれている。北カリフォルニアのやや寒冷な地帯——つまり、ナパ、ソノマ、リハーモア谷、サンタ・クルス、サンタ・クララと呼ばれている地区——は食中酒を産し、その中には素晴らしく個性的で香りの高いものもある。また暖かい地帯では食後酒を多く造る。カリフォルニアの酒の半数以上は甘口で、強化酒である。タイプとしてもシェリーやポートとよく似ており、食中酒よりもむしろ食後酒として用いられることが多い。

カリフォルニアのぶどう園の真価は、北の行政区において認められる。なおここで注意しておきたいことは、アメリカには二つのタイプのワインがあることである。その一は東部アメリカで、ここで野生で発見された固有のアメリカ種のぶどうを原料にしたもの。もう一つはカリフォルニアに伝来したヴィーティス・ヴィニフェラ、すなわち欧州種の酒である。このヴィニフェラは欧州、カリフォルニア両方において、ぶどう酒醸造業の基礎を形づくっている。

【歴史】カリフォルニアぶどう酒の歴史は、スペイン人のメキシコ征服者・コルテスに始まる。一六九七年、司祭ジュアン・ウガーテは教団が開かれた時にぶどうの苗をうえたが、これが南部の西海岸地区における最初の欧州系ぶどうの栽培であった。当時、栽培されたのは今日にも伝わるミッション種とよばれるぶどうである。やがて教団の北上につれミッション種も北上していった。一方、別の神父の一派によって、一七六九年にはサンディエゴの教区で栽培が始められ、教団の数の増加とともにぶどう園も増加した。それはサンディエゴからソノマ、サンフランシスコと連なり、これを結ぶ道路は「王者の公道」Kings Highway とよばれる程であった。

その後教団も繁栄し、醸造も盛んになったが一八三〇年、メキシコがスペインから独立すると、メキシコ政府は教団の財産を接収した。そして、ぶどう園は放任され、やがて荒廃化してしまう。ここで教団に代って農園経営者が台頭した。一八二四年ロスに入植したヨセフ・チャップマンはジャンルノイス・ヴィグネスというボルドーからきたフランス人をつれており、ワイン醸造に企業家的野心をかけた。一八三三年、彼は自ら造った酒を国内へと売り出している。彼の成功によって、他の人々もこの仕事に手を出すようになり、ぶどう栽培はロサンゼルス地区の主要な産業となった。一方ヴィグネスは、高級なぶどうのさし木をフランスから輸入し、改良に努めた。彼らの他にも何人かの指導的役割を演じた人がいて、ぶどう酒醸造は盛んになって行く。さてミッション種はチャップマンやヴィグネスらの人々によって、北部のぶどう園にも取り入れられた。この品種は食中酒の製造には向かなかったものの、その後八〇年余りもカリフォルニアぶどうを支配した。一八五〇年代に入ると、ポートタイプはロサンゼルス地区に、ホックとソーテルヌとクラレットはソノマとナパに、シェリーはソノマとエルドレゲイ区という風にある程度区別されていた。もっとも、この時代は、やはり外国の模倣であった。

一八五二年ハンガリーからやってきた貴族A・ハラスチーは外国からのさし木や苗を輸入し、サンディエゴに植えた。この中には後に赤の辛口酒に向いているツインファンデル種も入っていた。最初、栽培者はミッション種に執着し、新品種にはなじまなかった。しかし一八七八年以降、欧州種の栽培が軌道にのり、カリフォルニアのぶどう栽培の基礎が完成された。また、彼はぶどうの品種の収集にとび回り、たえず改良を志し、ぶどう栽培組合を組織したりしている。カリフォルニアのぶどう産業が繁栄をみるに至ったことは、ハラスチーの情熱に負う所大である。彼が「カリフォルニアぶどう栽培の父」とよばれて人々の心に残っているのも当然であろう。

以後ぶどう栽培と醸造は多くの農家や開拓者を引きつけ、一八六〇年代には、ロサンジェルス、アナハイム、ソノマは三大ぶどう地区として抜きん出ていた。その頃、液体の金といわれたワインの市場は、ゴールド・ラッシュにつれて大いに繁昌した。しかし、ゴールド・ラッシュが終わると、価格は急低下。ついに州議会が新業者に税を免除するなどの救済を講じるに至っている。

一八七〇年代、州や国の施策とハラスチーの成功とがあいまって、ワイン産業は拡充して行く。その後、西海岸のワイン醸造業者は一八七五〜七七年にわたる経済危機や、七六年から三年間にわたって襲来したフィロクセラの害もなんとか切り抜け、成長を続けた。とくにフィロクセラに対しては、一八八〇年、組織されたカリフォルニアぶどう栽培委員会とカリフォルニア大学農学部が、その撲滅に積極的な援助を与えた。この大学は今日もぶどうの栽培と生態をテーマとした研究と教育とを続けており、欧州のこの種の機関と匹敵する業績をあげている。やがてカリフォルニアは、世界のワイン市場で欧州と競うようになった。一九〇〇年代初頭、禁酒法が通過すると、ワイン醸造場も大打撃を受けた。もっとも幸いなことに法律は薬用と宗教用の酒は認めていたので、幾らかの業者は作業を続けていた。一九三三年一二月、禁酒法が廃止されると、残っていた業者は全力をあげて製造したが、一時期、需要は供給を上回り値段はつりあげられ、品質の悪いワインも出回るなど、一九三三年までは市場は不安定であった。

一九三三年、州の公衆保健当局と連邦政府から、カリフォルニアワインの品質基準が示されるに至り、ワインは自己の責任で相応しい基準をまもることになった。このような事情を反映して、高級な品種すなわちカベルネ・ソービニヨン Cabernet Sauvignon、ピノー・シャルドネ Pinot Chardonnay のような品種を栽培し、品質のよいワインをつくろうと努力する人達もふえてきた。しかし低温地帯ではミッションやアリカント・ブーシェ Alicante Bouscet の使用比率は下げられなかった。その当時皮の丈夫で収量の多いぶどうの評判がよく、収穫の少ない高級なカベルネより多収穫なカリニャン Carignan やアリカントブーシェに人気が集まったからである。これは禁酒法撤廃後の酒質をおとすことにもなるのだが、品質と収量の問題は、今なお議論の残るところである。こうして心ある生産者は大規模の製造法をとりつつも、ワインの品質の保持と向上には最大の力を払っている。ニューヨークの有名な販売業者フランク・シューンメーカーもまた量より質に対して努力を払った一人である。現在カリフォルニアの業者は、欧州市場で同等に競争できる点に全勢力を結集しているが、これは模造でないワインを造ることで達成されるといえよう。

【生産地帯】 カリフォルニアでは、その自然的条件からみて北海岸、サクラメント、セントラルバレー、サン・ジョーキンバレー、南海岸の五つに区別できる。

(1)　北海岸（ノース・コースト）＝サンフランシスコの北と南に産地がある。温暖で、雨量も適量。

①ソノマ－メンドシーノ地区＝ここはサンフランシスコの真北、最高の食中酒の産地。特にソノマ

地区はカリフォルニアの三大ワイン地帯の一つ。指導的な立場にある。メンドシーノ地区は、辛口・赤の食中酒の産地。②ナパ－ソラノ地区＝ここは著名な赤の産地。ナパはインデイアン語で「多い」という意味。土質は豊かで、カベルネ・ソービニヨンがここの看板品種。ボルドーの赤と同一品種であるが、ナパのものは熟成がおそく、樽で四年程貯蔵される。③リバーモア－コントラ・コスタ地区＝すぐれた白の産地。この谷のアラメダ地区は上等のソーテルヌタイプの白ができ、その他、発泡酒も産する。土質は乾き切った砂質土で、コクのある白が生れる。なお、ピノ・ノワールも栽培され赤が醸造されている。ミッション種も残っている。コントラ・コスタ地区はアラメダの北。食中酒で有名である。④サンタ・クララ－サンベナイト－サンタ・クルス地区＝サンタ・クララ地区の中心。最上の食中酒と発泡酒―カリフォルニアのシャンパン―を産する。小さい醸造場も多く、普通の酒を地方的に販売している。なおサンタ・クララ地区は世界的にも有数のぶどう栽培地帯である。

(2)　サクラメント谷＝サクラメント川に沿ってかなり広く産地が分布している。海の影響を受けて夏もおそく暑くなり、冬はより冷える。しかしなかに冬に霜を見ず、夏も穏やかな地区があり、ここではよいワインが生れる。ほとんどが大量生産で、普通の食中酒と食後酒を造っている。

(3)　セントラルバレー＝エスカロン、モデストを中心とする地区。大メーカーがあり、二流の食後酒がとくに多い。他に普通の食中酒、発泡酒ができる。

(4)　サン・ジョアキン谷＝最も暖かく降雨量も少なく、灌漑が必要である。七、八月が二七度C位。広い乾ぶどうの地帯を含み、酒は甘口の強化ワイン、辛口の食中酒もできるが、糖分と酸が不調和なぶどうで、質はよくない。フラスノ付近はポート、シェリー、ソーテルヌとよく似たタイプのものができる。

(5)　南海岸地帯（サウス・コースト）＝ここはロサ

ンゼルス、サンディエゴ、キューカモンガ－オンクリオの三地区に分けられる。前二者は海風が吹く涼しい気候だが、キューカモンガ－オンクリオは内陸の砂漠地帯からの影響を強く受けているため、乾燥し、気温も高い。サンディエゴ地区の一部では、マスカテルを産する。キューカモンガの周辺は、暖かい気候のため、コクのあるものより、軽快な酒が生れている。

【ぶどう品種】赤ワイン用主要品種＝カベルネ・ソービニヨン、ピノー・ノワール、ガメー・ボージョレー、グレナッシュ、バーバラ、ルビー・カベルネ、タマト、グリニョリーノ、ツインファンデル。

白ワイン用主要品種＝ピノー・シャルドネー、セミヨン、ソービニヨン・ブラン、ピノー・ブラン、ホワイト・ピノー、リースリング、シルバナー、トラミネール。

【酒の種類】カリフォルニアでは、もちろん普通のワインを産するが、前にも述べたように、食前酒や食後酒の類が多いようである。食前酒としては、カリフォルニアン・シェリーがあげられる。本格的なシェリーもあるが、大部分のカリフォルニアン・シェリーは、シェリーによく似たタイプともいうべきで、特殊の製法をとっている。具体的には強化したワインをコンクリートかスチールのタンクに入れ二～六ヶ月、一二〇～一四〇度F。と温度をかえておいていく。その後、さらに小さな樫の樽に入れ、六ヶ月あるいはそれ以上貯蔵する。こうしてできあがったのがカリフォルニアのシェリーで、ベーキング・シェリーともよばれる。糖分はドライが〇～二・五％、カリフォルニアン・シェリーと呼はれるものが二・五～四％、甘口のリキュールタイプのシェリーは四％以上ある。アルコールはすべて二〇％近くある。カリフォルニアン・ベルモットはドライのフレンチタイプと、甘口のイタリアンタイプがある。製造法は普通のベルモットと変りはない。食後酒としては、カリフォルニアン・ポートがある。これは色が濃く、味も重い。糖分は八～一四％、ポルトガルのポートよりは甘く色も濃いのが特徴。ホワイト・ポートは、白の生食用ぶどうであるトムプソンの種なしを使い、また赤のグレナッシュは、ミッション種の皮をとってしまった原料を発酵させて使う。糖分は一〇～一五％、黄色のワインである。カリフォルニアン・マスカテルとよばれるマスカットを用いた甘口のものもある。カリフォルニアン・トケイはいろいろのデザート・ワインを調合したもので、ハンガリーのトケイ酒とは特別関係はない。その他発泡性ぶどう酒として、カリフォルニアン・シャンパンがある。

カルバドス　Calvados

りんごを使った最高級のブランデー。フランス・ノルマンディーで造られたりんご酒を蒸留したもので、この名はカルバドス県の名から取ったものである。Eau-de-vie de Cidre de Calvados ともいわれる。最上のカルバドスは、オージュの谷のものだろう。カルバドスは年を経ると格調高いブランデーになるが、残念なことに、極上品はノルマンディーのセラー以外ではあまりお目にかかれない。りんご酒を造るときのりんごの圧搾粕を蒸留したものが、オー・ド・ヴィ・マル・ド・シードルと呼ばれる酒。カルバドスは普通アルコール分四二～四五％を含む。樽に貯蔵せずびん詰めしたものは、無色で安価であるが、樽貯蔵を行ったものは、りんごのブランデーといっても軽くは見られない良品がある。そもそも、ぶどうのブランデーやコニャックなどと比較することが間違いといえるかもしれない。日本では、通常のウイスキーやブランデーほど飲まれてはいない。ただ、レマルクの『凱旋門』には随所にカルバドスの名が出てくるので、文学愛好者の間では良く知られた酒である。

燗　酒　かんざけ

燗をした酒。古くは煖酒と書いた。『天野政徳随筆集』に「今の世酒をのめるには必ず煖める事也、是れを燗と云えり、冷と熱の間なるゆえに、間を音にて〝かん〟という……」とあるとおり、「かん」という言葉には、熱からず冷たからずという意味が込められているとされる。平安時代に成立した『延喜式内膳司』には、小さな銅鍋に酒を入れ直火で暖めたという意味の言葉（土熬鍋）が記載されていることから、中世初頭から日本人は燗酒をたしなんでいたことがわかる。しかし、燗酒を楽しむ時期は決まっていたようだ。『温古目録』には「煖酒、重陽宴よりあたためて用うるよし、一条冬良公の御説に見えたり」とあるように、重陽の節句（九月九日）の宴より後、寒さが身に染みるようになってから燗酒を楽しんでいたようだ。貝原益軒は『養生訓』で「凡酒は夏冬とも冷飲熱飲共宜しからず、温酒を飲むべし」と、熱すぎる酒、あるいは冷たすぎる酒は健康を損なうと指摘している。また、飲む酒温によって、「雪冷《ゆきび》え」（五度C前後）、「花冷《はなび》え」（一〇度C前後）、「涼冷《すずび》え」（一五〜二〇度C前後）、「常温《じょうおん》」（二〇度C前後）、「日向燗《ひなたかん》」（三〇度C前後）、「人肌燗《ひとはだかん》」（三五度C前後）、「ぬる燗」（四〇度C前後）、「上燗《じょうかん》」（四五度C前後）、「熱燗《あつかん》」（五〇度C前後）、「飛切燗《とびきりかん》」（五五度C以上）、と称し、燗酒は三〇度C〜五五度C以上まで、それぞれの酒温によって味わいが大きく異なるという楽しみがある。

寒　酒　かんしゅ、

寒に入ってから造る酒。寒造り。古語。江戸期には、秋の彼岸頃から造り始める「新酒」と新酒と寒前酒の間に造る「間酒」、そして文字通り寒に入る前に造る「寒前酒」、寒中に造る「寒酒」、さらに春になって造る「春酒」と、年間五回、酒を造っていた。味の点では、「寒酒」が一番よいとされていたという。

寒前酒　かんまえしゅ

寒に入る前に造る酒。古語。→寒酒

き

キアンティ　Chianti

キアンティはイタリア中部のトスカーナ地方で産する有名な赤ワインである。美しいルビー色で、味も重過ぎることはない。とりわけ、多くの人を魅了するのは、その生き生きとした飲み心地であろう。アルコール分は平均して一二%位。この酒のもう一つの魅力は、その容器と包装にある。フィアスコと呼ばれる容器は、麦わらで編んだ民芸品で、その半分が覆われている。その素朴な飾り付けのおかげで、中に入っているワインまでが野趣に溢れているように感じられる。実際、キアンティは若くて、やや粗野で、ピリッとした感じの酒である。これはキアンティ独特の造り方〝ゴベルノシステム〟による。すなわち主発酵の終るその年の終りの頃、滓《おり》引《び》きさせたワインに乾ぶどうの搾汁を追加し、二次発酵を行なわせる。こうすると早期のマロラクチック発酵が発生、残糖もすべて消費され、ワインの風味がぐっと柔らかくなる。この発酵に約一五〜二〇日がかかる。このシステムの重要な点は、ワインが若くても飲めるということである。この方法は他のイタリアのワイン製造にも広まっている。ただしキアンティ地区の最上のワインは、びんの中で熟成するといわれる。そしてその酒はフィアスコには入れず、またゴベルノ法も用いていない。

【タイプ】キアンティは、いくつかぶどうを混醸するのが普通で、そのうち主にサン・ジョベート San Gioveto は力と性格を、トレバノ Trebanno は色と柔らか味を、マルバシア Malvasia は芳香と技巧的な側面をそれぞれ与えるものだといわれている。

　キアンティには三つのタイプがある。一つは若くて大桶からそのまま飲むもの。次にびん詰したら直ちに飲むというやや若いもの。もう一つは注意深く熟成させたものである。若い酒は新鮮でぶどうの風味の強いもので、往々にして少しピリッとした感じが残る。若いボージョレーと似てはいないが、同じ

種類に属するもので、同じような飲み方で飲む。古い方のキアンティは、どっしりしていて香気がよく、上等のブルゴーニュと必ずしも同じではないが同じ地位である。なおイタリア政府はキアンティの産業を保護するため一九三二年「キアンティぶどう酒保護委員会」を設立し、キアンティと名乗るものの標示等を定めている。現にびんまたはフィアスコに番号をうち、若い堆鶏の絵のレッテルを張るなどを定めている。またキアンティ・クラシコと呼ぶものの地区を限定するなど、この委員会は保護に積極的である。

木香　きが

酒の製造あるいは貯蔵などに木製の容器を用いると、酒に自然と木の匂いがつく。これを「木香がついた」などという。また木製の容器の効果は木香をつける他に熟成がある。日本酒は、かつて製造・貯蔵ともに杉製の容器を使ったから、木香のあるのが普通であった。戦後は木製のものを使わないので、木香のないのが普通である。もっとも最近、木香のある清酒を好む人もあり、木香をつけた酒も出回っている。ワインやウイスキー、ブランデー等の類は、必ず樽（樫など）を使うから、木香（樽香）がある。

利酒（唎酒）　ききざけ

酒類の良し悪しを実際に口に含んで調べること。こうした判定法は、世界のあらゆる酒で行われる。ただし、口に含んだものは、普通、味わった後に吐いてしまう。ビールなどは咽喉を通るときの味が必要なため、飲み込む。清酒の利酒の場合、まず、できるだけ静かで北向きの場所を選ぶ。続いて口中をすすいで口の中の異物やにおいを取る。続いて適温で適当な容器についだ（酒の種類によって異なる）酒の色や濁りを見、ついで鼻の近くまで持ってきて匂いをかぐ。次にできるだけ少量（四mℓ位。ただし一定量が適当であるという）を口に含み、酒が舌のまわりにまんべんなくゆきわたるようにして味覚を判断する。その間に口から息を吸い鼻口から息を出して口の中に立つ香り（ふくみ香）を確かめる。五～一〇秒後に酒を吐き出し（あるいは飲み込み）あと味を検査する。こうした手順は、実際はごく短い時間（数一〇秒）によどみなく行なわれるもので、専門的に利酒を行なうには、かなりの訓練と経験が必要である。普通、利酒の後、吐き出すのは、特別に根拠のあることではないが、飲んでしまうと酔うため、判断を誤ることを避けるためではなかろうか。もっとも利酒をして吐いても、わずかな量のアルコールは咽喉や口腔の粘膜から吸収されるため、利酒を数多くすると、どうしても酔ってくる。

菊花酒　きくかしゅ

菊の花を浸した酒。菊酒ともいう。古くは九月九日の重陽の宴の際、天子から臣下に下賜された酒だった。元禄年間に書かれた『本朝食鑑』では、二種類の製法を紹介している。一つは菊の花を漂わせた水を用いて酒を造る方法。加賀の菊酒の醸造方法にあたる。もう一つは「菊花を用いて焼酎中に浸し、数日を経て煎沸し、甕中に収め貯え、氷糖を入れ数日にし成る…目を明にし頭病を癒し、風及婦人の血風を祛る…」とある。菊の花を焼酎に浸して熱を通し、氷砂糖とともに数日寝かして作る酒で、目の病気や婦人病に薬効があったというわけである。また、十返舎一九が書いた『手造酒法』には「菊酒一白夏菊五升、一上白餅米八升、一白糀八升、一しやうちゆう一斗二升、右米を常のごとく蒸して酒ともみ合わせ桶の底に一と重おき其のうへに菊をひとえおき、だんだん右のごとくしておしつけ、焼酒を入れ、桶のふたすかぬようによく張、三十日程すぎてよくこしてよし」とある。そのほか、菊の花や茎を米などといっしょに混ぜて醸造させ、酒を造ってしまうという方法もあった。例えるなら、菊の花や焼酎、日本酒をつかったリキュールのような存在だったわけである。

黄麹　きこうじ

日本酒やみりん、甘酒などに使う麹は、少し放置しておくと黄色になってくる。つまり麹菌の胞子の色が本来黄色あるいは黄緑色なので、このようによぶ。黒麹、白麹と胞子の色で麹を区別するとこうした呼称になる。

キナワイン　Kina Wine

赤ワインにキナの樹皮をつけ浸出し、砂糖を加えた薬用ワイン。キナはアカネ科の常緑木、インドネシアに多い。樹皮は強壮剤、健胃薬に用いられる。キニーネもこれからとる。

貴腐　きふ　→エーデル・フォイレ

生酛　きもと

日本酒の醪《もろみ》を発酵させるため酵母が必要で、これを供給するものが酛《もと》（酒母）である。酛の造り方はいろいろあるが、生酛はその中でも昔から伝えられた伝統的な造り方である。蒸米と米麴と水とで仕込み、その過程で硝酸還元菌、続いて乳酸菌というバクテリアの力をかり、最後に酸性の状態で酵母を育てあげるという複雑なやり方である。ただ微生物学的にはいろいろの微生物を組み合わせて働かせるという大変興味あるやり方で、このような製造法が顕微鏡もなく、微生物学の知識もなかった数百年前の日本に確立されていたことは不思議ともいえる。操作が複雑であることから、一時はすたれたが、最近、伝統的酒造りを標ぼうするため復活させる蔵もみられる。

キュラソー　Curaçao

南米のベネズエラに近い小さな島キュラソー島に産するオレンジの一種を原料として造ったリキュール。この島はオランダ領であり、キュラソーもオランダで造られるが、フランス、アメリカにもある。普通キュラソー島産の若い緑色のオレンジの皮をアルコールにつけたもので造る。また別の方法として、アルコール漬けにした若い緑色のオレンジの皮を蒸留したものを原料とする場合もある。いずれも皮を使っているので、香りの他に苦味が多少伴う。これがキュラソーの特徴の一つでもある。これらの香料液に酒精、砂糖、ブランデーなどを加えて造りあげる。色は褐色、黄色、白色の三色がある。甘口はアルコール分三〇%前後、糖分三〇～六五%、辛口はアルコール分三七～四〇%、糖分二五～三〇%位ある。寒い時期には濁ることがある。このリキュールの最も有名なものはフランスのコアントロー

Cointreauと、グラン・マルニエGrand Marnierで、それぞれ独特なものをもっている。またトリプル・セックTriple Secの名ではいろいろのメーカーが製品を出している。

なおマルニエはコニャックを原料として使っているので、このリキュールは「オレンジの香りを持ったコニャック」ともいえる。キュラソーは、古くは凝った陶器のびんを使っていたが、最近は透明なびんに変っている。なお、オレンジの香りをもつキュラソーは、オレンジ・キュラソーと呼ばれる。

キュンメル　Kümmel

キャラウェーCaraway（ひめういきょう、セリ科）の実をアルコールにつけたもの。ドイツやオランダ、バルト諸国で飲まれている。つまり穀類を原料にしたアルコールにキャラウェーの実で匂いをつけたものである。糖を加えるが、びんの中で結晶しているものもある。成分の一例は、アルコール分が三七％、エキス分二八・五度。ただし、メーカーによって随分差があるようである。なおこのひめういきょうは消化を助ける効果があるといわれている。

麯子　きょくし

白乾児《パイカル》（高粱酒）に用いる糖化剤。日本の麹に相当するもので、日本の麹と酒母とを一緒にしたような糖化と発酵の二つの役割を行う。大豆や小豆、小麦、そば、その他を混ぜて水で練り、圧搾して煉瓦状につくり、自然にかびその他の微生物を繁殖させて作り上げる。中の微生物はリゾープス属やアブシディア属が主で、他に酵母菌も繁殖している。

キルシュ（バッサー）　Kirsh（Wasser）

キルシュとはさくらんぼうのドイツ名。つまり、さくらんぼうを発酵させ、蒸留して得たブランデーである。フランスではキルシュといい、ドイツではキルシュバッサーと呼んでいる。さくらんぼう特有のにおいがあり、日本の乙類焼酎に似たタイプとも言える。貯蔵する際、木香や着色を嫌うので、パラフィンを内部に塗った桶や陶器に貯蔵する。ほんもののキルシュは完全に無色である。

キルシュはアルザス・ドイツ・スイスで造られる。とくにドイツは小規模の蒸留業者が各地にあって、それぞれ特長のある酒を送り出している。なお、ドイツのキルシュはシュヴァルツヴァルダー Schwarzwalder という名でしばしば呼ばれる。スイスのキルシュはバーゼルの付近で造られ、バーゼル・キルシュバッサーの名で販売されている。キルシュはアルコール分四五〜五〇%、さくらんぼうの香りのほか独特の匂いがある。

く

古酒　クース

造ってから三年以上寝かせた泡盛。とくに泡盛の場合、長く寝かせ、熟成させることで酒の質が向上するといわれる。首里の旧家には、各家に秘蔵の古酒があったといわれており、中には康熙《こうき》年間（一六六二〜一七二二）の古酒も存在したと伝わっている。しかし、こうした古酒のほとんどは太平洋戦争末期の沖縄戦で失われてしまった。酒は汲み出したり、蒸発したりして失われる部分もあるが、沖縄の人々は最も古い親酒を汲み出したら、これに次ぐ古い二番手の酒から補い、二番目に古い酒は三番目に古い酒から補うという「仕次《しつ》ぎ」という方法で古酒の量と質を保ってきた。

枸杞酒　くこしゅ

枸杞という木の実を焼酎またはアルコール（三五%）につけた酒。枸杞はナス科に属する落葉性の低木で、野原や川岸によくみられ、夏になるとナスの花を小さくしたような花が咲く。この木の果実は楕円形で赤色、光沢がある。この木は葉も根皮も乾

かして薬用になり、解熱剤としたり、若葉は枸杞茶として茶の代りにする。この生の木の実約五〇〇gをそのまま三五％の焼酎につけるか、あるいは甘酒を好むときはこれに純粋の蜂蜜五〇〇g（砂糖でもよい）を加えるかしてつくる。つけておく期間は長くて三ヶ月位がよいという。枸杞酒は平安時代の頃から薬酒として珍重されていたことが古文書などからわかっている。香味にクセはあるが薬効が期待できるだけに、最近でも、ホームリカーの一種として家庭で造られる場合がある。

口噛み（酒）　くちかみ（しゅ）

米や穀類をしばらくの間、口でかんで、これを吐き出し溜めたものを放置して造った酒。穀類のでんぷんが唾液のアミラーゼによって糖化される。唾液が麹と同じ作用を行うわけである。沖縄では米奇（みき）と称する口噛みの酒があった。『古今図書集成』には、婦人が口噛みを行なうことが記されてある。また「大隅風土記に口噛酒といえる事ある也」と『倭訓栞《わくんのしおり》』にあることからみて、もちろん我が国にも古い時代にはこのような口噛み酒があったようである。この口噛み酒が酒の始まりであるという説がある。また酒を造ることを醸《かも》すというのは、噛むから転じたという説もあるが、醸すは、「かびす」から転じたとする方が、無理はない。そもそも「かむ」と「かもす」とは本来別系統の言葉で、その間に何等の連絡はないと考えるのが自然であるという（住江金之『酒』西ヶ原刊行会版）。今でもアンデス地方のインディオの中には、トウモロコシなどの粉で造る口噛み酒チチャがある。

クッキング・ワイン　Cooking Wine

ワインは、洋食には欠くことのできない材料である。その点、日本酒やみりんが日本料理の大切な調味料となっていることと同じである。ただし、なぜ酒類が料理をおいしくするのかについては、よくわかっていないところも多い。ワインの用い方を示したのが次頁の表である。

球磨焼酎　くまじょうちゅう

熊本県人吉市付近で造られる米を原料とした乙類

食前酒	シェリー カクテル（辛口） ペール・ドライ（辛口） 中間（甘辛） ベルモット 辛口 甘口	辛口と中間のシェリーは多方面に向く。スープ、ソースその他主な料理。辛口のベルモットはしばしばソース、あるいは肉、魚の料理。甘口は時々使われる。
赤食中酒	ブルゴーニュ クラレット ロゼ	ブルゴーニュとクラレットは赤身の鳥獣肉、またスパゲティソース。いろいろのパンチ、時に主な料理や食後用に用いられる。
白食中酒	ソーテルヌ ライン シャブリ	軽い牛肉、鳥肉、魚の調理。
食後酒	ポート 赤 タウニー 白 マスカテル トケイ 甘口シェリー	主に食後に見られ、時に牛肉あるいは鳥肉のソースに用いられる。
発砲性ワイン	シャンパン 発砲性 ブルゴーニュ	家庭的な場合パンチを造るため、またデザートの果物にぜいたくなそえ物としても用いられる。

焼酎。アルコール度は、本来は三〇%、最近は二五%。米麴と蒸米と水で醪《もろみ》を造り、これを単式蒸留機で蒸留したもの。米の旨味と煎り米のような香りが存分に生きた酒である。

その起源については、加藤清正が朝鮮出兵の際に蒸留の技術とともに輸入したという伝説がある。しかし、戦国期にはすでに焼酎を造る技術が国内にあった上に、朝鮮半島には焼酎を造る技術がなかったことから、これは伝説に過ぎないといえる。むしろ、大陸や琉球、あるいは東南アジアを中継点とし、南蛮人が持ち込んだという説の方が可能性は高い。時期としては天正三年（一五七五）が確かであるとされる（『日本醸造協会誌』第五二巻、一九五七年　加藤百一・肥後国名酒覚書、焼酎）。実際、このころ、南蛮人（宣教師など）の渡来がさかんで、とくに一五六〇～七〇年代初期にかけて何人かが足をとどめている。南蛮人の将軍への献上酒に荒木酒があったことを考えても、焼酎の技術が南蛮人によって球磨地方の人に伝承されたとしても不思議ではない。

薩摩ではシラス台地に栽培の適した甘藷を使った焼酎を造るのに対し、古くから豊かな稲作地帯であった球磨地方では、焼酎は米のみを原料としている。また、球磨地方では米麴を使った焼酎が発達した理由について、加藤百一は、九州では濁酒が身近な存在であったことから、そこから米の醪を材料とした焼酎が生まれたと考えたい、としている。戦前までの球磨焼酎は蒸米を用いず、普通の飯のように煮米を使用する仕込みを行っていたという。この点、米の焼酎としてもきわめて特異な存在であったが、現在は蒸米だけになっている。

クミス（馬乳酒） Koumiss, Kumiss

馬乳酒。シベリアあるいはコーカサス地方の酒で、馬または牛、特にらくだの乳を発酵させたもの。馬乳は乳糖を多く含むことから、これを乳糖発酵性の酵母で発酵させると、アルコール一％内外の酒ができる。同時に乳酸菌が乳酸発酵をおこすので酸味もある。このような本来のクミスの他に、牛乳（脱脂乳）に蜂蜜を加えて発酵させるという欧米式の乳酒もある。

グラス Glass

酒を飲むコップ。種類によって飲む器が変るのは当然で、それが酒をおいしく飲む手段でもある。しかし、確実な決まりはなく、あまりこだわる必要もない。硝子の質はカットグラスや薄手のものとさまざまであり、色も無色のもの、やや着色したものもある。酒の色をそのまま鑑賞するには薄手の無色のものがよい。容量も入れる酒の種類によって異なっている（次頁の図参照）。

蔵人 くらびと

清酒醸造場にあって酒の製造に従事する人々。蔵とは酒蔵のことである。蔵子ともいう。

クラレット Claret

イギリスでは、ボルドー産の赤ワインを「クラレット」と呼ぶ。この言葉の起源については、いろいろな説がある。例えば、その名はVino Clara (Clarified Wine=澄んだワイン）に由来するという説がある。また、その語源を一三世紀のイギリスに求

テーブル・ワイン用
10オンス一種類のワインのときはこれを用いる。
テーブル・ワイン用
9オンス一種類のときは白赤。二種類のときは最初のものが赤用になる。
白ぶどう酒用
ライン・モーゼワイン用
長い柄のついた形。最初にラインでデザインされたもの。
オールド・ファッションド
6〜10オンス
ステム・カックテール
3〜4オンス
シェリー用
4〜5オンスアペリチーフに用いる。
ブランディ・リキュール用
6オンス〜10オンス
芳香を主とするものに用いられる。
ウイスキー用
8〜12オンス
ウイスキー・サワー
5〜7オンス
長方形
10〜14オンス

める説もある。当時、イギリスでは、フランス語でクレレ（Clairet）と呼ばれるピンク色の軽いワインが好んで飲まれていた。ところが、イギリス人たちは、いつの間にかこの酒の名をクラレットと呼ぶようになったという説である。もっとも、このクレレは、現在、われわれがクラレットと呼んでいる酒とは全くの別物であることを忘れてはならない。現在、クラレットと呼ばれる酒は、たいていボルドーの老熟した赤ワインであるのに対し、クレレといえば、軽快で若々しい風味を生かすため、ごく短い発酵期間で仕上げるワインを意味するからである。ちなみに、曇ってしまった古い赤ワインに白ワインを掛け合わせることで、その透明さを取り戻すという方法があり、このような処理を受けたワインは、色も普通の赤よりも薄くなる。しかし、現在のフランスの法律では赤と白を混和してクレレを造ることは、禁止されている。

クリュ　Crus

①英語の Growth に相当するフランス語。ワイン

の場合は、特定のぶどう園と、そこから取れるワインに用いられる。②ワインを分類する際の用語。例えば「プルミエ・グラン・クリュ（Premier Grand Cru、特級・最上級のもの）」「プルミエ・クリュ（Premier Cru、上級もしくは一級）」というように使われる。

クリュ・クラッセ　Cru Classes

ワインの分類のうち、とくに一八五五年に制定されたボルドー・ワインに関する分類を指す言葉。一八五五年、パリで開催された万国博覧会の際、その道の専門家や仲買人で組織された委員会がボルドーの二大地区、すなわちメドックとソーテルヌの一流のぶどう酒を分類した。これが「一八五五年の分類」（Classification of 1855）としてしられているものである。この分類によると、メドックの赤は合計六一種、一級 Premier Crus が五点、二級 Deuxième Crus が一四点、三級 Troisièmeが一四点、四級Quatrièmeが一〇点、五級Cinquièmeが一八点という風に分類されている。このうち、一級としてはシャトー・ラフィット・ロートシルド Château Lafite Rothschild、シャトー・マルゴー Château Margaux、シャトー・ラトゥール Château Latour、シャトー・オー・ブリオン Château Haut-Brion があげられる。また、ソーテルヌとバルザックでは特級 Grand Premier Cru が一点（シャトー・イケム Château Yquem）、一級が一一点、二級が一五点と分類している。

なおボルドーに続いてサン・テミリオン地区は一九五四年に、グラーブ地区は一九五八年にそれぞれ分類が定められた。その後も度々手直しが加えられており、一九六六年の表には、赤ワインだけは一表に集められ、分類されている。これには最上級としてメドックからシャトー・ラフィット、マルゴー、ラトゥール、オー・ブリオン、ムートンロートシルトの五つ、サン・テミリオンからシャトー・シュヴァルブラン Château Cheval-Blanc とオーゾンヌ Château Ausone の二つ、ポムロールPomerol からシャトー・ペトリュース Château Pétrus と計八つがあげられている。以下、Cru Exceptionnels,

Grands Crus、Crus Supérieurs、Bons Crus と級を分け、さらに各級ごとにメドック、サンテミリオン、ポムロール、グラーブと地区別に分けてシャトー名をあげている。

クルチエ　Courtier

ワインの仲買人のフランスでの呼び名。フランスでは法律によってクルチエの資格を規定し、同時にその職業を保護している。アルザスではグーメェ Gourmet と呼んでいる。

クレードル　Cradle

ワインのびんを水平に近く寝かせておく籠。柳で編んだものが古くから使われたが、現在は金属製や合成樹脂のものもある。こうやって寝かせておいたままでワインを盃に注ぐと、滓《おり》をあまり動かさずに注ぐことができる。ワインは滓を持っている。これを動かさずに注ぐのが作法である。

グレーン・ウイスキー　Grain Whsiky

麦芽を用いてとうもろこしやライ麦を糖化、発酵させ、パテント・スチルで蒸留して得たウイスキー。

【歴史】麦芽と水のみで醪《もろみ》を作り、これを発酵し、ポットスチルと呼ぶ簡単な蒸留機で蒸留するのが古くからのウイスキーの造り方であった。ただ、この造り方は特有の風味をもった個性の強い酒を生み出すことはできても、大衆受けする商品を醸すことは難しかった。ところが一八三一年、エーニアス・コフイが、麦芽以外の穀物の使用が可能で、量産も可能な連続式のスチル（コフイ・スチル、Coffey Still）を開発したことがきっかけで、トウモロコシやライ麦を使ったグレーンウイスキーが量産されるようになった。

一九世紀中ごろには、モルトに比べて香味も薄く、中性アルコールに近い性質をもったグレーンウイスキーとモルトを調合した酒（ブレンデッド・ウイスキー）が登場。世界中で愛飲されるようになった。グレーン・ウイスキーの消費拡大に合わせ、アメリカでは、いちはやく連続式のスチルを導入。アメリカン・ウイスキーのスタイルを確立していった。イギリスでも一八七七年、大規模なグレーン・ウイスキーの生産を行う会社（グレーン・ウイスキー蒸留会社、DCL）が設立されている。もっとも、伝統的なウイスキー生産地・イギリスでは、パテント・スチルによるウイスキー蒸留が簡単に認められたわけではない。とくに一九世紀後半から二〇世紀初頭まで、ポット・スチルを使った蒸留のみを正統な製造方法とする保守派とパテント・スチルも認めるという進歩派の軋轢《あつれき》は激しかった。その軋轢が市場にまで混乱を生んだことから、一九〇八年、イギリス政府は「ウイスキーとは麦芽によって糖化された穀類醪を蒸留したスピリット」とする定義を定め、保守派と進歩派の軋轢を沈静化させた。現在、われわれが入手するスコッチのほとんどは、ブレンディッド・ウイスキーである。

【製法】グレーン・ウイスキーに用いられる原料はふつう、とうもろこし、ライ麦である。これらの穀物に対し、一〇~三〇%の麦芽を使用する。まず、粉砕した穀類に水を加えて加圧蒸煮する。この蒸煮醪に粉砕した麦芽を加えて発酵させる。発酵が終わったら、これをパテント・スチルにかけて蒸留し、高濃度のアルコール液を得る。その後、加水して六〇%内外に薄めた後、樫樽に貯蔵する。モルト・ウイスキーと違って、アルコール以外の微量成分が少ないから、熟成期間は短くてすむ。

【調合】グレーン・ウイスキーは普通、香味の強いモルト・ウイスキーとまぜて製品とする。モルト・ウイスキーの酒質によって調合するグレーン・ウイスキーの量も異なっており、このあたりに調合の秘訣がある。そして調合によって各々の欠点が消えて新しい長所が生まれてくる。職人たちの間で調合のことを「Marry（結婚）」というのは、そのためである。

グレーン・スピリッツ　Grain Spirit

麦芽で穀類を糖化し発酵させた醪から、パテント・スチルで蒸留して得たアルコールを総称している。もちろんグレーン・ウイスキーもこのうちに包含される。ウイスキーの場合は普通九五%以下（米国法）となっている。

クロイゼン　Kräusen

ビール醸造で後発酵タンクに移された若ビール

は、直ちに後発酵を活発に開始することが必要である。このため特に盛んな主発酵を行なっているビールの少量を、後発酵液に加えることをドイツではクロイゼンという。このような方法をとったビールをクロイゼン・ビール、ヘーフェ(酵母)・ビール、シャンク・ビールともいう。

黒酒白酒　くろきしろき

大嘗祭で神に供える二種類の酒。一つは暗紫色、一つは白い。『万葉集巻一九』の新嘗会豊宴《とよのあかり》の歌に「天地與久万底爾万代爾都可倍麻都良矣黒酒白酒乎(あめつちとひさしきまでによろずよにつかまつらむくろきしろきを)」とあり、この時代すでに黒酒白酒が存在していたことがうかがえる。この酒の造り方について『延喜式　造酒司式』では「二斗八升六合を以て糵《げつ》(もやし)と為し、七斗一升四合を飯と為し、水五斗を合わせ、各々等分して一甕となす。甕に酒一斗七升八合五勺を得て熟して後、久佐木の灰三升を以て御生木方木を採り、合わせて一甕に和す。号して黒貴と称し、その一甕の和せざる、これ白貴と称す」とあり、草木灰を使うことが記されている。ただし江戸時代本居宣長の『歴朝詔詞解』には、「薬灰に白と黒の二種類あり、白い灰を入れたのが白酒、黒い灰を入れたのが黒酒」とあり、いずれにも灰が入っていることが明記されている。また、黒酒は濁酒、白酒は澄んだ酒(清酒)であるとする説もある。さらに同時代の『百家説林』には、「玄米の酒は黒酒にし、白米の酒は白酒なり、常のすみ酒は白酒というべき故はなし、いしにえは皆濁酒にて、清酒はなかりしなり」ともある。稲作が渡来した当初、日本でも黒米が栽培されていたことから、それを用いて「黒酒」がつくられていたが、その後黒米は次第に栽培されなくなったことから、久佐木の灰を入れた酒を黒酒と呼ぶようになった、という経緯が本当のところではないか。ちなみに現在も一部の酒造会社では黒酒白酒を造っている。「白酒」は白米と麹を使った白い濁り酒である。そして、白酒に草木灰を加えたものを「黒酒」として使用している。

黒 麹 くろこうじ

麹菌のうち胞子が黒色〜灰褐色の黒麹菌を繁殖させて造った麹。この麹を用いると、酛《もと》や醪《もろみ》のペーハー（pH）が低下し酸性になり雑菌の汚染を防止する効果がある。泡盛や鹿児島、宮崎等の芋を原料にした焼酎（乙類）はこの麹を用いる。

黒ビール くろびーる Dark Beer

黒褐色のビール。黒い色は麦芽の製法の違いによって生まれる。濃色ビールともいわれる。淡色ビールの場合、麦芽の乾燥（焙燥）温度は最高約八五度くらいであるが、黒ビールの場合、一〇五度近くまで上昇させ、焙焦させることで、麦芽に濃い色合いをつけるのである。ちなみに、二〇〇〜三〇〇度まで温度を上げて着色物を作った麦芽（色麦芽）や、さらに分解が進んだ黒褐色のカラメル麦芽などを適当な割合で混ぜ、硬度の高い水と少な目のホップで作るのが、黒ビールの代表格・ミュンヘン・ビール Munchener bier である。クルンバッハ Kulmbacher bier、ニュルンベルクビール Nurnberger Bier の場合、色麦芽の割合をより高めることで、さらに色を濃く仕立てている。いずれも下面発酵のビールで、アルコール度は高く、五〜七％はある。イギリスのポーター Poter やスタウト Stout は上面発酵の濃色ビールである。

桑 酒 くわさけ

桑の実の汁と焼酎、白砂糖で造った薬酒。紫色をしている。寛政時代から主に肥後や阿波、丹波で造られた。その製法は『手造酒法』によれば「一、桑の汁一升（桑の実をすりつぶし布にてこし汁をとりせんじたもの） 一、白ざとう一斤 一、酒二升五合 右三品を合せ壷に入れ二、三日も置くべし。冬は四、五日も置てよし」とある。また『本朝食鑑』によれば、桑の実の酒（桑椹酒）と、桑の樹皮を用いた桑酒のあることを区別して述べている。「桑酒 中風、五瘴、脚気、及ひ疾嗽を治す、桑樹及ひ根皮を用いて、濃煎じたる汁に米麹を入れ 醸し成す。古酒を造る法と同じ」とあり、この他に桑の実を用い、酒、白糖を加えるものがあって、これは「耳目を明にし、水腫を治す」と薬効が多少異なることを記載している。最近のものも桑の実の汁一・八ℓに焼酎約四ℓと白糖を加えるもので、桑の実の汁はよく熟した実をすりつぶし鍋で青臭がなくなるまで煎じ、冷却したもの。アルコール一六％、糖分約三二％。『柳多留』には「桑酒をぐあいのわるい人がのみ」とある。

け

煙臭　けむりしゅう

ウイスキー、とくにスコッチタイプのものは煙臭い匂いがする。煙臭といわれる特有の香りである。これは麦芽を乾燥後、泥炭を燃焼して出る煙で一種の燻煙を行うためである。スモーキー・フレーバーSmoky Flavourとも呼ばれる。

ケルシュ　Kölsch

ドイツ・ケルン地方のみで造られる上面発酵の淡色ビール。ケルシュは、「ケルンの」の意。炭酸ガスが弱く泡立ちも少ない。その分、さらりとした飲み心地が楽しめる。副原料として糖類の添加が許されている。

減圧蒸留　げんあつじょうりゅう

単式蒸留において、醪を減圧（真空）下で加熱して蒸発させる。真空度にもよるが、五〇度くらいで醪を沸騰させることができるため、高沸点成分を留出させずに、軽快な香りを主要成分として得ることができる。米焼酎、麦焼酎、そば焼酎などの穀類焼酎に多く採用されていたが、いも焼酎などあらゆる焼酎でも用いられるようになった。

検酒　けんしゅ

酒類を検査鑑定することをいう。このためには、酒類を実際に利酒をして検査する官能検査と、理化学分析や微生物学的手法を用いた検査法とがあり、その各々を併用することで完全な検酒になる。

原酒　げんしゅ

醪をしぼった後、水を加えてアルコール度数を調整していない酒のこと。普通はしぼった直後の酒はアルコール度数が高いため、水を加えて（割り水）度数を下げることから、通常の日本酒よりもアルコール度数が高い。

こ

コアントロウ Cointreau

フランスで造られるキュラソータイプのリキュール。コアントロウ社は同族会社で、アメリカでも酒を造っている。びんとラベルは同じだが、アルコール分は国によって異なる。本来の名前は、Triple Sec White Curacao（非常に辛口で無色のキュラソー）であるが、他の業者が同じ名で売り出したので、現在はこの名前に社名を付け加えている。

高級アルコール こうきゅうあるこーる

アルコール類とは、脂肪族炭化水素の末端に-OHが付いたもの（一級アルコールという）で、普通はこの炭素原子の数が一二個以上のアルコール類を高級アルコールとよぶ。しかし、醸造分野では便宜的に炭素数三個（プロピルアルコール）から五個（アミルアルコール）のものを高級アルコールと呼んでいる。メチルアルコールは炭素数一個、エチルアルコールは二個で、これらはもちろん高級アルコールとはよばない。これら炭素数三から五個のいわゆる高級アルコールは酒類の香りの大切な成分である。酒によって、含有する高級アルコールの種類、含量が異なっており、これがそれぞれの特徴ある香りを形成する。

麴（糀） こうじ

米や麦に麴菌（麴かびの類）を繁殖させ、酵素をつくらせたもの。中国や日本など東アジアの酒造りに使われる。わが国では、日本酒やみりん、味噌、醤油、その他の醸造物に広く用いられる。麴の原料によって米麴、麦麴、大豆麴などとよぶ。また、使用する麴菌の種類によって黒麴、黄麴、白麴といい、使う目的によって清酒麴、焼酎麴、みりん麴などと呼ぶ。また麴の形によって固体麴、液体麴などと称する。例えば、清酒麴は米麴、黄麴、固体麴である。

一般に澱粉質（米や麦、芋類）を原料にした酒類は、その澱粉を糖にかえて（糖化）、はじめて酵母がアルコールに発酵できる。米という澱粉質を原料にした清酒の場合、これを糖化するのが麴、つまり麴のもっている酵素の役割である。もちろん麴の酵素は他の作用も持っているが、主なる作用は糖化である。同じ澱粉質（大麦）を原料とするビールの場合、この糖化をするのは麦芽中の酵素の役割で、同じ糖化をするのであるが、清酒は麴というカビの産物を使い、ビールは麦芽という植物の芽を用いる。これが東西の違いであるといわれる。

　麴を用いるようになった起源は余りはっきりしないが『播磨風土記』には「立ち枯れた稲にかびがはえたので、これで酒を醸もさせた」という意味の記録が残っている。米飯に「かび」がはえたのは「加無太知」または「加牟多知」とよばれた今の麴である。この辺が「麴」の起源ではないかという（坂口謹一郎『酒』）。我が国は高温多湿の地であり、おそらくかびの繁殖しやすい風土であったことから、このように麴というものを利用するようになったのであろう。なお同じ東洋でありながら中国では、麴の造り方、麴菌の種類、麴の形などが違っているのも興味深い。麴を製造するには次のような工程を経るもので大変手数がかかる。米を洗って蒸して蒸米をつくり、これを一定温度（三五度C前後）まで冷却して麴室の中へ入れる（引込）。ここで種麴を加えて十分まぜて、麴室内の床に堆積しておく（三〇度C前後）。麴製造はここから始まって途中で手入攪拌（切返し）を行なったり、原料、麴蓋あるいは箱の中に盛り分けたりする操作を行なって適当な湿気の発散と新鮮な空気を入れてやると、やがて米粒の表面も内部も麴菌が繁殖する。麴菌の繁殖によって

白米→洗米→浸漬→水切り→甑《こしき》→蒸米→
冷却→麴室→種麴撒布——手入——盛——手入→
←……四二時間〜四八時間……
……→出麴

発熱し、最終的に麹の品温は四〇〜四三度Cを持続するようになる。この時、麹室の外に取り出す。これが出麹で、ここで麹が出来上る。時間にすれば、種麹を撒いてから約四二時間から四八時間である。今では温度や湿度を自動的に制御し、人力を省いた製麹機も多く使われている。

麹菌　こうじきん

麹の製造に用いられるかび。外側に着生する胞子の色が黄緑色のものが黄麹菌（アスペルギルス・オリゼー）、黒色または灰褐色のものが黒麹菌（アスペリギルス・アワモリ）である。清酒やみりんに用いるのは黄麹菌、焼酎（泡盛）に用いられるのが黒麹菌である。焼酎には黒麹菌の変種である白麹（アスペルギルス・カワチ）が広く使われる。

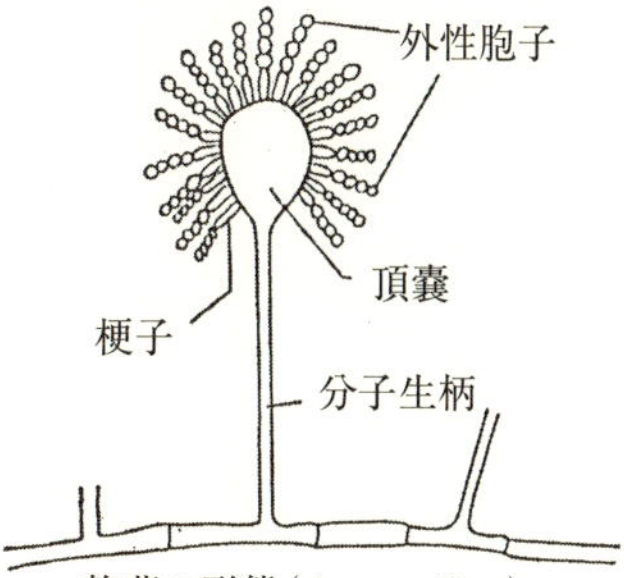

麹菌の形態（Aspergillus）

麹座　こうじざ

古語。中世、酒造のための麹を製造、販売した座。大和、京都、宇治、八幡杜郷、楠葉《くすは》、和泉《いずみ》、小浜《おばま》、金沢など各地に存在した。とくに北野社西京神人《じにん》として、祭礼奉仕のために課役免除の特権をもっていた西京・北野麹座が有名。北野麹座は一三七九年（康暦一）には造酒正《みきのかみ》の酒麹役さえ免除されている。さらに西京はもちろん、洛中《らくちゅう》河東の地にまで専売権を行使している。室町時代も中期以降になると北野麹座は洛中の酒屋と酒造の権利をめぐって争うようになる。なお、こうした麹座はいずれも豊臣秀吉の楽座令で解体した。

硬質米　こうしつまい　→軟質米

麹室　こうじむろ

麹を製造するために特別に造られた部屋。麹を造るには温度と湿度の維持が鍵となるから、この部屋は開口部が少ない。周囲は保温材料でかこい、温度と湿度とをできるだけ一定に保つようになっている。室温は二八度C前後、湿度六〇～七〇％に保つのが普通である。

後熟　こうじゅく

酒類の熟成で、後段に進行するもの。日本酒であれば、圧搾濾過後貯蔵タンク中に行なわれる熟成で、ワインは貯蔵中（樽またはびん）に行なわれるもの。ビールは主発酵の後に後発酵タンク中で進むものが後熟であろう。なおこれに対して「前熟」という言葉はないから、後熟も結局は「熟成」あるいは「調熟」の異名と考えてもよい。

硬水　こうすい

カルシウムやマグネシウムを多量に含んだ硬度の高い水。この種の水は酒造用水としては、安全に醸造ができること、特徴ある製品を作り出すということで日本酒やビールの用水として使用される。なお普通の工業用水では硬度二〇度以上を硬水、二〇度から一〇度を中硬水、一〇度以下を軟水とするが、醸造用水の場合はほとんどが一〇度以下の水なので、硬軟の区別は工業用水とは異なる。すなわち八度以上を硬水、八度から五度までを中硬水、四度以下を軟水とよぶ慣わしになっている。ドイツのミュンヘンやドルトムントの用水は硬水で、ピルゼンは軟水である。我が国の灘の宮水は中硬水。ドイツに比較すると、日本ではビールでも日本酒でも硬軟の差はあまり甚しくない。なお、硬度の表わし方は国によって異なるが、我が国の醸造の分野では一〇〇㎖の水にカルシウム、マグネシウムが酸化カルシウムとして一㎎含まれているときに硬度一度と呼ぶのが普通である。

合成清酒　ごうせいせいしゅ

アルコールまたは焼酎に、糖類やアミノ酸類などの調味料、食塩、グリセリン、色素、そして「香味液」と称する清酒などを混合して製造した酒。酒税法では「清酒に類似するもの」と規定されており、清酒とは異なる。合成清酒を発案したのは、ビタミンの研究でも知られる鈴木梅太郎博士である。鈴木博士は大正八年（一九一九）、米を使わずに清酒と同じような飲み物を作るための研究に着手。ブドウ糖の溶液にアラニンというアミノ酸を加え、酵母で発酵させると清酒のような芳香がすることを発見し、これにアルコール、調味料などを加え、大正一〇年（一九二一）清酒に似た飲料を完成させた。この合成酒は、理化学研究所が開発したことから「理研酒」とも呼ばれた。戦後、米を材料とした香味液を加えることでより清酒に近い風味を実現することに成功したが、「米を使わずに清酒に似た味を」という鈴木博士の目的からは、やや遠のいたことになる。

酵素　こうそ

生物によってつくられる特別な機能をもつタンパク質。生物細胞内やその周辺で化学反応を促進する触媒としての性質をもったもの。一種の有機触媒である。酒類も酵素、しかも微生物のつくる酵素の作用を人間が巧みに利用した結果生れた産物である。清酒を例にとってみると、麹ができあがると、この麹の中には驚くべきほど多種類の酵素が生産されている。これら酵素の主なる作用は米の澱粉をぶどう糖にかえる糖化作用である。これは麹のもつ澱粉分解酵素による。次に酵母がぶどう糖をアルコールにかえるが、これは酵母のもっている一連の酵素の働きによる。この他酒の中にあるアミノ酸も有機酸類も、香りの主体となるエステルや高級アルコール類も、みなそれぞれの反応に関係している酵母の酵素の作用で生成される。

鴻池酒　こうのいけしゅ

古語。かつて大阪府内の鴻池村にあった鴻池家が造っていた銘酒のこと。この酒を造り始めたのは、天正六年（一五七八）に鴻池村に逃れてきた山中鹿之助の次男・新六であるという。新六とその子孫は姓を鴻池、屋号は鴻池屋と改め、酒造りに励み、江戸時代には伊丹や池田、あるいは灘といった名産地と肩を並べるほどの人気を博したようで、とくに江戸では、この酒の評価が高かったようだ。その後、鴻池家自体が業務の力点を廻船業や金融業へと変化させたこともあり、次第に造られなくなっていった。

もっとも、鴻池酒が途絶えてしまったのは、酒の味自体がさほど優れていたわけではなかったためで、銘酒のように伝わっているのは鴻池家による宣伝や脚色のおかげであるとする説もある。

酵　母　こうぼ

子嚢《しのう》菌類に属する微生物で、糖類からアルコールと炭酸ガスを作る働きがある。酒類はすべて、この働きを利用して造られる。イーストYeastともいう。酒によって働いている酵母が違うのが普通である。古くは酒の醪中でアルコール発酵のもととなったものを酒母《しゅも》とよんだが、明治以後これを広く解釈して醸母《じょうも》とよぶようになった。そして、アルコール発酵の原理が解明され、いつしか酵母というようになった。酵母は卵型、円形、球形のものが多く、まれにソーセージ型もある。

甲類焼酎　こうるいしょうちゅう

連続式蒸留機でつくった純度の高いアルコールを、水で三六度未満に割って造る焼酎。無色透明で、ほのかな甘みと丸味があり、爽快な味わいが楽しめる。梅酒など、家庭用果実酒の原料にも活用される。ホワイトリカー。明治二〇～四〇年頃ドイツから輸入された連続式蒸留機を使って焼酎（甲類）が造られたので、それ以前からある在来の焼酎（旧式焼酎とも呼んだ）に対して新式焼酎と呼ばれる。

コーケージ　Corkage

栓抜き代。レストランやホテルで、客が自分で持参した酒びんを開ける時に、特別に支払う手数料。この風習は、日本でも欧米でも変わらない。

コーディアル　Cordials

蒸留酒に果実、あるいは果実の芳香を加えて造った酒。果実をそのままスピリットに漬け込んだり、浸漬したり、いろいろな方法が用いられる。普通、砂糖を加えて甘くする。リキュールと同義。

ゴールドバッサー　Goldwasser

アニスの実とキャラウエー（ひめういきょう）の匂いをつけた無色のリキュール。本来は何も加工していないが、後に金箔を加えたことからこの名が生まれた。ダンツィヒ（今のポーランド北部バルト海に面する港）で主に造られたことから「ダンツィヒの黄金の水」Dauziger Goldwasserとも呼ばれる。アニスやキャラウエーの薬効のほかに、とくに万能薬としても知られる純金の薬効も、この酒の普及に役立っているようだ。なお、金箔の変わりに銀箔を浮かべたシルバーバッサーSilberwasserもある。この種の酒としては、フランスで造られたリキュール・ドールがとくに有名である。古語に近い。

五加皮酒　ごかびしゅ

中国産薬酒の一種。五加（ひめうこぎ。中国原産の落葉性の低木。古来、食用・あるいは薬用として栽培されている）の根皮を乾燥し、これと米、麴をまぜて仕込むのが昔からの方法である。ただ、今では数種の薬草とともに白酒（パイチュウ）に浸して成分を浸出し、砂糖を加えたりするリキュールの形をとっている。やや赤みを帯びている。成分の一例はアルコール五二％、エキス分六・一度、酸度〇・〇九（乳酸）。

国産ウイスキー　こくさんういすきー　Japanese Whsiky

基本的にはスコッチタイプであるが、日本人の嗜好を入れてスモーキーの香りを控えた風味となっている。水割りの飲用が多いので、味、色調を大きな要因としてつくられている。ただ、スコッチと異なり、樽の中での貯蔵熟成期間に関する決まりがないのは残念である。また調合するアルコールは、パテント・スチルを用いたグレーン・アルコールが多い。ちなみに、日本の酒税法はウイスキー類を次のように定義している。発芽させた穀類、つまり麦芽と水を原料として糖化・発酵させたアルコール含有物を蒸留したもの、または麦芽と水で穀類（発芽していないもの）を糖化し、発酵させた春コール含有物を蒸留したもので、いずれもアルコール分九五度未満に限られる。これらがいわゆる「ウイスキー原酒」である。この原酒にアルコールや香味料、色素を加えることができるが、加えた後の原酒の混和率が、できあがった酒のアルコール分の一〇％以上なくてはならないともされている。つまり、日本ではウイスキー原酒にアルコールなどを加えるブレンデッド・ウイスキーの形態も認めているのである。もちろん、後で加えるアルコールのほとんどはグレーン・アルコールである。

【歴史】日本におけるウイスキーの製造は、明治四年の模造ウイスキー製造に始まる。この年、薬種商人が輸入アルコールを原料に、これに香料や色素を加えて発売している。この模造ウイスキーが意外なほど大衆受けし、日清戦争ごろにはかなりの数の業者があったという。当時は幕末に締結された不平等な通商条約があったせいで、舶来のウイスキーはきわめて安価であり、それを材料に模造酒を製造・販売する商売は、相当に利ざやを稼げる商売だったのである。しかし、明治三二年の関税法改正によって輸入アルコールの関税は高くなり、模造ウイスキーの採算も取れなくなってきた。それでも当時、興り始めた本格的な国内アルコール蒸留業者らは模造ウイスキーを造り続けている。一方で、このころからスコッチ・ウイスキーが静かなブームとなってもいたようだ。明治三五年以前、ウイスキーとブランデーの輸入量はほぼ同じであったが、それ以降はウイスキーの輸入量は年とともに増加していった。当時の寿屋（いまのサントリー）も、明治四四年には合成ウイスキーを発売している。そのころから二、三の識者からは、わが国でも本格的なモルトを使ったウイスキーを造るべきであるという意見が出始めるようになった。寿屋社長鳥井信治郎や摂津酒造社長阿部喜兵衛もそんなこの考えをもった識者であった。阿部は大正七年から四年間、大阪商工醸造科を出たての竹鶴政孝をイギリスに派遣し、本格的にウイスキー製造技術を習得させている。結局、阿部は製造までには至らなかったものの、鳥井は大正一二年、京都郊外山崎の地でモルト・ウイスキー製造の第一歩を踏み出す。ここへ工場長として招かれたのが竹鶴政孝であった。竹鶴は大正一三年に完成したこの工場で日本初のスコッチタイプの本格的ウイスキー製造を開始するのである。貯蔵熟成の期間をへてサントリーウイスキーが市場に登場したのは昭和四年のことであった。もっとも、サントリー社内の幹部からもウイスキー製造について反対する声もあがっていた上に、当時のウイスキー愛飲者は外国産のみにこだわったことなどから、滞貨は続出した。こうした八方塞がりの苦境も、昭和一〇年以降、国産ウイスキーが世間に認識されるようになり、ようやく打開されるようになってきた。この間、竹鶴は独立して北海道に工場を建設（昭和九年）、昭和一五年にはニッカウイスキーを発売するに至った。つまり、ジャパニーズウイスキーの基礎は鳥井・竹鶴の二人によって築かれたといえる。昭和一二年になると中村豊雄がモルト・ウイスキーのトミーウイスキーを発売している。第二次世界大戦中、外国産ウイスキーが占め出されたことから、国産ウイスキーの地位は少しづつ向上した。ただ、戦後になると物資不足の影響から再び模造ウイスキーが出回るようになり、市場は拡大したものの、品質は下落した。

こうした状況を受けて昭和二八年、ウイスキーの級別を特級・一級・二級と呼ぶことになり、それぞれ原酒（モルト・ウイスキー）の混和率が定められた。当時の二級は原酒の混和率についてその下限は決まっていなかった（五％以下）ため、原酒を一滴も含まない二級ウイスキーも少なくなかったが、低価格のウイスキーが市場に出回るようになったことで昭和二八年から数年間、ウイスキーブームが続き、市場も成長した。昭和三七年になると法律で原酒の混和率が改正され（二級は一〇％未満、一級は二〇％まで、特級は二〇％以上）、ウイスキーの品質は大きく向上されたが、それでも二級ウイスキーの場合、まったく原酒を含まなくてもウイスキーと命名できる点は変わらなかった。また、この当時、原酒と混和するアルコールについては制限はなかったから、糖蜜や甘藷から作ったアルコールを使う場合もあった。この点は欧州が厳重にグレーン・アルコールと規定していることと大きく異なっていた。

わが国で本格的なグレーン・アルコールの製造が始まったのは昭和三九年である。この時から国産ウイスキーは新たな飛躍の時を向かえたといってよい。昭和四三年、法律改定で原酒混和が必要条件となり、改めて特・一・二級それぞれの混和率が規定された。やがて混和率による級別区分は、混和率の高い輸入酒への関税障壁になるということから平成元年の酒税法改定で廃止された。

黒糖焼酎　こくとうじょうちゅう

サトウキビからつくる黒糖で造った焼酎でその歴史は新しい。酒税法では黒糖による蒸留酒はスピリッツになるが、奄美諸島に限り終戦後、米麴を必ず使用することを条件に、焼酎として許可されている。洋酒風（ラム様）の甘い独特な香りが特徴。健康ブームと重なって、最近、注目を集めている。

極　稀　ごくまれ

日本酒樽材の品質上の区分。日本酒に用いる樽材は杉であるが、四斗樽（七二ℓ）は、本来は樹齢六〇～九〇年のもの。この樽材を樽丸と称し、その品質からいくつかに区分する。極稀は、心材のみからできた淡紅色の優良品。なかでも内稀という心材と辺材との境界で作ったものが最優良品とされる。

甑　こしき

日本酒の醸造過程で米を蒸すときに使う蒸し器。広くは固体の原料を蒸す器を指す。どちらかというと底径より口径がやや広く、浅めの容器である。底に蒸気が出る孔が開いている。この中に布などをしいて原料をふんわりと置く。

古　酒　こしゅ

前年度、あるいはそれより前に造った酒。日本ではその年の七月一日から翌年六月三〇日までを酒造年度と呼んでいる。古酒といっても前年度の終わりに造ったものはまだ新しいが、一般的な古酒は年月を経て熟成していることから、熟成した酒という意味合いで古酒という表現を用いることもある。例えば「古酒化」は「熟成」と同義に用いられる。新酒がよいか、古酒がよいかは難しい問題であるが、貯蔵・熟成させて香味が味わい深く、さらに良くなるかどうかによる。ビールなどは新鮮なほどよく、ワインはある程度熟成させる必要がある。しかし、ワインでもボジョレー・ヌーボーのように新酒が好まれるものもある。日本酒は「しぼりたて」「新酒」から、造った年の翌秋に味わい深くなる「冷卸」などが一般的である。また、最近は三～五年以上貯蔵熟成させた「長期熟成酒」も市販されている。

コニャック　Cognac

フランスの西、ビスケー湾に面したシャラント県コニャック市を中心とする地方（正確にはシャラント県とシャラント・マリティーム県）で一定の規格に基づき造られたブランデーのこと。一九〇九年の政令（原産地呼称令）では、原料品種や収量、蒸留法にきわめて厳格な規制が加えられたが、その後改定され、現在は地域を六つに区分してその区域内でつくられるブランデーは、コニャックの名称のほかに区域名を呼称してもよいとされている。このうちグランド・シャンパーニュ、プティト・シャンパーニュ産のものはとくに質が良いことから、この二区に限りフィーヌ・シャンパーニュ fine champagne（フィーヌはフランス語で「上等」の意味）という表示が許されている。この酒の生産や取引の中心地・コニャック市は、年平均気温は約一二度C、冬は比較的温暖で夏は涼しい。降雨量は五〇〇～六〇〇㎜。日本の甲府の年間降雨量が一二五〇㎜だから、かなり乾燥していることがわかる。いずれにせよ、ぶどうの栽培に適した土地である。それだけにコニャックの町を流れるシャラント川の河畔には、著名な業者の古い貯蔵庫が軒を連ねている。

【歴史】この地方のぶどう栽培は相当に古い。ローマの遠征時代にはすでに始まっていたとも言われる。その後、イギリスの王室ご用達の酒を造るなど、ぶどう酒、つまりシャラント・ワインはかなり造っていたようだ。ただし、当時のシャラント・ワインは酸が強くあまりよい酒とはいえなかった。イギリスや北欧の船乗りがシャラント県に寄るのは、ワインを買うためというより、この地方特産の岩塩を買うためであった。それでも数世紀の間、積極的な醸造に励んだ結果、この地方のワインは生産過剰に陥ってしまった。その結果、ありあまるワインを有効に売りさばくために、ワインを蒸留して出荷する手法が導入されたのである。コニャックが最初に蒸留された頃（一六〇〇年代）、フランスではすでにブランデーは造られていた。しかし、当時のブランデーのほとんどは、蒸留によって生まれた不快な味を隠すために薬草や果実の香りを加えることが当たり前となっており、そのまま本来の風味を楽しめるコニャックは一気に人気商品となったようだ。

蒸留技術がまだ発達していない時代に、なぜコニャックだけが極上のブランデーに仕上がったのか。もちろん最大の理由は、ぶどうの品質にある。一九世紀後半、ワインやブランデーの鑑定人とともにこの地方を旅行したコカンという地理学者は、この地方の土壌に石灰岩が多く含まれることに着目。さらに、地域内を石灰岩の量に従って六地区（グランド・シャンパーニュ、プチ・シャンパーニュ、ボルドリー、ファン・ボア、ボン・ボア、ボア・ゾルディネール）に区分し、それぞれの石灰の量とブランデーの品質の相関関係を調べた。その結果、石灰質の含有量はグランド・シャンパーニュが最も多く、そこからボワ・ゾルディネールに向かって規則的に減少していることが判明。そしてブランデーの品質も石灰質が多い土地ほど優良で、少ないほどに劣ることもわかった。つまり、カルシウム分が多い土地に育ったぶどうを使うブランデーほど、高品質になることが明らかになったのである。そして、このカルシウムはコニャックだけでなくシャンパンやシェリーの品質にもよい影響を与えていることがわかっている。そのほか、コニャックがこの地方特産のリムーザン樽を使って貯蔵されること、また、コニャック市周辺が霧の多い土地であることも、その品質の向上に一役買っていたと思われる。

【**コニャックの誕生**】コニャックの元になるこの地方の原料ぶどうは、古くはフォール・ブランシュ Folle Blanche、コロンバール Colombard が主であったが、現在ではサン・テミリオン St. Emilion が増加している。これらのぶどう果はいずれも酸が多く糖分が少ないので、当然、これらを元に造った酒も酸味が強くアルコール分は少ない酒となる。つまり飲料用ワインとしては、必ずしも良質のものとはいえないのである。このワインがコニャックを生み出した秘密は、次のように考えられている。まず酸性の強いワインであるため亜硫酸を余り使わずに細菌類の侵入を防いで醸造ができる。また蒸留時までの貯蔵中の変質も少ない。そして蒸留の際、香りのもととなるエステルの生成を促進するなどの効果がある。一方、アルコール分が一〇%程度という低アルコール酒であることもブランデーの品質にはプラスとなったようだ。なぜなら、同じ量のブランデーを得るためには必然的に多くのワインが必要となり、結果として香気も高くなるためである。

【コニャックの製造】 普通のブランデーと同じように原料ワインの醸造、蒸留、熟成、調合という工程を経るのであるが、その一つ一つが古い方法を忠実に守っている。まず原料となる白ワインの醸造では、原料ぶどうは最低糖分一八%くらいで収穫され、ただちに破砕して搾汁を取り、発酵させる。これを室温のまま二週間前後発酵させると、アルコール分九%内外のワインが得られる。蒸留は香りを余り飛ばさないため、早めに行われる。蒸留器（釜）はもっとも簡単なポット・スチル型で、アランビックAlambicとかシャラント型ともいわれる。そして加熱は直火である。コニャックの蒸留は二回行うので、蒸留器は粗留用と再留用と二つがある。最初、粗留釜に入れられ、下から火を焚きながらゆっくりと蒸留し、一〇時間くらいでアルコール分二五%内外の白く濁った液が得られる。さらにこれを三回にわけて再留釜で蒸留する。この蒸留がコニャックにとって大切である。加熱して最初に出てくる部分を分割し、なかごろの部分のみを集め、最後に出てくる部分も分割する。これは特別の臭いが出るからであって、最後の部分の分割が蒸留の決め手であるという。こうして分割して除いた部分は、次に蒸留する新しいワインにまぜて蒸留する。再留は約一二時間くらいかかり、アルコール分六〇〜七〇%のものが得られる。次にブランデーの熟成である。コニャックの貯蔵に使う樽材は、オークであってリムーザン産のものが最上とされる。新しい樽に詰められた新しいブランデーはきわめて緩慢な変化をしながら、あのすばらしい香りを持ったコニャックへと生まれ変わるのである。年月の経過は、最初無色であったものを、やがて濃褐色に変え、粗い味も次第に丸みを帯び始める。最後にコニャックの品質を維持する重用な手段が調合である。数年貯蔵したものは樽ごとにその酒質をもったものを市場に送り出さねばならない。この調合の主任がテスター、あるいはブレンダーと呼ばれる人である。むろん、同じ年数のものだけでなく全く違う年数のコニャックをまぜる場合もある。調合を行う際、吟味した蒸留水も加えることによってアルコール分を四〇〜四三％くらいまで薄める操作（割水）も並行して行われる。その後、びん詰めされ、ようやくコニャックのレッテルが得られるのである。

【コニャックの地区別】　コニャックは一九〇九年の法令で、一定地域内で収穫された白ワインをその地域内で蒸留したものと規定されており、既述したとおり、地区別によって品質も定まってくる。つまり、グランド・シャンパーニュ地区を最高とし、プチ・シャンパーニュ、ボルドリー、ファン・ボア、ボン・ボア、ボア・ゾルディネールと階級が定められている。

【コニャックの表示と銘柄】　コニャックとして市販されているものには製造年の表示はない。これは異なった年数のものがブレンドされているからである。ただ、コニャックは貯蔵の年数を表示する慣わしがあり、異なった年数のものを調合した酒では最も古いものの年数を表示している。この表示は銘柄によって異なっているが、おおよそ三星が三〜五年、VSOは一〇〜二〇年、ナポレオンは三〇〜四〇年、エキストラは四〇〜五〇年といわれている。なお法律的には、VO、VSOPは最低で四年以上、ナポレオン、エキストラは最低五年以上となっている。コニャックで有名なのは、ヘネシー Hennessy、クルボアジェ Courvoisier、マルテル Martell、レミー・マルタン Remy Martin、ビスキー Bisquit、ラーセン Larsen、ハイン Hine、ポリニャック Polignac、サリニャック Salignac などである。ヘネシー社は二〇〇年余りの歴史を有している会社で、世界で最大の原酒保有量を誇っている。コニャックにある大倉庫には一〇万樽が眠っているといわれている。マルテル社は歴史の古い会社で、生産量、輸出量いずれもトップクラスである。クルボアジェ社は古くフランス王室の御用をつとめ、The Brandy of Napoleon という名前で親しまれているが、イギリスやスウェーデン、デンマークの王室にも愛飲されている。

【コニャックの飲み方】コニャックは香りを賞味する酒である。ブランデーグラスに少量注いで、これを両手で支えて暖め、香りを立たせながら飲むのが本来の作法である。そのほか、氷水に静かに注いで味わうなどの方法もある。

琥珀酸　こはくさん

脂肪族ジカルボン酸の一つで、ブタン二酸の別名をもつ。純品は無色の結晶で、板状、または柱状をなしている。この酸は細菌、酵母、かび類などによって作られる。清酒をはじめ多くの醸造酒に含まれており、とくに酸味と旨味を構成している。

コブラーズ　Cobblers

アメリカで飲まれる飲料。果汁ワイン、蒸留酒、砕いた氷を深めのコップで混ぜ合わせ、果物の切片かいちごで飾ったもの。

胡麻焼酎　ごましょうちゅう

麦や米麴、そして胡麻を原料とした乙類焼酎（本格焼酎）。

米焼酎　こめしょうちゅう

米と米麴と水で醪《もろみ》を造り、これを発酵・蒸留して得た乙類焼酎。それだけに米の風味がそのまま現れる。熊本、大分、宮崎に多い。熊本県人吉地方の球磨焼酎もこれに属する。製造の手順は、白米を一昼夜水に浸し、これを蒸して麴室に入れる。種麴は黒麴系統の白麴あるいは黄麴が用いられる。製麴には四五時間程度を必要とする。黒麴や白麴を用いてできあがった麴は灰褐色をしており、かんきつ類のような酸味を感じる。この麹と水を混ぜ合わせ、さらに酵母を加えた上で四〜六日ほど発酵させる。その後、主原料の蒸米と水とを加えて本仕込みを行う。本仕込み後、醪の発酵が終わるまで二週間ほどかかる。その後、この醪を単式蒸留装置で蒸留。最初に出てくる部分（初留）と蒸留の最後に出てくる部分（末垂れ）とをある程度別にして、なかごろの良質な部分だけを集める。それ以外の分は次の蒸留にまわす。蒸留直後の焼酎のアルコール分は三五〜三六％。これを貯蔵タンクに導いた上で、表面に浮いている油様の部分を除去したり、濾過などの精製操作を行い、さらにかめやタンクで貯蔵・熟成させる。通常、貯蔵期間はそれほど長くなく、数ヶ月から一年といったところであるが、近年は数年あるいはそれ以上貯蔵した、いわゆる長期熟成酒もある。出荷に際してアルコール分を二五％程度に調整するため、加水・濾過精製する。近年では、減圧蒸留によって、爽やかでフルーティーな香りと端麗な味わいをもつ、吟醸酒並みの米焼酎も登場している。

さ

再製酒　さいせいしゅ

醸造酒や蒸留酒をベースとし、これに香料、調味料、草根木皮などを加えて造りあげた酒。出来上がった酒を原料とすることから再製酒と呼ぶ。日本においては、みりん、白酒、合成清酒、リキュール類が相当する。古語に近い。

サイダー　Cider

シードルCidre（フランス語）ともいう。りんご酒のこと。りんご果汁を発酵させた果実酒。もっとも、日本では、清涼飲料水をサイダーと呼ぶ慣習が定着している。明治時代から清涼飲料をサイダーと呼んでいたからである。

酒　桶　さかおけ

日本酒を醸造または貯蔵するのに用いる大きな桶。杉材で作られており、樹齢八〇〜一三〇年の吉野杉がもっともよいとされる。大きさは一〇石（一・八kl）から三二石（五・七kl）程度のものがある。底径がやや小さいのが特徴である。酒桶に日本酒を貯蔵すると、杉材の酸化作用によって熟成が進む。また、酒の色も杉の色素がにじみ出るため、黄褐色に変わる。これが金属製容器とは異なる点である。こうした酒桶は少なくなってしまったが、近年一部で復活の兆しがある。

酒林　さかばやし

杉の葉を束ねて丸く刈り込んで作られた直径四〇cmくらいの球。日本酒を商っていることを示す看板といえるだろう。一時あまり見かけなくなったが最近復活し、毎年、新酒のできる年末になると青い杉の葉で作った酒林を軒下に吊るしている。

酒槽　さかふね

日本酒の醪《もろみ》を搾《しぼ》って濾《こ》し、粕と酒液とを分離するために用いられる容器。長方形の容器で、舟に似ているので、酒槽という。もともとは柿渋で塗装した木製であるが、最近はステンレス、コンクリート製で、内面タイル張りした容器も使われている。

酒粕　さけかす

日本酒の醪を酒槽で搾ったときに出る固形成分。その形状から板粕ともいう。酒にならなかった米粒や麹の残渣、酵母菌、さらに五〜七％くらいのアルコール分が含まれている。普通、直接食用とするほか、粕漬用に用途がある。また、この酒粕を貯蔵すると軟化し、ねり粕となる。

造酒司　さけのつかさ

宮中で酒に関する行事などを取り仕切った役。『古今要覧稿』には「造酒司渡二御酒一」とある。『延喜式・践祚大嘗会式』には「凡造酒司 酒部《みきのみやつこ》一人、率テ二焼灰一人、駆使五人一云々」とある。『延喜式・宮内式』には「凡醸二新嘗黒白二酒一者、毎年九月二日、省興二神祇官一共赴二造酒司一、卜下応レ進二酒稲一国郡上云々」とあり、造酒司座神《さけつかさいますかみ》は九座あることを、『古今要覧稿』『延喜式・造酒司式』が記している。造酒司は、酒を造るための大とじ（三〇石）・小とじ（二〇石）と呼ばれる器を持っていた。どちらも、その口がわずかに二尺ばかり上に出る程度まで深く土に埋めて使用した。酒を造る工人の長を杜氏《とうじ》と呼ぶようになったのは、この壷の語の訛りであると『類従名物考』は述べている。

雑　酒　ざつしゅ

日本の酒税法で定められている酒の種類。清酒、合成清酒、焼酎、みりん、ビール、果実酒類、ウイスキー類、スピリッツ類及びリキュール類以外の酒類をさす。

三州釜　さんしゅうがま

日本酒の醸造場で湯を沸かしたり、甑《こしき》を置いて米を蒸したりしている大釜。古く、三河国（現在の愛知県）がその名産地であったことから、その名が付いた。大型だと口径二m前後に達する。

酸　度　さんど

酒類などに含まれる有機酸の総量の目安になる値。代表的な酒類の酸度は次のとおり。日本酒＝一・二〜一・八、ビール＝一・二〜一・四、ワイン＝六〜九。

三年酒　さんねんしゅ

中世の日本では、三年貯蔵した日本酒があった。当時は、仕込みから一年程度で飲んでしまう酒よりも珍重されていたようである。

三倍増醸　さんばいぞうじょう

米以外のアルコールやぶどう糖などを加えて米の不足を補う方法。米不足から酒造米が、かなり削減をうけた太平洋戦争中から直後にさかんに行われた。清酒の醪《もろみ》の末期、定められた量のアルコールやぶどう糖、水飴、有機酸類などを混和した調味アルコールを加え、数日後に搾る。この方法を使うと米のみで酒を造る場合と比べて約三倍の量の酒ができることから三倍増醸という名前が生まれた。日本酒をこのように加工すると、すっきりとした後味を実現できる。また、糖の量を自由に調節できることから、味の甘辛を調節できるという利点もある。しかし、米から生み出される旨味は薄められしまうという欠点もある。

産膜酵母　さんまくこうぼ

ワインなど果実酒を製造している途中で、液面に膜を作る酵母がつくことがある。これが産膜酵母である。これがつくと特有の臭気が生じて香りが台無しとなり、製品の品質を低下させてしまう。

し

シェリー　Sherry

スペインの南部、ヘレス・デ・ラ・フロンテラ Jerez de la Frontera（ヘレス）地域を中心につくられるワイン。ブランデーで酒精を強化してあるので、アルコール分は一九〜二〇％ほどある。色は淡黄色から褐色。味はまる味をおび、甘口・辛口・その中間、いずれもある。その特徴はこく味とフロール香とよばれる独特の芳香があること。辛口のシェリーはすばらしい食前酒として、一方、甘口はポートワイン以上の食後酒として貴ばれる。原料となるぶどうは、主にヘレスとその周辺で栽培されるが、もっとも良質なものは、ヘレス・デ・ラ・フロンテラとサンルカール・デ・バラメダ、エルプエルトルコ・デ・サンタマリアを結ぶ三角地帯で造られる。この地区は白亜の石灰岩土質で、その石灰によって良質のぶどうができる。なお、この地区以外には粘土質と砂質の混じった石灰岩地帯、アルミナとケイ酸が豊富な地区など、土質もさまざまで、これによっていろいろなタイプのシェリーができるのである。事実、フィーノ Fino、アモンチリャド amontillado、オロロソ Oroloso、ラヤ Raya、アモロソ Amoroso など、さまざまなタイプがある。その他、マンザニラ Manzanilla、モンティーリア Montilla などを含める人もある。シェリーの主産地はスペインであるが、その他にアメリカやオーストラリア、南アフリカでも造られている。とくにアメリカでは生産量が多いため、アメリカン・シェリー、カリフォルニア・シェリーと呼んで区別する。

【**歴史**】シェリーという名前は、ラテン語で Xeres、アラビア語の Sherrisch から来ている。そしてスペイン語の Jerez がなまってイギリスに伝えられ、sherris sack とよばれ、のちに sherry になった。ワインは紀元前一〇〇〇年くらいにフェニキア人がヘレスに町を造った際、持ち込まれたものと思われる。その後、とくに中世の地域はキリスト教徒圏とイスラム教徒圏の境界に位置した。それでもシェリーの生産は続いたようで、一二世紀にはすでにイギリスに輸出されていたこともわかっている。一六世紀に入ると、イギリスにおけるシェリーの地位は確固たるものとなった。そのことは、シェイクスピアの戯曲に登場する陽気な騎士・バルスタフが、その台詞の中で盛んに「Sack（当時のシェリーの名前）」を用いることでもわかる。とくに最大の顧客となっていたのはイギリス王室であったとされる。一九世紀に入り、シェリーの輸出は最盛期を迎えた。しかしフィロクセラの襲来などによって、その輸出量は一時期激減した。しかし、その数は次第に復活し、現在ではポルトガルのポート、マディラと並んで世界三大酒精強化ワインのひとつに数えられている。シェリー酵母で産膜させる技術がいつごろから行われたかはあまりはっきりしない。ワインは放置すれば自然に産膜性酵母が繁殖するものであるから、おそらく自然にこの方法が取り入れられ、シェリーの特性が形づくられてきたのであろう。また、ワインの品質を守るため、ワインにブランデーを加えることが考案されたのは、輸出が盛んだったことに関係が深い。

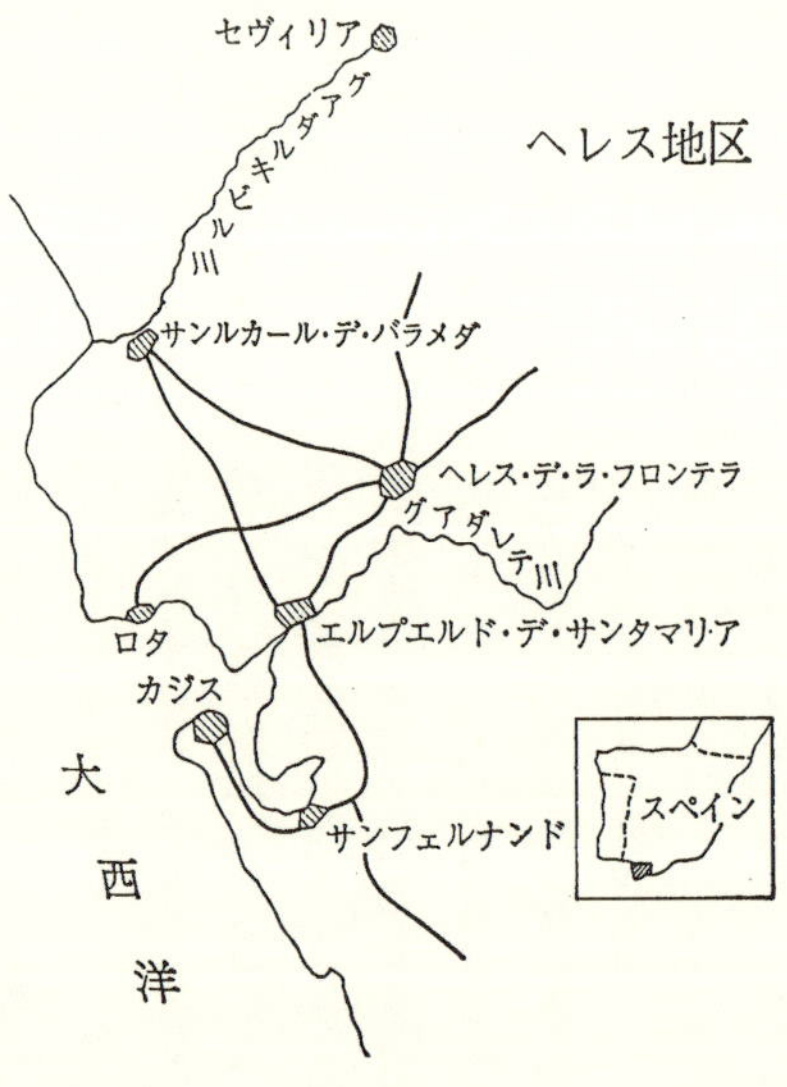

つまり、ブランデーによる強化は、長時間にわたる輸送の際、酸敗を防ぐための工夫だったのである。

【醸造法】シェリーの醸造法はおおよそ次のとおり。⑴ぶどうの果実を乾燥させ、できるだけ糖分の多い果実とし、濃厚な果汁を得る。⑵主発酵が終わってから、酒の表面にフロール（膜）を作らせ（花を咲かせるという）特徴ある香りを引き出す。⑶ソレラと呼ばれる特殊な仕上げを行う。

シェリーの原料はパロミノPalominoという白ぶどうで、九〇％はこの品種である。完熟させて、エスパルトという草の茎で編んだ円形の莚《むしろ》の上に広げて二四時間天日で乾燥し、十分に糖度をあげたところで絞る。このほか、ペドロ・ヒメネスPedro Ximenezというぶどうを補助原料として使う場合もある。こうしたぶどうは、先に述べた三角地帯でのみ採取される。乾燥したぶどうは石で作った槽で特殊な靴でふみつぶされ、出てきた流出果汁は樽に入れられ、醸造場に運ばれる。ここで発酵が始まるが、主発酵は七～一〇日程度。これが終わると、静かに後発酵（三ケ月ほど）が進む。このとき、貯蔵場ボデガBodegaに送り、調合を行って前にシェリーを造るのに用いた樽に三分の四ほど入れ、アルコールの少ないものはブランデーを補強しておき、膜（フロール）が形成されるのを待つ。その後、少しづつ膜（フロール）ができてくる。このとき、たくさんの樽について、一つ一つ利酒をして酒質を調べ、等級をつけていくのである。最上級はフィーノ、アモンチリャドなどの辛口の上等酒に、次のクラスはラヤ、オロロソ、アモロソ（この二つは甘口の上級酒）とし、下級のものは安いシェリーの調合に使われる。こうして利き分けられた酒は、さらにクリアデラCriaderaという天井の高い厚いレンガの壁の倉庫に送り込まれる。ここは風通しがよく室温も安定している。この中で酒は眠りながらフロールを十分に花開かせるのである。クリアデラで一定期間過ごしたものは、最後の仕上げであるソレラSoleraを行う。まずシェリー樽（三三〇ℓ）を十数個を一組にして三～五段積み重ねる。上には最も新しい酒が、下段にいくほど古いワインが入れられ、それぞれの樽に四分の三ほどずつ入っている。そして瓶詰めをするとき一番下の樽（ソレラ）からワインを取り出し、減った分をその上の樽から補充する。こうすることによって樽はいつも同じ位置にあり、中身は無くならず、常に同じ品質のワインが得られる。このシステムによって、シェリーは常に一定の品質を保つことができるのである。ソレラで十分熟成させた後、ブランデーを加えたり、濃厚な果汁を加えて甘くしたりして、商品となる。アルコール分は一五〜一八％。ちなみに、シェリーの空き樽はスコッチ・ウイスキー用の樽に活用される。

【シェリーのタイプ】⑴フィーノ＝シェリーの中ではもっとも色が薄く、黄金色である。辛口。香りには特徴がある。瓶詰めすると新鮮さが失われるともいわれるほど、デリケートな酒。輸出用は一八〜二〇％までアルコール分は高められている。⑵アモンチリャド＝濃色のシェリー。アルコール分が高く、古いものは二二〜二四％に達する。樽に貯蔵されている時、十分に熟成を行わせて、粗さをとったフィーノがアモンチリャドである。熟成が進んでいるため、味はまろやか。市販のものの中にはフィーノや他のワインを混入しているものもあり、樽の匂いも低い。⑶オロロソ＝アモンチリャドよりもっとどっしりしたシェリーである。やや甘口。美しい黄金色で、年とともに暗さを加え、樽の貯蔵の古さがわかる。特殊な芳香がある。豊かさと華やかさを意味するFanessという言葉で説明される酒である。⑷ラヤ＝ヘレスではもっとも普通のもの。いわば、より下等なオロロソといえる。⑸アモロソ＝甘口のオロロソ。濃色。イギリス人の好みに合わせたタイプである。⑹ベーリング・シェリー＝アメリカで創始されたもの。人工的に香味をつけたもので、白ワインをブランデーで補強して二〇％のアルコール分とし、これを五〇〜六〇度Cの温度に数ヶ月おくと、シェリーにやや似た香りができる。これを甘みを調整したりして商品とする。

【シェリーの飲み方】シェリーにはさまざまなタイ

プがあるため、その楽しみ方も多様である。辛口は一般に食前酒として、また食中酒として飲まれる。甘口酒はデザートとして用いられる。この中間型は、イギリスでは古くから、甘くないビスケットといっしょに昼食に供する習わしがある。またシェリーは、たばこの煙によって香りや味が乱されず、吸いながら飲めるという特徴がある。とくに甘口のシェリーには、その性質が強い。シェリーは日本酒によく似ているとも言われる。そのため、温度もあまり冷ましすぎず、辛口は寒い時は少し温めて飲むとされる。

ジェンチャン（ゲンチァン）　Gentian

りんどうの属するゲンチァン属の根に含まれている苦味質をスピリットにつけて浸出し、あるいは、これを蒸留した一種のリキュール、ビターズである。

地黄酒　じおうしゅ

地黄の根茎を酒につけたもの。古い時代の薬酒として知られる。地黄はゴマノハグサ科の多年草、サオヒメともいう。初夏、茎の頭に筒状の紫紅色の花が咲く。地下茎は黄色で太っており、漢方の薬料にもなる。『本草綱目』などの古文書には、滋養強壮の酒として紹介されている。現在でも、ホワイトリカーなどをつかい、自家製で醸造する人もいる。

式三献　しきさんこん

古語。中世以降の酒宴の礼法。一献・二献・三献と酒肴の膳を三度変え、そのたびに大・中・小の杯で一杯ずつ繰り返し、九杯の酒をすすめるもの。三献。

仕　込　しこみ

いろいろな原料を配合し、蒸し、これらを混合してタンクや桶につめること。材料を発酵させるための処理である。「醪を仕込む」「酒母を仕込む」などという。

仕込釜　しこみがま

ビール醸造において仕込槽で糖化した一部をとって温度を高めるために煮沸する容器。銅製。一度煮沸したものは、再び仕込槽に戻って品温を上昇させることになる。

仕込槽　しこみそう　Mash Tun

ビールやウイスキー製造の際、粉砕した麦芽と温水とを混合し、麦芽の酵素の作用を行わせる容器である。銅製、またはステンレス製。

仕込みタンク（桶）　しこみたんく（おけ）
仕込みに使う容器。

仕込み水　しこみみず
酒の仕込に用いる水のことをいう。汲水ともいわれる。

糸状菌　しじょうきん
かび。細胞が糸状に伸長することからこう称される。

沈め枠　しずめわく
ワイン醸造の際、醪タンク中に沈めておく木製の枠。果皮など、醪に含まれる固形物を液相の表面に浮かびあがらせないように抑えている。

自然発酵ビール　しぜんはっこうびーる
空気中の微生物を利用して自然に発酵させるビール。木樽の中で二年近く発酵・熟成させる。酸味と苦味が強い。二〇度C前後の高温で造る。ベルギーのランビック Lambic が有名。新旧のランビックをブレンドし、びんの中で更に発酵・熟成させる「グーズ」や、ランビックにさくらんぼを入れ、発酵・熟成させた「クリーク」もある。

地ビール　じびーる
規制緩和によって製造が可能になった小口醸造ビールのこと。政府は平成六年、酒税法を改正、最低製造数量を年二〇〇〇klから六〇klに引き下げた。これによって全国各地で地ビールを作る動きが一気に加速。わずか五年ほどの間に、小規模な事業所（雑酒―発泡酒は年間六kl以上であれば認可される）を含めると三〇〇を越える地ビールの醸造所が誕生した。しかし、最近は格安の発泡酒との競争が激化。二〇〇一年度は全国の醸造所の数が前年度に比べて大きく減るなど、好調だった地ビール業界も伸び悩んでいる。

搾り揚　しぼりあげ
上槽ともいう。日本酒の醪を搾って、ろ過すること。仕込んでから二〇～二五日目くらいで行われる。これで醪は生酒と粕とに分けられるのである。

搾り袋　しぼりぶくろ

酒袋ともいう。醪の搾り揚に用いられる木綿、または合成繊維の長方形の袋。この中に醪を五ℓほど入れて口を折り曲げ、槽の中に入れてろ過する。

シャトー　Château

本来は城という意味であるが、ワインの分野では、ぶどう園そのものや、ワイン醸造庫を所有し、管理している本邸（主にボルドー地区に多い）を指す。事実、そうした邸宅の大半は、ぶどう園の中心地に位置するため、小さな城のようにも見える。ここで収穫・醸造し、びん詰めされたワインは「シャトー…」と呼ばれ、格付け用語の一つであり、みだりに使うことができない。また、調合して造る地酒と違って高価である。

シャブリ　Chablis

フランス・ブルゴーニュ地方ヨンヌ県にあるシャブリという小さな町の近辺で造られる白ワイン。ブルゴーニュ産の白ワインの中でももっとも色が淡く、最も辛口である。この名を与えられるのは、特定のぶどう園、ぶどうの品種（ピノー・ノワールPinot Noir）のみである。そのため、純粋なシャブリはひどく高価で、また量も少ない。

シャルトルーズ　Chartreuse

フランスの最高級リキュール。「リキュールの女王」ともいわれる。もともとアルドジオ修道会の僧院「ラ・グランド・シャルトルーズ」で、主に病に倒れた信者に対する医薬用として造られていた。創立は一一世紀といわれるこの僧院でシャルトルーズを生み出したのは、ジェローム・モウベック Jérôme Maubec 神父である。彼はある貴族の信者から処方を送られ、この酒を完成させたという。シャルトルーズが僧院の外の世界に紹介されたのは一八四八年のこと。たまたまこの酒を口にしたフランス陸軍将校の一団が、その旨さを喧伝してまわったとされる。その後、僧院は迫害を受け、追放されたため、シャルトルーズ自体がスペインのタラゴナで造られたこともあったが、現在は元の僧院に戻った。

ちなみに原料、製法に関する詳細な情報は未だに公開されていない。ただ、修道院でつくられる白ワインベースのブランデーが主な原料であることははっきりしている。そして、このブランデーに百数十種の薬草からとられた浸出液や砂糖が加えられて完成するらしい。色は黄色、緑色、無色の三種のタイプがあり、黄色のものはアルコール分四三％で甘味が強い。緑色のものはアルコール分五五％で甘味は弱い。無色のものはアルコール分七一％で最高級品である。

シャンパン　Champagne

フランスのシャンパーニュ地方で造られる発泡性のワイン。日本では古くは三鞭酒と書いた。フランスの原産地呼称によって認められた発泡性ワインで、産地や原料、製法、生産量まで厳しく制限されている。むろん、シャンパーニュ地方以外でつくられた発泡性ワインをシャンパンとよぶことはできない。同じフランスでも他の地域の発泡性ワインはバン・ムースvin mousseux、ドイツのそれはゼクトSekt、イタリアではスプマンテspumante、スペインではカバcavaとよばれる。

シャンパーニュ州はフランスでも有数のぶどうワインの産地で、とくにこの州のランスという古い寺院の町の南側一帯は、白亜質の土で形成された丘陵とマルヌ川の谷を臨む斜面、エペルネの南北にわたった地区が有名である。ランスの付近はモンターニュ・ド・ランスMontagne de Reimsと呼ばれ、ピノー・ノワールPinot Noir種を原料とした酒の産地である。この酒は、コクにあふれたどっしりとした風味があり、「山のワイン」Wines of Mountainという別名を持つ。一方、「川のワイン」Wines of Riverと呼ばれるのが、エペルネの北、マルヌ川の谷で造られるワインである。この谷ではピノー・ノワール種を用いてワインを造る。さらにエペルネの南側がコート・ド・ブランCôte des Blancsで、ここではシャルドネー種Chardonnayを原料に、繊細で美しいワインが造られている。大体、ランスとエペルネ、シャロンという三つの町が中心となった地帯がシャンパンと名乗れる地理的な範囲である。

なお、シャンパンのびんのレッテルにはブランドか商社の名前が表示してあり、ぶどう園や村の名前が記載されていることはほとんどない。これはシャンパンが違った蔵や村のものを調合して完成されるからである。シャンパンは、やや黄褐色がかった酒で、中に炭酸ガスを含むことから爽快性を持つと同時に、ワインとしての風味を保持しており、特殊な酒といえるだろう。アルコールは一三%前後、甘さや辛さによりブリュット（最も辛口）Brut、エクストラ・セック（かなり辛口、実際は中辛）Exatra-Sec、Extra Dry、セック（辛口、実際は中甘）Sec Dry、ドミセック（やや辛口、実際はやや甘口）Demi-Sec、Semi-Dry、ドゥ（最も甘口）Doux Sweetと呼んで区別する。ただし、シャンパンではセックといっても糖量が三、ないしは四%くらいあるので、実際はかなり甘く感じる。

【歴史】シャンパーニュ州のワインはローマ時代にすでに盛んであったが、紀元一世紀にいったんローマ皇帝の政治的意図からぶどう園は破壊された。その後、三世紀に入ってからこの地方でのぶどう栽培は復活している。もちろん当時のシャンパーニュ地方のワインは普通の赤、あるいは白のワインであって、現在のような発泡性のものではない。しかし、ワインの量も質も次第に進んできて、一四世紀以後には、フランス国王の戴冠式には必ずシャンパーニュ州のワインが献上されたという。マルヌ川沿いにあるエイあたりには、石灰質の土質で、良質のぶどうとワインが得られる。そのため、各国の元首がこの土地に私領のぶどう園を持ち、自家用ワインを造らせていた。しかし、いずれもごく普通のワインであることから、もう一つの名産地・ブルゴーニュとの競争は避けられなかった。そして、ブルゴーニュとシャンパーニュの競争は、常にブルゴーニュ側が優勢だったようだ。シャンパーニュの農家が発泡性ワインを開発したのは、こうした情勢を打破するためであったといってよい。

ちなみに発泡性ワインの開発には、一七世紀になってから良質のガラスびんとコルクが得やすくなったことが追い風となっている。その当時、ワイン醸造にかかわる人の多くは、ある種の酒は、春になると再発酵、発泡して、時には酒を封じた入れ物を破壊してしまうことを知っていた。そして一六九四年、マルヌ河谷にある僧院の酒倉係をしていたドン・ペリニョンは、この発泡が炭酸ガスによるものであることを確認。発酵がまだ残っているワインをより丈夫なガラスびんに詰めて、コルク栓と針金でしっかり栓をしておいた。その結果、炭酸ガスがワインに含まれ、なんともいえぬよい味に仕上げることに成功したのである。こうして発泡性ワインは市場に出回るようになった。むろん、現在のようなびん内発酵法など、手の込んだ加工法は、もっと後の時代のことである。また、ドン・ペリニヨンはシャンパン酒の調合を手掛けた一人でもあった。オーヴィレルのベネディクト派僧院の酒庫管理者として、一七一五年に没するまで四七年間働き続けた彼は、今だにシャンパンの恩人として語り継がれている。

一九世紀に入ると、びん詰のシャンパンが盛んにイギリスへも輸出されるようになった。このころになると、びん内の発酵をうまく管理し、その圧力を調整する方法なども提案され、びんの破損率はずっと低下してきた。その後、シャンパンはフィロクセラの被害や世界大戦の損害を切り抜け、世界中に輸出され続けている。フランスのワインとしては国内消費より国外向けのものが多いのもシャンパンの特徴であろう。

【醸造法】シャンパンの醸造法の特徴は「びん内再発酵」であり、きわめて特殊な造り方である。原料のぶどうは黒色のピノー・ノワール Pinot Noir と、白のシャルドネー Chardonnay の二つである。白だけでは淡白すぎるので黒色のぶどうも用いる。この原料を潰して自然に流れ出てくる果汁のみを用いる

ドン・ペリニヨン

のは上等品で、軽く圧搾した汁を使うものは二級品である。いずれの場合も、果汁のみを発酵に使うことが特徴である。この果汁を余り大きくない樽に入れて低温でゆっくり発酵させる。発酵が終わると、滓《おり》を残して上澄の部分を別の樽に移し、そこで樽ごとの調合を行う。この後、滓と上澄との分離を一～二回行う。ここでシャンパン用の白ワインが生まれてくる。この工程は普通の白とそれほど違わないが、調合を早く行うのが特徴といえるだろう。このようにして出来上がった白ワインに、翌年の春、砂糖のシロップ（古酒にとかしたもの）を加えてびん詰めをし、そしてびんの中で再発酵させる。このびんはなで肩で、びんの栓は「シャンパン・コルク」と呼ばれるとくに良質のコルクを張り合わせて強くしたものを用い、びん内の圧力でとばないように、さらに留め金をしておく。このびんは広い穴倉に運び込み、横に寝かせたままにしておく。この間にびん内に加えられた糖分は再発酵し、炭酸ガスもびん内に溜まってくる。この期間は三～四年で、この間にびん内の酒は澄んで来て、沈殿する酵母（滓）の部分が見えてくる。この状態になったら、栓を下にして三〇度傾けておけるような架台にびんを立て、毎日少しずつびんを回転して、滓をびんの口の部分に集める。この操作は大変厄介で、根気の要る仕事である。こうして完全に滓がコルク栓周辺に沈着するまで待つのである。この作業には最低数ヶ月、長い場合には数年にわたって行うこともあるという。完全に滓が首の部分に集まったら、ここで滓を抜き出す作業を行うことになる。すなわち、特殊な冷凍機に倒立したままのびんの首をつけ、その部分（滓）を凍結させる。そこで留め金をはずし、コルク栓を抜くと、内部の圧力で凍った滓の部分が飛び出してくる。滓を完全に取り去るために考案された巧みな操作であるといえるだろう。滓を抜き取ると液量が不足するため、空いた部分に手早くブランデーやリキュールを詰め込み、液の補充と味の調製をはかる。ここで補充する糖液が多ければ甘口になるわけである。こうして再びコルクで栓をし、針金をかけ、面倒な操作が終わる。最後に酒は再び横に倒して、穴倉の中で熟成させる。この熟成には一～数年かける場合もある。出荷に際しては、びんの首の部分を錫《すず》箔《はく》で飾る。針金を隠すためである。ちなみに、シャンパンを熟成させる穴倉は、たくさんのびんを貯蔵できるきわめて広大なものだ。その内部には積み上げられたシャンパンのびんがずらりと並び、通路も何マイルも続いている。なお、びん内再発酵を行わず、密閉タンクで再発酵してびん詰めする方法、白ワインに糖やブランデーを加えてから、清涼飲料水のように炭酸ガスを吹き込む方法があるが、これはシャンパンとは別の発泡性の酒である。

【シャンパンの飲み方】 シャンパンは炭酸ガスを含んだ酒であるから、その取り扱いには注意が必要である。温度は一〇～一三度Cくらいで管理するのが最適である。また、他のワインと同様、保管の際には水平を保つことも大切だ。シャンパンは炭酸ガスを含んだ飲料であるから、開栓前にはある程度冷やしておく必要がある。その温度は、厳密に何度と決まっているわけではないが、酒をグラスに注いだ時、その外側に曇りができる程度にしておくことが大切である。

熟成　じゅくせい

ウイスキーやブランデー等の蒸留酒、醸造酒の中で、ワインのような果実酒は、長い年月貯蔵することによって味は円味をおび、香りは、おだやかで快いものとなる。この現象が熟成（調熟）である。要するに熟成とは酒の内部でおこるきわめて緩やかな、そして微妙な物理的、化学的変化である。たとえば蒸留酒やワインは樽に貯蔵するが、樽材を通して少量ながら空気が内部に入り、酸化が緩やかに進む。この結果、香りや微妙な変化がおこる。同時に内部からはわずかなアルコールが樽材を通して外へ出て行き、多少、量が減少する。また樽材からにじみ出してくるいくつかの成分が酒の成分と作用し、色や香り、味に影響をあたえる。酒自体の中の主成分であるアルコールやその他微量の成分に、貯蔵によって微妙な変化がおこることも研究されている。

このように調熟はさまざまの変化がまじり合って、それが非常にゆっくりと起き、そして香味の醇化が生れるのである。調熟には温度が密接な関係をもつ。また調熟の期間もさまざまで、酒の種類によって違ってくる。高温短期、低温長期というが、あまり温度が高いとかえって変化が過度になり香味を劣化する傾向がある。常温で最低三年ないし五年といい、いろいろであるが、この程度の年月は温度のいかんにかかわらず最低限必要であろう。国によっては法律で調熟の期間を定めている所もある。

さて同じ調熟といっても果実酒以外の醸造酒の場合は、やや異なっている。一般にこの種の醸造酒は酵素という変化をおこしやすい成分を多種類含んでいることから、変化が速やかで、調熟の速度は蒸留酒に比べてかなり早い。ビールがウイスキーなどに比較して短期間に飲まれるのも、あまり長く貯蔵すると調熟が過ぎて過熟（老熟）となり、かえって風味を劣化させるからである。日本酒は新酒でも飲まれるが長い期間熟成させたものも好まれ市販されている。中国の紹興酒は醸造酒ではあるが調熟は長い。いわゆる老酒といわれるものは十数年の調蔵を行なっている。果実酒は一般に貯蔵熟成される。しかし、フランスボジョレー地区のガメー種を原料とするワインは新酒の方が好まれるため、ボジョレー・ヌーボーとして市販されている。蒸留酒の熟成は樽にある時だけで、びん詰してからの熟成はまずないのであるが、果実酒は、はじめ樽の中で熟成し、後にびん詰してからも調熟は進行する。これが蒸留酒と果実酒の調熟の相違である。

酒　庫　しゅこ

酒類を製造・貯蔵する建物。あまり外気の温度に左右されない構造が望ましいとされる。そのためか、わが国では、主に土蔵造りであった。また、欧州では煉瓦製の建物が多かった。酒倉、酒蔵とも言われる。

酒　精　しゅせい

エチルアルコールのこと。すべての酒類に含まれ、酒を酒たらしめる基本成分であることから、この名が付いた。

酒税　しゅぜい

酒類に対して課される税。現行の酒税法は昭和二八年（一九五三）に制定され、数次の改正を経て現在に至っている。酒税は間接税であるが、消費税的な性質や物品税的な性質も持ち合わせてもいる。ちなみに酒は消費量も多く税収を期待しやすい上に、社会秩序の上からも大量の消費は好ましくないことなどから、酒税はどこの国でも高率の税を課される傾向にある。

【歴史】酒の税の歴史はかなり古い。応安四年（一三七一）、足利義満が酒屋に壷別二百文を課したのが始まりとされる。その後、明暦三年（一六五七）に制定されていた「酒株」という営業免許権と結びつけた営業免許税（酒屋運上金、冥加金）が元禄一〇年（一六九七）に制定された。明治四年（一八七一）、太政官布告「清酒、濁酒、醤油醸造鑑札収与並ニ収税方法規則」の制定によって酒株制度は廃止され、営業免許税的なものと醸造税で構成される制度が導入された。そして明治二九年（一八九六）、消費税的なスタイルをとった造石税が誕生する。造石税は、製造の時点、つまり造り高に応じて課税する制度であった。その後、昭和一三年（一九三八）になると、戦費をまかなうため造石税に加えて、物品税にあたる庫出税（庫から外部に出る数量を基準に税をかける）が課せられるようになった。昭和一九年（一九四四）になると、造石税は廃止され、酒税は庫出税のみとなった。そして昭和二八年、現行の酒税法が制定され、現在に至っているのである。

【規定内容】酒税法においては、まず、酒類はすべてこの法律によって課税することを定めた上で、課税の対象をアルコール分一度以上の飲料であると定義する。また、すべての酒類の販売と製造には免許が必要であることも明示している。酒類は、その性質によって、清酒、合成清酒、しょうちゅう、みりん、ビール、果実酒類、ウイスキー類、スピリッツ類、リキュール類および雑酒の一〇種類に分類されている上に、品目または等級によって細分されている。酒税率は、この各種類別・級別などに応じて異

平成15年分の酒税課税状況（国産分及び輸入分の合計）

		平成15年度		平成14年度		対年度比		構成比			
								平成15年		平成14年	
		数量	税額	数量	税額	数量	税額	数量	税額	数量	税額
清酒		kl	百万円	kl	百万円	%	%	%	%	%	%
		856,376	108,473	907,950	115,290	94.3	94.1	8.9	6.5	9.1	6.8
合成清酒		65,579	4,896	66,024	4,503	99.3	108.7	0.7	0.3	0.7	0.3
しょうちゅう	甲類	501,473	118,074	484,641	114,408	103.5	103.2	5.2	7.1	4.9	6.7
	乙類	449,350	105,603	386,840	90,464	116.2	116.7	4.7	6.3	3.9	5.3
	計	950,827	223,677	871,475	204,872	109.1	109.2	9.9	13.4	8.7	12.1
みりん		107,879	2,313	106,045	2,248	101.7	102.9	1.1	0.1	1.1	0.1
ビール		3,982,913	882,251	4,394,514	973,849	90.6	90.6	41.5	52.9	44.0	57.3
果実酒類	果実酒	250,999	15,728	270,459	14,532	92.8	108.2	2.6	0.9	2.7	0.9
	甘味果実酒	8,331	944	11,217	1,119	74.3	84.4	0.1	0.1	0.1	0.1
	計	259,335	16,672	281,673	15,651	92.1	106.5	2.7	1.0	2.8	0.9
ウイスキー類	ウイスキー	97,778	37,402	105,504	40,681	92.7	91.9	1.0	2.2	1.1	2.4
	ブランデー	13,332	5,359	15,237	6,101	87.5	87.8	0.1	0.3	0.2	0.4
	計	111,108	42,760	120,745	46,782	92.0	91.4	1.2	2.6	1.2	2.8
スピリッツ類		44,599	8,389	27,004	7,636	165.2	109.9	0.5	0.5	0.3	0.4
リキュール類		605,750	54,414	572,033	51,866	105.9	104.9	6.3	3.3	5.7	3.1
雑酒		2,607,903	324,595	2,633,313	276,413	99.0	117.4	27.2	19.5	26.4	16.3
合計		9,592,279	1,668,440	9,980,786	1,699,108	96.1	98.2	100.0	100.0	100.0	100.0

注1 平成15年4月以降の計数は酒税課税状況表（速報）に基づいて作成しているため、今後若干の異動を生ずることがある（以下2〜5表において同じ。）。
注2 各欄ごとに単位未満を四捨五入しているため、縦計については符合しない（以下2〜4表において同じ。）。

なるが、従量税を原則とし、一kl当りの金額で示される。また、昭和三七年（一九六二）からは、価格のとくに高い一部の酒類に対しては従価税を課すようにもなった。しかし平成元年（一九八九）、ヨーロッパ共同体（現ヨーロッパ連合）などからの批判もあり、高級酒に対する従価税や、日本酒とウイスキーの級別制度を廃止するとともに、従量税の比率も改められた。さらに平成四年（一九九二）酒税の級別制度は全面廃止となった。なお、税率は酒の種類、品目について基準アルコール分に対して定められている。たとえば、アルコール分が一五度の清酒（日本酒）では、一kl当たり一四万五〇〇〇円で、あとは度数が上がれば加算され、逆の場合は減額される。さらに高級な日本酒に関しては、平成元年（一九八九）に、吟醸酒大吟醸酒など八種の特定名称の表示基準が、製法、品質などをもとに制定された。現在、日本の酒税額とその内訳は次の通りである。

酒石酸 しゅせきさん

ヒドロキシカルボン酸の一つ。化学式は$C_4H_6O_6$。

純粋なものは無色の柱状結晶。その水溶液は爽快な酸味があり、清涼飲料や酒の酸味成分として使用される。天然にはぶどう果中に含まれる。成熟の途中で酸味の大部分を形成するが、完熟期になるにつれ、遊離のものからカリウムあるいはカルシウム塩（酒石）となってくる。ワインになると酒石の大部分は沈殿しており、そのほかに遊離した酒石酸が〇・一～〇・五％ほど存在する。

酒造好適米　しゅぞうこうてきまい

酒造米のうち、とくに酒造に適した品種を酒造好適米と呼ぶ。農水省の分類では、醸造用玄米の産地品種指定銘柄。毎年農水省告示として公表される。精白しても砕けにくく、水を吸いやすく、麴菌のはぜ込《こみ》がよい。一般に大粒で、米粒の腹部に心白の多い品種群である。山田錦、雄町、五百万石などの品種がある。

酒造年度　しゅぞうねんど

酒類に関するさまざまな統計などを期間的に整理するため、暦年とは別に設けられた年度。酒造りはひとつの期間が暦年にわたっているので、生産量などを暦年ごとに整理するのは難しい。そこで七月一日から翌年の六月三〇日までを一酒造年度として、その年の年号をつけて呼ぶ。例えば昭和四八年度なら、昭和四八年七月一日から同四九年六月三〇日までである。

酒造米　しゅぞうまい

日本酒の原料になる米のこと。酒米《さかまい》ともいう。原理的にはどんな米でも清酒醸造の原料米に使用可能である。しかし、酒造りには普通の飯米（九〇～九二％白米）よりさらに精白の進んだもの（八〇％以下、ときには五〇～六〇％）を用いる。これはでんぷん以外の成分をある限度以下に抑えるためである。

ジュニパー（ベリー）　Juniper（Berry）

杜松（ねず）のこと。その実は、薬用として重宝されるほか、ジンの香味をつけるために用いられる。普通、ジンを蒸留する際、アルコールを含んだ蒸気は、この杜松の実を充てんした部分（Gin Head）を通過する。この過程で杜松の実の香りがジンに付くのである。

酒　母　しゅぼ　酛《もと》のこと。↓酛

酒　薬　しゅやく

中国本土や南方諸国で古くから酒造用に用いられた糯米《もちごめ》の麹。原料は小麦粉を主体とし、これに糯米粉をよくまぜあわせ、次に各種の薬剤粉末（種類は一六～二〇種類に及ぶ）を加え、植物の汁液を利用して十分にこねる。汁分が足りないときは、少量の水で補う。十分練り上げた後、枠に入れて踏み固め、成形して煉瓦状にするか、団子塊にする。これが麹餅とよばれるものである。この麹餅を麹室に入れて放置するか、糸につるして通風のよい場所にかけておくと、麹かびなどの糸状菌類が増殖してきて、二週間近くで完成する。酒薬は気温や湿度の関係から、夏に造られることが多い。また酒薬の特徴として、薬材を混和することも挙げられる。酒薬は酒の原料の糖化と発酵を行うが、別の麹に類似したものを作るための種麹として用いられることもある。

シュル・リー　Sur lie

フランス・ムスカデ地方の製法。普通の白ワインは、発酵後、おり引きをして貯蔵するが、この方法では、おりの主体である酵母菌体から旨みやコクを引き出すため、おり引きをしないまま長期貯蔵する。澄んだ果汁や健全に発酵した酵母によるきれいなおりを使うことが重要とされる。

常圧蒸留　じょうあつじょうりゅう

単式蒸留において常圧（大気圧）下で蒸留する方式。釜内の醪《もろみ》温度が九〇～一〇〇度と高いので、蒸留中にフルフラール（焦げ臭の元となる成分）などの二次生成物や高沸点成分が留出し、原料個性の豊かな焼酎ができる。このフルフラールが常圧蒸留の焼酎にわずかに含まれる場合には芳醇な香味を与えるのである。いも焼酎、黒糖焼酎、泡盛などは常圧蒸留が主流であるが、最近は減圧蒸留の製品も多くなっている。

生薑酒　しょうがしゅ

しょうがをすり、これに味噌を和え、鍋で炒って、清酒を入れて燗をしたもの。薬酒の一種といえる。

蒸きょう　じょうきょう

水蒸気で物を熱し、膨張・軟化させること。「蒸す」と同義である。

上　戸　じょうこ

酒に強い人。反対に酒に弱い人は下戸《げこ》と呼ぶ。上戸という言葉は、秦の始皇帝が万里の長城を築き、北方の騎馬民族の侵攻に備えた際、「城門の上の戸を守る兵士には酒を与え、下の戸を守る兵士には甘い物を与えた」という故事から来ているとされる。古来、上戸には泣き上戸、怒り上戸、笑い上戸があるとされる。

紹興酒　しょうこうしゅ

中国の代表的醸造酒（黄酒）。中国・浙江省の紹興で産するから、こう称される。米を主原料としてつくる。日本酒の製造法によく似た造り方をするが、使う米はモチ米、麹の代わりに酒薬、麦麹を用いるという違いがある。長期間熟成した紹興酒をわが国では老酒《ラオチュウ》陳年《チンネン》、紹興酒と呼び、珍重する。酒の色は茶褐色。酸味、渋味のきいたドライな酒である。甘口タイプもある。成分はアルコール分一三〜一七％、酸度は五〜九。日本酒に比してアルコール分はやや弱いが、酸度は三〜五倍も多く、色も濃い。酸味を和らげるために氷砂糖を杯に入れて飲むこともある。

【造り方】この酒は、淋飯酒（リンファンチュウ）、攤飯酒（タンファンチュウ）、加飯酒（チャファンチュウ）、善醸酒（シャンニャンチュウ）などに大別される。もちろん、それぞれ、味も異なってくる

(1)　淋飯酒＝蒸し糯米《もちごめ》に等量の水を加えて吸水させ、酒薬と混ぜて甕《かめ》に入れる。その後、中央に穴をあけ、残りの酒薬を表面にふりかけて蓋《ふた》をしておく。七日ほどで発酵が始まる。その際、麦などを加え、再び蓋をした上で一〜二か月間熟成。その後、圧搾、澱《おり》引き、火入れをして、甕に貯蔵する。古いものほど味はよくなるとされている。酒薬の造り方は、うるち米の粉、小麦ふすまと甘草・陳皮《ちんぴ》など草根木皮を混ぜ、水を加えてさいこ

ろ状に練り固め、暖所に放置する。リゾープス、ムコールなどのカビや酵母などの発酵微生物が培養され、一種の酒種となる。麦は掛麹に相当する。小麦を粗砕し、水を混ぜてれんが状に固め、室に入れて、夏は一週間、冬は二週間くらいかけてカビを生やしてつくる。

(2) 攤飯酒 なまの糯米を二〇日間くらい水につけ置いたものを原料とする。水につけた糯米を蒸し、麹子を加え、前記の淋飯酒のようにしてつくった醪《もろみ》と、糯米をつけておいた水とを混ぜて、約二ケ月、糖化と発酵を行わせる。その後、醪を搾り、火入れした上で、甕に貯蔵する。淋飯酒よりはやや品質的に優れているともいわれる

(3) 加飯酒＝原料米を多く使った甘口の酒である。前の二つに比べて高級酒であるとされる

(4) 善醸酒＝紹興酒を仕込み水としてつくったもの。甘口の熟成した酒で最上級酒として珍重される。ちなみに、わが国でも、日本酒を仕込み水のかわりに使用して醸造した貴醸酒という類似の酒がある。

上 槽 じょうそう

日本酒の醪を圧搾すること。圧搾する装置を槽《ふね》と呼ぶことから、この名が生まれた。槽《ふな》がけともいう。

醸 造 じょうぞう

広い意味では、微生物の発酵作用などを利用して、いろいろな飲食品を作ること。代表的な製品としては酒類、味噌、しょうゆ、酢などが挙げられる。この言葉は日本独特の語彙である。実際、相当する外国語は見当たらない。Brewingという英語が相当するという見解もあるが、この言葉は本来、「ビールを造る」という意味であり、日本語の醸造に比べて示す意味が狭い。

醸造酒 じょうぞうしゅ

酒類の醸造法からの区分。ここで用いる「醸造」は「蒸留」に対して用いる狭い意味のもので、原料を発酵させてそのままのもの、あるいはこれを単にろ過する程度で飲む酒類を指す。この醸造酒は次のように区分される。

- 醸造酒
  - 単発酵酒 —— ぶどう酒果実酒等
  - 複発酵酒
    - 単行複発酵酒 ビール
    - 併行複発酵酒 日本酒

単発酵酒とは、糖分をもった原料を発酵させた単一の工程のもの。ワインをはじめ果実酒類はこれに属する。複発酵酒とは、でんぷん質原料で、いったん原料を糖に分解する（糖化）工程と、これを発酵する工程との二つで成り立っている。このうち、糖化を終了してから発酵させる、つまり、糖化と発酵が分離しているのが単行複発酵酒で、ビールがこれに相当する。また、糖化と発酵とが同時に行われるのが並行複発酵で、日本酒や中国の黄酒がこの例である。醸造酒は一般にアルコール分、エキス分ともに低・中程度であってやわらかい口当たりのものが多い。低アルコールのものがビールで、おおむね三～五％、中くらいのアルコールがワインや日本酒で一二～一六％である。エキス分は特別なものを除き、だいたい二～七％である。一般に口当たりが極めてやわらかい酒が多い。酒類の中でももっとも普遍的な酒で、また古い歴史を持っている場合が多い。

焼酎 しょうちゅう

わが国固有の蒸留酒。原料として米、麦、ソバなどの穀類やサツマイモ、ジャガイモなどが用いられる。イギリスのウイスキー、フランスのブランデー、あるいはロシアのウオッカに匹敵する名蒸留酒ともいわれる。もともと根強い愛好者が多い酒だが、近年は、さらに幅広い人々に飲まれるようになった。

【法律上の焼酎】焼酎の一般的な定義は、米、麦、いもなどのデンプン質を麹《こうじ》で糖化、アルコール発酵させ、蒸留したものである。但し、奄美《あまみ》地方では米麹と黒糖を原料としたものも焼酎として認められている。さらに、焼酎は「甲類」と「乙類」とに分かれる。アルコール分は二〇度から四五度（％と同じ）のものまであるが、二五度のものが量的にももっとも多い。甲類は連続式蒸留機を使用し、乙類は単式蒸留機（ポット・スチル）を用いてつくる。アルコール分は、甲類は三六度以下、乙類は四五度以下とされている。甲類はホワイトリカーともよばれる。乙類は旧式焼酎とか本格焼酎ともよばれ、わが国固有のものである。ウイスキー、ブランデーと税法上異なるのは、焼酎が原料に発芽穀類（たとえば麦芽）や果実類を使用しない点である。また、糖蜜などの使用は原則として甲類に限られている（奄美地方の黒糖焼酎は米麹の併用を条件に乙類であるが例外）。

ちなみに、アルコール発酵・蒸留によって得られる酒は多いが、それらと焼酎の違いについて簡単に述べると以下のようになる。①発芽した穀類や果物を用いた場合はウイスキーやブランデー。②しらかばの炭などで濾した場合はウオッカ。③砂糖や糖蜜を原料としたものはラム。④蒸留する際、植物などを浸出するのはジン。⑤砂糖を加えるとエキス分二度以上でリキュール類に、アルコール分が二六度以上ではスピリッツ類になる。⑥砂糖を加えた焼酎でも、木製容器に一年以上貯蔵すればスピリッツ。

【歴史】 焼酎の歴史は清酒のそれよりやや新しいようだ。奈良時代の酒に、アルコール分が強く水で割って飲む「辛酒」という酒があったという記録がある。これを焼酎の原型であるとする説もあるが、残念ながら原料や製造方法の記録がなく、確かとはいえない。確実に焼酎という言葉が登場してくるのは、戦国時代のことである。鹿児島県大口市郡山八幡《こおりやまはちまん》の社殿から発見された墨書木片（大工の落書き）には、永禄二年（一五五九）、この地方で「焼酎」が飲まれていたことを示す記事があった。この棟木札には大工二名の連名で、当時の座主が吝嗇《りんしょく》（けち）で一度も焼酎を振舞わなかったことが記されている。どこか滑稽な記録ではあるが、同時に、一六世紀前半には焼酎という飲み物が、大工など民衆も飲める飲料として存在していたことを示す貴重な史料でもある。なお、中世後期の中国の文献には現在の焼酎と同じような酒を「焼酒」と記していたこと、また「火酒」「阿剌吉酒（アラキサケ）」という異名もあったことはわかっている。また日本の江戸時代の文献『和漢三才図会』には、「焼酒」の項に「しやうちう」「シヤウツユウ」と仮名を振り、「火酒、阿剌吉酒

（アラキサケ）、今焼酎ノ字ヲ用フ、酎ハ重醸酒ノ名也、字義亦通ズ」と解説している。つまり、日本でも中国でも「焼酒」という表記で現在の焼酎を表していた時期があるわけだ。しかし「焼酎」という表記がいつごろ、なぜ生まれたか、いつごろ定着したのかは、残念ながらはっきりしない。

そんな焼酎だが、中国では元の時代から良く似た酒が造られていた。その事は『本草綱目』に「古法にあらざるなり、元の時よりその法を創始す」という記録があることからも明白である。やがてこの技術は元軍の侵攻に伴って伝播していった。いまのところ、日本への伝播の経路は「琉球から薩摩（泡盛）ルートと、「宣教師の渡来とともに南蛮酒として輸入」というルートの二つが考えられる。泡盛は琉球の蒸留酒で、一説ではシャム（現在のタイ）から伝来したものといわれる。これがわが国の記録に現れるのは慶長一七年（一六一二）で、島津家を通じて時の将軍に献上されたという記録がある。そして貞享期（一六四八～一六八六）ころには、薩摩でも泡盛の製造がはじまっていた。一方、南蛮酒あるいは阿刺吉酒が渡来したのはポルトガルの宣教師が鹿児島にやってきた一五四九年以降のことであろう。南蛮の珍しい酒は布教の一手段として重宝したことは想像に難くない。ただ、泡盛がもとになったにせよ、宣教師の持ち込んだ南蛮酒からヒントを得たにせよ、鹿児島県大口市郡山八幡の社殿から発見された墨書木片が書かれた一五五九年よりかなり前から焼酎造りは普及していたと考える方が自然である。今後、新史料の発見などによって焼酎の歴史はさらに古くなる可能性は高い。江戸時代中期以降になると『大和本草』『和漢三才図会』『本朝食鑑』『倭訓栞』などに、南蛮国からの焼酎とその装置（蘭引）、蒸留の技術が紹介されている。一方、一五九七年版『よだれかけ草子』には「三重の酒ということあり、酒を煎じそのいきの雫を受けとめて、それを三度煎じたるをいふ」というくだりがある。まさに蒸留の技術を三重の酒という言葉で表現していると考えるべきで、江戸時代中期には焼酎の醸造技術は確立していたと考えてよい。事実、元禄年間（一六八八〜一七〇四）には粕取《かすとり》焼酎が庶民のための酒として造られており、泡盛はむしろ薬用的な使い方をされていた。一七世紀も終わりごろになると、粕取、醪取《もろみ》などの区分が明らかになっている（『大和本草』『大和本草批正』）。地域的に見ると、薩摩ではサツマイモの普及とともに、穀類からサツマイモを主体とした焼酎に変化した。粕取焼酎は、清酒が全国的に造られていたこともあって、ほぼ全国で見られた。麦を原料とする焼酎は壱岐島にあった。こうして江戸時代、焼酎は一気に多様化したのである。

さて、蒸留によってもっとアルコール度が高いものを得たのがアルコールである。そして蒸留したアルコールから作った焼酎が新式焼酎（現在の甲類）である。日本におけるアルコールや新式焼酎の起源は幕末から明治ごろにさかのぼると思われる。例えば幕末、長崎に来航したロシア軍艦で蒸気車を見学した武士たちは、「よき焼酎（アルコールのことをこう表現したのであろう）を燃やして廻す」ことに驚いたという記録が残っている。また、当時の蘭書『遠西医方名物考』にはアルコール度三二％のものを「亜爾個児《アルコール》」と称し、その蒸留方法を説明している。さらに当時の薩摩藩は、嘉永三年（一八五〇）に精錬所を設立したが、そこの御沙汰書の中には、火薬の製造にアルコールが不可欠であること、アルコールは甘藷酒から造るのが得策である、といった記載もある（ただし、実際にアルコールが造られたという記録はない）。しかし明治維新後、すぐに国内でアルコールの生産体制が整ったわけではない。日露戦争後ですら、わずかに陸軍の板橋・宇治の火薬製造所内にアルコール製造設備があったに過ぎない。

その後、九州や四国にアルコール製造会社が設立されたが、いずれも経営難に直面した。とくに台湾からの安価な廃糖蜜を原料とした酒精の輸入増大がその経営を直撃した。そんな状況を受け、当時、宇和島に設けられていた日本酒精は、明治四三年（一九一〇）、蒸留機から出てくる製品を任意の度数に水で割り、これを焼酎とすることの承認を得た。つまり、新式焼酎を造ることで日本酒精は社勢回復を図ったのである。この時、同社はアルコールを薄めたものに粕取を混和することも考案している。この新式焼酎が民衆の好みに合致。以来、もともとある焼酎（旧式焼酎）と新式焼酎のふたつの焼酎が嗜まれるようになったわけである。その後、新式焼酎は次第に旧式焼酎を量的に圧迫していった。大正末期から合成清酒が登場するにつれて、焼酎はその原料酒精としても使われるようになった。大正年代、酒精製造会社は六一、工場六四を数えた。それらが製造する酒精は大正一二年を例に取ると、年間で約七八万石（アルコール度を四〇％で換算した場合の数字）に達した。昭和に入るとアルコール専売法の実施などによって酒精工場も戦時下統制の下におかれ、液体燃料としての性格が強められることになる。第二次世界大戦が終わった直後、あらゆる酒が不足した中、芋や麦などからも造れる焼酎は大いにもてはやされた。さらにこの時期、清酒に酒精、または焼酎の添加が認められたことも追い風となり、新式焼酎の需要は伸び続けた。経済復興とともに清酒などの生産が復活し、焼酎人気は一時的に衰えはしたが、昭和五〇年代以降、再び人気を取り戻している。また、旧式（本格）焼酎も特色ある風味が再評価される一方、単式の減圧蒸留機が導入され、香味ともにマイルドな本格焼酎が広く飲まれるようになり、次第に消費量を伸ばしている。昭和五六年には甲類（新式焼酎）約一五万kℓ、乙類（旧式焼酎）約一〇万kℓ、昭和五九年には甲類約三五万kℓ、乙類二〇万kℓ、平成七年には甲類三八万kℓ、乙類二七万kℓと増加している。なお、わが国では焼酎を貯蔵、熟成させる習慣がないが、近年は、ウイスキー、ブランデーにならい、貯蔵、熟成したものも出回っている。

上面発酵（酵母）　じょうめんはっこう（こうぼ）　ビール酵母の中で、発酵が終末期になっても底に沈降せず、液中に浮いているような酵母のこと。これを用いたビールがスタウトである。

上面発酵ビール　じょうめんはっこうびーる　上面発酵酵母を使用し、常温（一二～二五度C）で

郵　便　は　が　き

料金受取人払

神田局承認

3970

差出有効期間
平成18年11月
20日まで

101-8791

511

東京都千代田区
神田神保町１丁目17番地
東　京　堂　出　版　行

※本書以外の小社の出版物を購入申込みする場合に御使用下さい。

購入申込書	書名をご記入の上お買いつけの書店にお渡し下さい。	
〔書　名〕	部数	部
〔書　名〕	部数	部

◎書店様へ　取次番線をご記入の上ご投函下さい。

愛読者カード

本書の書名をご記入下さい。

(　　　　　　　　　　　　　　　　)

リガナ
ご芳名

年齢

歳

男

女

ご住所　(郵便番号　　　　　　)

TEL　(　　　)

ご職業

本書の発行を何でお知りになりましたか。

A書店店頭　B新聞・雑誌の広告　C弊社ご案内
D書評や紹介記事　E知人・先生の紹介　Fその他

本書のほかに弊社の出版物をお持ちでしたら、その書名をお書き下さい。

本書についてのご感想・ご希望

今後どのような図書の刊行をお望みですか。

御協力ありがとうございました。早速、愛読者名簿に登録し、新刊の御案内をさせていただきます。

発酵を行う醸造法。発酵中に酵母が浮上し、液面に酵母の層ができることからこの名がある。イギリスではこのタイプのビールが多い。フルーティな香味が特徴。

蒸留酒　じょうりゅうしゅ

アルコールを含んだ液を加熱沸騰させると、水より沸点の低いアルコール分は蒸気となって、水より早く留出してくる。これを冷却して回収するのがアルコール蒸留。このように造った酒類、つまり焼酎やウイスキー、ブランデーの類が蒸留酒である。一般的には液体から蒸気を発生させ、これを冷却して凝縮させることが蒸留と呼ばれる。

蒸留を行うには専用の機械が必要で、アルコール蒸留のためにもいくつかの型式の「蒸留装置（蒸留機）」がある。もっとも簡単なのは単式蒸留機（ポット・スチル）である。これは発酵した醪《もろみ》を入れる蒸留釜（缶）、出てくるアルコール蒸気を冷却する凝縮器（冷却器）、この二つをつなぐ連結管とからなっている。蒸留釜にアルコールを含んだ醪を入れ、直火、あるいは蒸気で加熱すると液は沸騰する。この時出てくる蒸気はアルコールをはじめとして、いろいろな揮発成分を含んでいる。これが連結管を通って冷却器に入り、冷却され液化して留出してくる。釜にはアルコールなどを含まない固形物が残る。冷却器から出てくる液は、既述のようにアルコール以外のものが含まれており、これらが蒸留液の特有の香りを形作る。ウイスキーやブランデーがこの型の蒸留機を用いるのは、この香りを重視するためである。ただ、この蒸留機は、一度蒸留が終わると古いものを排出し、新しい醪を入れて過熱しなおすという手間がかかる。また、一度の蒸留では不十分で、二回蒸留しなければならない場合も少なくない。そうした欠点に対処するために開発されたのが精留装置を備えた連続式蒸留機である。これはいくつもの棚を積み重ねた複数の塔で構成されている。まず、アルコールを含んだ液（醪）は、この塔の一つに連続的に注入され、アルコールその他低沸点区分が分離されて次の塔に入る。こうして塔を通過している間にアルコールは濃縮され、また不純物はそれぞれ分離されてくる。求めるアルコールの純度によって塔の数は異なる。パテント・スチルは二本の塔（分離塔と精留塔）から構成される蒸留機で、グレーン・スピリッツにはこれを用いる。一八三〇年イーニアス・カフェが発明し、特許になったため Patent still というが、カフェ・スチル（Coffey still）ともいう。多塔式になるほど精留効果が高められる。日本の甲類焼酎は、ほとんど純粋に近いアルコールを望むため、塔の数は六〜七本と多く、精巧なスーパーアロスパス式蒸留機が使われる。一般に蒸留酒はアルコール分は高いが、エキス分は少ないのが普通で、その特異点は、原料のほかに蒸留装置のタイプによって現れてくる。ウイスキーやブランデー、焼酎乙類の特徴は、ポット・スチルを主体とした蒸留装置によるもので、ウオッカや焼酎甲類の特徴も精巧な連続式蒸留装置による。

白　酒　しろざけ

白濁した濃い酒。三月の桃の節句（雛祭り）に飲む酒として知られる。蒸し米、米麴を焼酎とともに仕込み、約一ケ月熟成させたもろみをすりつぶしてつくる。したがって固形物がそのまま残っている酒で、濾《こ》さないみりんと考えればよい。桃の節句を中心に二、三月に市場に出回る。アルコール分九%、エキス分四五%で、非常に甘くどろりとしている。

【沿革】すでに江戸時代には白酒は盛んに飲用されていたようだ。有職故実《ゆうそくこじつ》を解説した江戸時代の古文書『貞丈雑記』では、白酒が宮中で用いられていること、また、大嘗会《だいじょうえ》で使う白酒黒酒《しろきくろき》とはまったく別物であることが明記されている。さらに室町時代の古文書の中にも、白酒に関する記述が見られるものもある。いずれにせよ、江戸時代には大奥において、節句の供応酒として白酒が使われていた。また民衆も、この白く甘い濁り酒を楽しんでいたようだ。とくに神田鎌倉河岸（東京都千代田区）にあった酒店・豊島屋や芝新和泉町の四方屋が製造元としては知られていた。豊島屋などは例年二月末、白酒のみを特売する時期まで設けていたが、それでも門前に市が立つほどのにぎわいを呈し、年によっては一四〇〇樽あまりを売りつくしたこともあったという。なお、江戸時代、白酒は街中を荷い売りしたものらしく、白酒売について触れた長唄などもある。ちなみに、白酒を山川酒、山川白酒と呼ばれたこともあったが、これは京都油小路の白酒醸造元の酒店が命名したものであるとされる。

白　糠　しろぬか

玄米を精白したときに生ずる糠のうち、精米歩合が約七五％以下の糠。色が白いので、この名がある。主成分はデンプン。酒類の補助原料として用いられるほか、これを主原料として焼酎を造ったりもする。

白ぼけ　しろぼけ

透明なはずの酒類が、ときに白く曇ってしまう場合がある。これが白ぼけである。日本酒の場合の白ぼけは「蛋白混濁」であって、酒に溶けだした麹の酵素（一種の蛋白質）が変性・凝集して目に見えるようになったものである。→火落ち

ジ　ン　Gin

蒸留によってアルコールを造り、このアルコールで杜松《ねず》などの香料植物を抽出蒸留したアルコール。香料植物をどのように処理するかによって、いろいろな種類ができる。アルコール分は大体三七〜五〇％、おもにカクテルのベースに用いられ、その種類もきわめて多い。タイプによっては、ストレートでも飲用する。その原産地はオランダで、後にイギリスで盛んに造られている。この二国以外ではアメリカや日本でも造られている。なお、アクアビットはジンに似ているが、ネズの実を使わない。ジンは水を加えると白濁する場合がある。これは、ジンの香気となっている成分が水と反応して析出してくるためである。また、ジンの香気を形成する成分は酸化しやすく、放置すると香りが変わってきたり、苦味が出たりするので、長年熟成させることはできない。蒸留が終わったら、すぐびん詰するか、あるいはごく短い期間熟成させるだけである

【沿革】　一六世紀、オランダにはライ麦を原料とし

た蒸留酒はあった。一七世紀の中ごろ、オランダ・ライデン大学の医師・シルビウスが、熱病の治療薬をつくる目的で、利尿剤として知られた杜松の実をアルコールに漬け、精油をとり、これを蒸留した。これがジンの始まりとされる。シルビウスの酒は薬効があるのでジェネバ geniévre と名づけられ、ライデン市内の薬局で売り出された。その後、特有の芳香が人々の間に知られ、薬より酒としてオランダ全土に広がった。さらにイギリスではジンとして広まっていったのである。その後一七世紀末、オランダから迎えられてイギリスの王となったウィリアム三世は、ジンをイギリス国内に普及させるため、フランスから輸入されているワイン、ブランデーに重い関税を課す政策を展開。この保護政策によって、ジンはビールの地位を奪うほどの勢いでイギリス国内に広がっていった。ところが、ジンの強いアルコールによって社会風紀上、問題視されるほどにアルコール中毒者や酔漢が急増。困り果てたイギリス政府は一八世紀初頭、ジンの酒税を大きく引き上げるなどして、その輸入量を制限しようとした。ところが、ジンの味にすっかり魅せられていた民衆は、この政府の姿勢を強く批判。ついには暴動まで発生する始末となった。結局、イギリスはジンの輸入規制政策を緩和、一七五六年、ようやくジンをめぐる騒動は鎮静化した。その後、ジンは蒸留機の発達につれて、今日のロンドン・ジンのタイプになり、また一九世紀になってこのジンを主にしたカクテルが考案されたりした。そうして、ロンドン・ジンは世界各国へと広がっていったのである。一方、オランダにおけるジェネバは、旧来の方法を守りつつ、現在までその個性的な特徴を失わずに残っており、ロンドン・ジンほどではないにしても、人々を魅了し続けている。日本にジンが伝来したのは、一八世紀終わり。長崎がオランダとの貿易の中心地となったころである。有名なヘンドリック・ヅーフの『日本回想録』には、長崎奉行の目付けがオランダ人のためにジンの蒸留を行ったが、杜松の樹脂の臭気をとることができなかったといっている。また、一九世紀の文書には、オランダからジェネバに相当する酒が入ってきたことが記載されている。

【各種のジンの特徴】

(1)　オランダジン（ジェネバ）＝トウモロコシやライムギを使い、麦芽で糖化後、発酵させる。これを単式蒸留機で三回ほど蒸留し、精留する。この留液には、穀粒からくる特有の香味が残っている。留液は通常アルコール分が四五％内外になるように水を加えて薄め、これと杜松の実などの香料といっしょに蒸留して製造する。オランダジンは、発酵したもろみの蒸留に単式蒸留機を使っているため、原料の香りが残っており、これにジュニパーベリー（杜松の実）の香りが加わって複雑な香りを構成するから、ロンドンジンよりも香りが強く、味は重い。どちらかというとストレートで飲むものである。

(2)　ロンドンジン＝穀類を材料として発酵させた醪《もろみ》を連続蒸留機で蒸留し、不純物をほとんど含まない無臭のアルコールをつくる。この点がオランダジンと異なる。次に留液を六〇％程度に薄め、杜松の実などの香料植物を詰めたジンヘッドをもつ蒸留釜に入れて蒸留する。また、首の長いジン・スチルを用いてゆっくり蒸留する場合もある。初留と後留を除き、中留部の香りのよい部分を採取して製品とする。ロンドンジンはオランダジンに比べて香気が軽く、風味は爽快である。さまざまなカクテルのベースとして用いられる。

(3)　オールドトムジン＝ロンドンジンに一～二％の砂糖を加え、わずかに甘口にしたものである。その分、風味も穏やかになっている。このほか、甘味をつけたものには、ドライジンとオールドトムジンの中間ぐらいの味のプリマスジン、オレンジの香りのついたオレンジジン、レモンの香りのついたレモンジンなどがある。

(4)　アメリカジン＝アメリカの法律によれば、ジンの製造には、留液のアルコール分が九五％以上のニュートラルスピリッツを用いなければならない。そのためジン製造には、無色・無臭のアルコールが使用される。したがって香味はロンドンジンよりもさらに軽い。

(5) シュタインヘーガー＝ドイツ・ウェストファーレン地方のシュタインハーゲンでつくられる。ジェネバによく似ている。杜松の実は二〇％程度の糖分を含むので、これを発酵させて蒸留し、ほかのアルコールに加えて再蒸留し、中留分を製品とする。比較的香りの温和なタイプである。

(6) ドライジン＝甘くないジン。本来は、オールドトムジンに対抗して、甘くないロンドンジンをドライジンといっていた。しかし一般には、オランダジンやアメリカジンなどのなかでも、甘くないジンをドライジンと称している。

(7) スロー・ジン＝リキュールに似たジン。すももの実をジンに浸してこの香気を抽出、糖を加えたもの。

(8) オレンジ・ジン＝スロー・ジンと同様、オレンジを浸して造ったもの。

シングル・モルト・ウイスキー　Single Malt Whisky

モルト・ウイスキーのうち、同一蒸留所のモルト・ウイスキーだけを使った製品のこと。蒸留所の個性がはっきり現れる。

新式焼酎　しんしきしょうちゅう

焼酎甲類のこと。→焼酎

ジンジャ・エール　Ginger Ale

しょうがの色や香りをつけた発泡性の清涼飲料。イギリスやアメリカで好まれる。そのまま飲む場合もあれば、ジンやウイスキーに加えて飲む場合もある。作り方は、炭酸水に着色料を入れ、とうがらしの浸出液、あるいはしょうがのエッセンスを加え、それにブドウ糖か砂糖を加える。

新　酒　しんしゅ

古酒に対する言葉。その年に造った酒のこと。日本酒の場合、熟成が進んでいないため、麴からもたらされる特有の香り（麴バナ）がある。

浸漬 しんせき

原料を水につけ、吸水させること。日本酒の場合は、白米を洗って水を張った容器に適当な時間つけておく。米は浸漬されることによって米の重量の二五～三〇％相当の水分が吸収される。浸漬が十分でないと、蒸きょうによるでんぷんのα化が不十分で、酵素の作用を受けにくくなる。なおビールを造る際、大麦に吸水させる工程は浸麦《しんばく》と呼ばれる。この工程で十分に水を吸収させ、大麦を発芽させるのである。

す

スイス・ワイン Wine of Switzerland

スイスは小さな国でありながら、多くのワインが愛飲される国である。この小さな国は、国境がフランス、ドイツ、イタリアに接しているため、それぞれの地方で、隣接した国とよく似た酒が造られている。また、国全体としても高地が大部分で平地が少ないという地理的複雑さがあり、これがぶどうの品種の選定や栽培に影響を与えている。さらに国自体がぶどうの品種や酒の質に対する研究や指導にも力を入れていることから、スイス・ワインの評価は次第に高まっており、イギリスやアメリカなどのようにスイス・ワインを一定量輸入している国も見られる。一般にスイスのワインは若いものが主流で、一年以内にびん詰されるものがほとんどである。その味は、軽く新鮮で、きりっと引き締まった風味を持ち合わせたものが多い。最大の産地はフランス側に面した西部のボー、バレー、ヌーシャテルの三地区である。

(1) ボー＝レマン湖のほとりにあたる。ローザンヌの東と西にわたってぶどう園が開けている。そして、ここは例のローヌ川の上流にもあたる大生産地である。このうちラホフーはローザンヌの東地帯。シャスラー Chasselas 種のぶどうを用いた白がここの主力である。エーグル、ル・デザレーなどが著名な産地である。ラ・コートはローザンヌの西側の一帯。湖の北岸にあるゆるい傾斜を主に利用している。ここではほとんど白で、シャスラーとファンダン Fendant 種が用いられている。軽くて新鮮な酒質で、いわゆるカラフェ・ワイン Carafe Wine としてデキャンターを用いて飲む酒である。

(2)　ヌーシャテル＝ボーの北、同名の湖の北岸がおもなぶどうの産地である。白も赤も造られる。白がとくに有名で、シャスラーを原料とし、余り長く置かずに（約六ヶ月）、びん詰をしてしまうので、少し発泡性がある。コーティヨー Cortaillod は同名の村の付近で取れる薄い赤。色の点ではロゼ、あるいはウユー・ド・ペルドリ Oeil de Perdrix（黒色のぶどうから造ったワイン。薄いロゼともいえる）といってもよい。ぶどうはブルゴーニュのピノー・ノワールが用いられている。

(3)　バレー＝ローヌ川の上流の右岸、ボーの南側に位置する。乾燥した気候と暑い夏、そして穏やかな秋という、ワイン造りには理想的な気候に恵まれている。ワインの主な産地はモン・ブランの麓にあるマルテニーからはじまってシオン、シューレ、フィプス、そしてシンプロントンネルの北の端のブリークと、ローヌ川沿いに点在する。スイスでは最良の赤の産地である。ドール Dole は、この地域の最も優れた赤。ピノー・ノワールとガメーが原料である。快適な食卓酒で色は深く、アルコール分は高い。ファンダンを元に造る白ワインは、辛口で軽い。ヨハネスベルクは、シルバナーSylvaner 種からの白、レマン湖の東端付近で造られる。マルボァジィ Malvoisie は濃厚な食後酒、ピノー・グリ Pinot Gris 種のぶどうを、おそ摘みを行って糖度を上げ、ワイン中の糖量を増している。シュレーの近くでできるグラシア・ワイン Glacier Wine は、やや苦味のある白ワイン。アペリチフとして有名である。

(4)　チチーノ＝バレーの東、イタリアに近い州。アルプスの南にあり、イタリアのロンバディアと接し、マジョーレ湖が一部入り込んでいる。イタリア語が日用語である。ごく普通の赤の産地。メルローを原料としたもので、イタリアに近いけれどもボルドータイプの赤が生産される。

(5)　チューリッヒ＝同名の都市を中心とした州。スイスの東北端、北はドイツと接する。チューリッヒ湖の近くが主産地となる。最良のものはチューリッヒ市の南東、湖の北岸で産する。赤、白ともに存在する。赤はピノー・ノワールが原料だが、ここではクレヴナー Klevner と呼ばれている。白はラウシュリング Rau-schling（リースリングとは違う）とミュラー・トルガウ Müller-Thurgau を原料としたもので、良質の酒も少なくない。

(6)　シャフハウゼン＝スイス北端の同名の町を中心とした産地。クレヴナーを原料とした新鮮で快適なワインが生まれている。北のスタイン・アム・ライン、南のハラウは、シャフハウゼンとともに有数の産地である。

末垂れ　すえだれ

乙類焼酎を造る際の蒸留操作で、最後の方で留出してくる部分。アルコール分は五〜一五％。蒸留の熱によって副次的に生成するフルフラールが含まれる。フルフラールは僅か含まれる場合には味にコクと幅を与えるが、多いと焦げ臭（末垂れ臭ともいう）を与えたり味が重くなる。普通はこれを製品と別にし、精製して再留してから用いる。

杉樽（桶）　すぎだる（おけ）

日本酒醸造に用いる杉製の容器。吉野杉を最上とする樽は、容量で一斗（一八ℓ）くらいから四斗（七二ℓ）くらいまで、桶は、四斗以上三〇石（五・五kℓ）くらいまでのものが使われる。樽は販売の容器であり、桶は製造・貯蔵用の容器である。樽と桶との違いは鏡蓋の有無による。鏡蓋のあるものが樽である。樽の鏡蓋を割って蓋を開けることが鏡開きである。日本酒を桶や樽に入れておくと、杉材の色素が溶け出て酒も着色し、同時に樽材の成分が酒の成分と作用して化学変化が起こり、特殊な香り（木香）がつく。樽に入れて長く貯蔵すると、材壁を通して酸素の流入があり、きわめて緩慢な酸化作用が起こり、同時に熟成も進むとされる。

スコッチ・ウイスキー　Scotch Whisky

スコットランドで造られているウイスキーの総称。口当たりの柔らかさ、特有の煙臭、軽快さとコクを併せ持つ。アルコール分は四〇〜四五%。材料である大麦はすでにスコットランドやイギリス産のものばかりでなく、オーストラリアやカリフォルニアから輸入したものが用いられている（むしろ、この方が優れているとさえいわれる）。それでも本当のスコッチはスコットランド産の大麦と水、酵母が絶妙に結びつき、見事な風味を生んでいる。

そんなスコッチも、ほんの一世紀前まではスコットランド人のみが楽しむアルコール分の高い飲み物だったが、モルト・ウイスキーとグレーン・ウイスキーの調合が行われるようになって世界的な飲料として名声を得るようになった。調合しない単一のスコッチ・ウイスキーは、いまやスコットランドでもほんの少ししか見られないような状態である。むろん、いくら調合が巧みに行われても、味のベースはモルト・ウイスキーであることは変わらない。そして、例えば古びたポット・スチルの形がスコットランドのウイスキーに独特の風味を与えているという説があるとおり、スコットランドの蒸留業者は、科学より魔術に似た技術に依存しているようだ。ちなみにモルト・ウイスキーは、原料は大麦の麦芽のみ、蒸留は昔ながらのポット・スチルで行う。一方、グレーン・ウイスキーは麦芽のほか穀類がまじり、蒸留はパテント・スチルを用いる。風味からいうとモルト・ウイスキーは特有の煙臭があり、重みがあるが、グレーンウイスキーは軽い。既述したとおり、この二つのウイスキーを掛け合わせたものが今日のスコッチ・ウイスキーの主流である。現在、スコットランドには一一〇余りのモルトウイスキー蒸留所がある。地域的にはハイランド、アイレ、キャンベルタウン、ローランドの四つに大別されるが、ハイランドをさらに細分するとイースタン、スペイサイド、グレンリベット、ノーザン、パースシャー、アイランドの六地区となる。これに対しグレンウイスキーはほとんどローランドでつくられるが、連続式蒸留機を使用するので、一〇余りの蒸留所で全モルトウイスキーの一・五倍ほどのグレンウイスキーを生産できる。

【製造法】モルト・ウイスキーの醸造は、まず麦芽の製造からはじまる。大麦は選別されて浸麦槽に漬けられ十分水を吸った後、コンクリートの床に広げられる。二～三日で発芽がみられ、五日ぐらいそのままに置かれる。続いて発芽した大麦を、ピートを焚いている炉の上で乾燥させる。この際、スコッチ特有の煙臭Smoky Flavorがつくのである。麦芽ができると次は糖化の工程である。温水と麦芽を混ぜて四五～六〇度Cで数時間置くと、麦芽中のでん粉は糖化され、タンパク質は分解される。これを濾過して得られるものが麦汁である。麦汁は冷やした後に酵母を加え、アルコール分が六～八％になるよう発酵させる。この液を銅製のポット・スチルで蒸留し、アルコール分を全部回収した粗留液を得る。この留液をもう一度ポット・スチルで蒸留する。この時、最初と最後に蒸留される部分と、中ほどに蒸留される部分を別に区別。中ほどに蒸留される部分はアルコール分が六〇～七〇％になるよう加水した上で楢樽に貯蔵する。一方、最初と最後に蒸留される部分は次の粗留液にまぜ、再び蒸留される。貯蔵期間はイギリスでは最低三年くらいと決められており、用いる樽はシェリーの貯蔵に使った古樽が好まれる。貯蔵中、樽材から溶け出した成分や、樽を通して入ってくる空気中の酸素、あるいは樽内から外への発散などによって複雑で微妙な変化を遂げ、香味は丸くなる。これが熟成である。熟成期間は長いほどいいというが、通常は一〇年ほどである。ちなみにモルト・ウイスキーは、麦芽のみを使用し、簡単なポット・スチルで蒸留することから、特有の煙臭が高く、重く濃厚な風味があるウイスキーである。そして、麦芽（モルト）のタイプで次の四タイプに区分される。

(1)　ハイランド・モルトHighland Malts＝スコットランドの東の都市・ダンディからグリーンノッ

クに至る線より、北の山岳地帯で造られたもの。

(2) ローランド・モルト Lowland Malts＝スコットランドの東の都市・ダンディからグリーンノックに至る線より南で造られたもの。

(3) アイレー・モルト Islay Malts＝アイレー島産のもの。この島は東経五六度、北緯六度の線が交わる付近、スコットランドのやや西南、グラスゴーからいうと真南にあたる島である

(4) キャンベルタウン・モルト Campbeltown Malts＝キンタイア半島（スコットランドの西南側、アイルランドとの間にノース海峡を隔てている）・キャンベルタウン産のモルト。

これに対してグレーン・ウイスキーは、糖化の際、麦芽のほかにとうもろこし、ライ麦などの穀類の蒸煮したものを加える。糖化が終われば普通のように発酵させる。蒸留はモルト・ウイスキーと異なり、パテント・スチルを用いるので製品は原料特有の香味が薄くなってしまい、中性アルコールに近い存在となる。グレーン・ウイスキーもモルトと同じように蒸留後は加水して樽貯蔵する。貯蔵期間中の変化もモルトと同様で、味も次第に丸みを帯びてくる。スコッチの味の秘密は調合 Blending にあるとされる通り、モルトとグレーンをどのようにまぜるかが一つの鍵である。モルトは蒸留が簡単なだけに製品によって香味が異なっている。これらモルト同士の調合や、グレーンを混和する割合などは、いずれもブレンダーと呼ばれる職人の腕一つに任された仕事であり、醸造所ごとの秘密である。おそらく型や熟成年数の異なった数十の種類を調合するのであろう。こうして各々の欠点が消えて、新しい長所が生まれるのである。調合が終わったものは、さらにもう一度樽で寝かせ、一定期間後、加水や濾過などの操作を行ってびん詰めされ出荷されることになる。

【歴史】正確にはわからないが、かなり古い時代から蒸留技術を持ち、ウイスキーを造っていたアイルランドから、その技術が渡ってきたものと考えられる。一説では一一七一年にアイルランドに侵入したヘンリー二世が、穀類からスピリッツを造る様子を

見て、その技術をスコットランドに伝えたとも言われている。その後、長い間、スコットランドのウイスキーは、自分の楽しみのために造るだけのものであった。スコッチが商品としてイングランドにも出回りはじめたのは一七〜一八世紀ごろである。しかし、一六世紀ごろからイギリスはウイスキーに対して重税を掛けていた。その重税があまりに厳しかったことから、逆に密造が急増することになる。加えてスコットランドには、スコッチの密造に〝イングランドの圧制に反抗する象徴的行為〟という意味合いを感じる人も多く、非合法のスコッチは一九世紀初めまでは増加する一方だったという。これに対して政府は何度も税制を改正するなどの対策を講じたが、それでも密造を防止することはできなかった。もっとも、そんな醸造業者の政府との〝戦い〟こそが現在のスコッチのスタイルを生み出したという見解もある。例えば、あえて原始的な方法で麦芽を造り、粗悪な燃料（泥炭）を使うスコッチの製造法は、密造に通じるものがある。そもそも、熟成の効能自体、役人の目を逃れるために隠匿した結果、発見されたという説もあるのだ。そんな政府とスコッチ醸造業者の確執が終わりを迎えたのは一九世紀に入ってからであった。一八二四年、グレンリベットに住むジョージ・スミスという農民が、いままで持っていた秘密の蒸留場を大規模な施設に建て直すと同時に、政府から免許を得て合法的な醸造を開始したのである。その後、密造のスコッチは次第に減り始め、現在に至る。

スコッチにとって密造と同時に忘れてはならないのがパテント・スチルの発明である。まず一八二六年、ロバート・スティンがグレーン・ウイスキーの迅速蒸留法を開発。続いて一八三〇年、イーニアス・コフィーが連続式蒸留機を発明した。このコフィー・タイプこそが今日のパテント・スチルの起こりとなったのである。コフィー・タイプの連続式蒸留機は、蒸留の過程で、ある程度不純物を分離してあるため、個性が少ない中性アルコールが得られる。しかし、その一方で早く大量に、そして安価にスピリッツを得ることができるという利点もあった。何より特筆すべきは、コフィーの連続式蒸留機は、麦芽以外の穀物を使用するグレーン・ウイスキーを造ることもできるという点である。そして、やや淡白な風味をもったグレーンウイスキーが生み出されたことを受け、グレーンと濃厚で個性的なモルト・ウイスキーを掛け合わせたブレンディッド・ウイスキーが造られるようになった。この新商品こそが、スコッチが世界的銘酒としての地位を築くための原動力となったのである。実際、一九世紀後半に入るとスコットランドの蒸留業者たちも、在来のモルトに固執せず、ブレンディッド・ウイスキーを積極的に生産するようになった。この時期、イングランドの蒸留業者は糖蜜を含め、さまざまな原料を用いて蒸留を行っており、市場には安いアルコールが広く出回っていた。このような難局に対応するため、そして需要に応じられる安定した量のグレーン・アルコールを生産するため、一八七七年、ローランドの六つのパテント・スチルの蒸留業者は合同で大規模な蒸留会社 The Distillers Company Limited（D・C・L一種のコンツェルン）を設立している。このように、市場や生産現場の主流はモルト・ウイスキーからブレンディッド・ウイスキーへと変換しつつあったが、その一方でパテント・スチルによって造るウイスキーや、既述の安価な原料を用いたウイスキーは許すべきではないとする保守派の意見も根強く、ときには〝ウイスキーとは何か〟という議論が巻き起こったりもした。イギリス政府もこの点を憂慮し、とくに委員会を設けてウイスキー問題を検討したりもしている。そして一九〇八年、政府は次のような定義を決定し、この議論を沈静化させた。それによると「ウイスキーとは、麦芽のジアスターゼによって糖化された穀類の醪《もろみ》から蒸留して得られたスピリッツである。そしてスコッチウイスキーは、先の定義のものをスコットランドで蒸留したもの。一方、アイリッシュ・ウイスキーはアイルランドで蒸留されたものをいう」と定められている。なお、この定義では Whsikey というスペルはアイリッシュとアメリカン・ウイスキーのみに用いられるものとも定めていた。

こうしてウイスキーの定義が明らかになったことで、モルトとグレーンをブレンドしたスコッチの需要もますます高まり、二〇世紀になると、スコッチが世界中の市場を席巻、大英帝国にとっても最重要の輸出品となった。先に述べたD・C・Lも着々と社勢を強め、ついにはアメリカまで進出。現在では世界でももっとも大きな蒸留業者にまで成長した。また、スコットランドにはブレンディッド・モルト・ウイスキーの業者として有名な五つの蒸留業者がある。最も古いのがジョン・ヘーグ John Haig（Haig and Haig）であり、次がデュワー（Dewar）のホワイト・ラベル White Label、ジョニー・ウォーカー Johnnie Walkers、ブキャナン Buchanan (Black and White)、ホワイトホース White Horse と五つの名前が挙げられる。これらの業者のうち、もちろんD・C・Lに加盟しているもの（ヘーグ）もあるし、そうでないものもあり、D・C・Lの生産力が約六〇％に及んでいるものの、このコンツェルンの及ばない範囲もあるようだ。それが伝統的なスコッチの特徴でもある。

スコッチの歴史には、もう一つ欠かせない話がある。それは一九世紀初頭のアルコール分の正しい測定のことである。古い時代からのアルコール分の測定は、火薬とウイスキーを混和して点火するかどうかをみたり、びんに酒を入れて振ってみて泡の出方から判断したりと、はなはだ不正確であった。それが解消されるのは一八一八年、ビー・スライクスが正確な比重計を開発したときであった。現在、五一度Fにおけるアルコールの容量（％）で五七・一をプルーフ・スピリットとし、これよりアルコール分の多いものをオーバー・プルーフ Over Proof (o.p)、少ないものはアンダー・プルーフ Under Proof (u.p) と呼んでいる。

スコッチエール Scotch Ale

スコットランド特産のエール。最近では淡色のものや中等色のものもある。ホップの香りは弱く、非常にモルティでアルコール度数も高い。上面発酵で濃色。

スコティッシュ・エール　Scottish Ale

色が濃く苦味が少ないエール。淡色のモルトに濃色のモルトやブラウンシュガーなどを少々混ぜて造ることが多い。また、通常のエールよりも少々低めの温度で、多少長い期間をかけて発酵させるのも特徴。また、スコッチウイスキーに使う麦芽のように、麦芽を燻製のように処理したものを使う場合もある。

スタイン・ワイン　Stein Wine

ドイツ・ヴュルツブルクの町でできるワイン。マイン川を見下ろす急な斜面で栽培されるリースリング Riesling とシルバナー Sylvaner 種から造られる。すぐれたスタイン・ワインは辛口でコクがあり、よく調和の取れたすばらしい品質を誇る。また、この名はドイツのヴュルツブルクを含む地域、フランケン地方のワインで、昔からのボックスボイテル Bocksbeutel と名づけられる平たい袋型のびんに詰められたワインをいう場合もある。

スタウト　Stout

イギリスビールの一つの型。濃色ビール。麦芽は黒く焦がしたものを用い、酵母は上面発酵酵母を使う。クリーム状の泡立ちと強い苦味、濃厚な味が特徴。アルコール分は六％前後。

ストレート　Straight

ウイスキーやブランデーなどのうち、他のものを混ぜない生のままのもの。または、そのまま飲むスタイルを指す。

ストレート・ウイスキー　Straight Whiskey

① アメリカ国内において、一六〇度プルーフ（八〇％）以下で蒸留されたウイスキー。少なくとも二年間は内部を焦がした新しい樫の樽に貯蔵されなければならない。ストレート・コーン・ウイスキーは、古くて内部を焦がしていない樽に貯蔵されることもある。普通、市場にあるストレート・ウイスキーは、ストレート・バーボン、ストレート・ライである。

② 水で割らずにそのまま飲むウイスキーのこと。

スノー・スタイル　Snow Style

カクテルグラスやシャンパン・グラスの縁をレモン汁で湿らせ、そこに砂糖を付着させたスタイル。シュガーフロストともいう。日本だけのカクテル用語である。

スパークリング・ワイン　Sparkling Wine

炭酸ガスを含む、発泡性のワイン。広義では、シャンパンもこの中に入る。ただ、現行の法律には「シャンパン」という項目があることから、狭義ではシャンパン以外の発泡性ぶどう酒がスパークリング・ワインということになる。フランスでは、バン・ムースVin Mousseuxと呼んでいるものが、相当する。製造法は、シャンパンのようにびん内発酵法を取るもの、タンクで密閉発酵してからびん詰めするもの、人工的に炭酸ガスを注入するもの、さまざまである。ドイツの発泡性ワインはゼクトと呼ばれる。

スパニッシュ・ワイン　Spanish Wine

スペインはフランス・イタリアに次ぐワインの大産地である。事実、国土の一〇％近くがぶどう園で、年間の生産量も五八〇万kl（一九九九年）に達する。なかでもシェリーはよく知られているが、それ以外にも多種多様なワインが造られている。スペインの大半はメセタ Mesetaと呼ばれる高原で、その周囲には標高三〇〇〇mに及ぶ山脈が連なる。気候は、夏は酷暑、冬は厳寒という大陸性気候である。しかし、地中海に面した地帯やその周辺は、穏やかな地中海性気候である。そのため、ぶどうの産地も地中海に面した地方やその周辺の地域に集中している。とくにニューカスチリャ、ムルシア、カタルニアなどが主な産地である。なかでもリオハやナバラ、そしてシェリーが造られる西アンダルシアなどの産地は世界的にも名高い。スペインのぶどう酒は、シェリーを除いては気軽に飲めるタイプが多く、赤、白、ピンク、発泡酒などがある。また、この国は原産地呼称の法律 Denominación de Origen があり、これの適用を受ける地区が定められてある。なかでもシェリーは最も厳重な規制を受けているワインといえるだろう。リハオはこれに次いでいる。

【歴史】 スペインのアンダルシアのぶどう栽培は古く、紀元前一一〇〇年フェニキア人が東から運んできたぶどうを植えたのが始まりとされる。その後、ギリシア人、続いてローマ人が入ってワイン産業を大いに発展させた。当時、スペインで生産されるワインは、ローマ人の需要を十分に満たせていたという。ローマが倒れた後、ぶどう園は荒廃した。その後イベリア半島はイスラム勢力の手に落ちたが、キリスト教勢力によるイベリア半島奪還が進むにつれ、ぶどう園の復興も進んだ。一四世紀にはイギリスやフランス、あるいは北欧でもスパニッシュ・ワインの存在は知られるようになった。さらに世界中のワイン醸造家を襲ったフィロクセラによる被害も少なかったことから、その生産量や輸出量はますます拡大していった。ところが一九三〇年代に入り、フランスの貿易政策転換などが災いして生産過剰の状態を招いた。さらにスペインの内乱や長年続いた干ばつによってぶどう園は荒廃。病害の横行も追い討ちとなり、スペインのワイン醸造業は一九五〇年代初頭まで低迷し続けたのである。一九五〇年代から一九六〇年代にかけては、内戦によって疲弊した農業を立て直すため、各地に協同組合が作られ、旺盛な需要を満たすための大量供給を目指した生産体制が整い始める。さらに一九七〇年代、スペインが半鎖国状態から抜け出したことによって、ワイン産業は量から質を重視する方向に大きく転換した。その結果、一九八〇年代、一九九〇年代に入るとそれまで無名だったプリオラートやリアス・バイシャス、日常ワイン生産地のラ・マンチャなど各地のワイン産地に素晴らしいワインが誕生し、一躍世界の注目を集めるようになった。二一世紀に入った現在、新たな醸造学を学んだ世代が、スーパースパニッシュと呼ばれるワインを次々と生み出しており、スペインのワイン業界は黄金期を迎えつつあるといってよい。

【原産地呼称統制】 一九七〇年代、スペインでは「ぶどう畑、ワインおよびアルコールに関する法令」が施行。同法に基づき原産地呼称庁（INDOの略称。

のちに品質呼称局と改名）が設立、原産地呼称（DO:Denominación de Origen）を名乗るために満たすべき条件が決まった。そして同局管理のもと、定められた規制を管理・運営する原産地呼称統制委員会（Consejo Regulador）が各原産地に設置されたのである。品質呼称局はそれぞれの原産地に対して、ぶどう栽培面積、地域の境界限定、栽培ぶどう品種、植樹密度、収穫量、かんがいの規制などを定めるほか、ワインについては収量、醸造法、タイプによる使用ぶどう品種、アルコール度数、総亜硫酸量、揮発酸度、官能試飲検査などを定めている。二〇〇二年現在、全国に五八の統制委員会が設置されている。また、スパニッシュ・ワインは、四つのカテゴリーに分類される。①デノミナシオン・デ・オリヘン・カリフィカーダ［特選原産地呼称ワイン：Denominación de Origen Calificada］。INDOが非常に厳しい生産基準を設けている地域で産出されたワインで、最高の品質を誇る。二〇〇二年現在、特選原産地呼称ワインに指定されているのはリオハだけである。②デノミナシオン・デ・オリヘン［原産地呼称ワイン：Denominación de Origen］統制委員会が設置された地域において、地域内で栽培された認可品種のぶどうを原料として、厳しい基準を満たして生産されたワイン。③ビノ・デ・ラ・ティエラ［Vino de la Tierra］認定地域外で産出したぶどうを使用した、その産地の特性をもつワイン。フランスのヴァン・ド・ペイやイタリアのIGTなどが相当する。④ビノ・デ・メサ［Vino de Mesa］テーブルワインのこと。また認定地域外で栽培されたぶどうを使用、あるいは醸造所が域外にある、また異なる地域のワインをブレンドしたワインも指す。

【産地】栽培面積は約一一八万haと、世界一を誇る。国土のほとんどすべてでワイン醸造が行われている。主な生産地は、エブロ川流域、カタルーニャ地方、アンダルシア地方だが、それ以外でもラ・マンチャ地方やバレンシア市周辺、マドリッド市周辺などに、優れたワインを生み出す産地がある。

エブロ川上・中流域＝スペイン北部のリオハが生

産の中心。赤ワインが全生産量の約四分の三を占める。長期熟成されるものが多く、なかには一〇年以上熟成されることもある。

カタルーニャ地方＝フランスに隣接し、地中海に面したカタロニア州のエブロ川下流沿いに広がる。ペネデス地区は「カヴァ（発泡性ワイン）」の産地として有名。なお「カヴァ」は特別地域指定のD《ディー》・O《オー》（原産地名称ワイン）でなく、製法指定のD《ディー》・O《オー》である。「赤のリオハ」に対し「白のペネデス」といわれている。

アンダルシア地方＝地中海に面するスペインの最南端。ほとんどが酒精強化ワインで、とくにヘレス・デ・ラ・フロンテラを中心とした地域は、酒精強化ワインの代表・シェリーの発祥地として、あまりにも有名。

隅田川諸白　すみだがわもろはく

古語。隅田川の水を使って造った諸白の酒のこと。江戸時代、浅草周辺で醸造されていた。明治時代（一九〇〇）の『俚《り》諺《げん》集覧』には「隅田川諸白、浅草並木町山屋半三郎隅田川の水を以って元を造る…」とある。江戸の名店を紹介した古文書にも隅田川諸白と山屋半三郎の名があることから、この山屋が一手に生産・販売を行っていたと思われる。

スモーキー・フレーバー　→煙《けむり》臭《しゅう》

豆淋酒　ずりんしゅ

古い時代の豆の酒。黒豆三〇〇gを煎《い》って半分ほど焦がし、日本酒一リットルに一時間ほど浸して、カスを濾《こ》して造る。『本草綱目』では、中風や腹痛、あるいは、産後の女性の関節痛や筋肉痛などに薬効が期待できるとしている。

スロージン　Sloe Gin

ジンを用いて、スロー・ベリーSloe Berry（すもも）の香味をつけた一種のリキュール。

せ

清酒　せいしゅ

別名は日本酒。わが国の伝統的な国民飲料であり、「お酒」といえば、一般的には清酒のことを指す。米と米麹、水を主な原料とし、これを発酵させて、ろ過した澄んだ酒で、アルコール分は一五〜一六%、エキス分は二〜四度、酸度一・二〜二・〇。酒としてはソフトなタイプに分類される。米麹と酵母に由来する特有の香味があり、無色透明から淡黄色をしている。同様に米を用いた中国の紹興酒とは、かびの種類や熟度の点で違いがある。果物を使った酒の中にあえて似たタイプを求めるなら白ワイン、長期熟成清酒はシェリーに近いとも言われる。

【定義と性格】法律上は、米と米麹と水とを原料として発酵させてこした酒である。これらの材料にぶどう糖や水飴、有機酸、アミノ酸塩、清酒、焼酎、その他アルコール類などを加えた酒も、清酒とみなされる。また、米以外に麦や粟、とうもろこし、こうりゃん、きび、ひえ、でん粉や、これらの材料を使った麹を原料の一部に使って醸造することも認められてはいるが、こうした雑穀が清酒の材料となることは、現在ほとんどない。ちなみに、醸造過程で焼酎などのアルコールを加える方法を「アルコール添加法」、アルコールだけでなくぶどう糖や調味料を加える方法は「増醸法」といわれる。いずれも第二次世界大戦中以降、米が不足した時代に発展した方法で、いわば混成酒的製法といえるだろう。これらの方法は原料米が十分にいきわたるようになった後も、さらりとしたタイプの酒を仕上げる方法として、あるいは甘味を調整する方法として活用されている。

【風味】清酒にはさまざまのタイプがある。もっとも一般的なのは甘口、辛口の別である。多酸酒は酸味の強い酒をいう。赤い酒は、モナスクスという真紅の色素を生成するカビで米麹をつくり、これでつくった酒。また、赤色色素を生成する酵母を用いて醸造するピンク色の清酒は濁り酒の方が色が映えて見栄えがよく、雛祭り向けに市販される。活性清酒は濁り酒ともいい、もろみを荒漉《あらご》しし、滓《おり》や発酵ガスの入ったままの酒。冷用酒（冷酒）は夏季に冷やして飲む淡麗型（吟醸型）の清酒。冷蔵庫に入れ、あるいはオンザロックで飲む。生酒《なまざけ》はもろみを搾って無菌濾過し、火入れをしない酒で、発酵香が高い。生《なま》貯蔵酒は生酒を低温貯蔵しておき、瓶詰のおりに瞬間殺菌して生酒の風味を残した清酒。貴醸酒《きじょうしゅ》は、仕込み水のかわりに清酒で仕込んだ清酒。

【製造法】清酒は本来米を原料にした醸造酒であって、その工程は「麹造り」「酛《もと》造り」「醪《もろみ》造り」、そして最後に圧搾し商品化する「製成」という四つに大別される。まず精白した米を蒸してこれに少量の種麹を加えて米麹を造る。この米麹に蒸した白米、つまり蒸米と水を加え、純粋に培養した清酒酵母を添加して酒母（酛）を造る。つぎの醪造りでは、酒母に大量の蒸米と麹、水を三回にわけて加える「三段仕込み」によって、糖化とアルコール発酵を同時に進めていく（もろみ工程）。アルコール添加や増醸はこの末期に行われる。醪造りが終わった後、これを槽《ふね》と呼ばれる圧搾機にかけて搾り、液体部分と固体部分を分離させる。液の部分が新酒である。この段階ではまだ濁りが残っていることから、滓引き、ろ過によってより澄んだ状態にし、さらに加熱（火入れ）によって殺菌し、清酒は完成する。その後、成分を調整するために各タンクの酒を調合したり、加水してアルコール度数を均一にする。清酒造りの特徴の一つとして、酒母や醪の発酵を低温で行う関係上、晩秋から冬にかけてのもっとも寒冷な時期に盛んに行われるという点が上げられる（寒造り）。もっとも、近年は人工的に低温環境を作り上げ、その中で年間を通じて酒造りをする大手製造業者も見られる（四季醸造）。

【水と米】清酒の味を左右するのは水と米である。水については燐酸やカリウム、クロール、カルシウム、マグネシウムなどを適量含むことが必要となる。

一方、米は、普通、日本国内産の水稲粳米《うるち》が使われる。なかでもとくに大粒で軟質の米が歓迎される。こうした性質がはっきり現れた米は、酒造好適米とも言われる。

【歴史】『記紀』によれば、わが国の酒の技術は、五世紀初頭、中国から百済をへて伝わったというが、この時期の中国の史書に記録されている酒造技術は日本式のそれとは異なっており、記紀の記述をそのまま鵜呑みにするわけにはいかない。坂口謹一郎博士は、酒に限って言えば、わが国には古くから独自の技術があり、これに外来の技法を取り入れて改良したと考えるのが妥当であるとしている。事実、『後漢書東夷伝』には「人性酒を嗜む」とある。その酒が米の酒か、雑穀を材料とした酒か、あるいは果物などから造った酒かははっきりしないが、大和朝廷が力をつけ始めたころには、米を使った酒があったことは、ほぼ間違いないだろう。より古い時代には口で雑穀を噛んで唾液を含ませることで雑穀のでん粉を糖化させる「口噛《くちか》み」の方法があったことも『大隅国風土記』などの記録からわかっている。しかし『記紀』によれば、すでに神功皇后の時代、待酒（まちざけ）を醸《かも》して皇太子（応神天皇）に献じたという記録もある。そして、この「醸す」という言葉自体、米にカビが生じる事象（つまり、米が発酵して麹のようになる現象）を「かむたち」と呼んでいたことがなまって生まれたものではないかと考えられてもいる。つまり、大和朝廷が全国への影響力を持ち始めた時期、米と麹を使った清酒の原型が普及しはじめたと推測されるのである。もっとも、この時期の酒は『万葉集』の「験なき物思わずは一杯の濁れる酒を飲むべくあるらし」という歌にもあるように、単に固形物を取り除いただけの濁酒状の酒であったようだ。律令制度が整った飛鳥・奈良時代になると、朝廷内には造酒司《さけのつかさ》という組織が置かれ、造酒正《さけのかみ》などといった酒造りに関する専門の役人も登場した。また「黒酒・白酒」が新嘗会の神酒として造られたこと、これらの酒よりもっと高級な技術を使った醴酒や濃厚酒、甘口酒、再製酒などを造る方法、さらには醪《もろみ》を搾って澄んだ酒を得る技術が存在したことも『延喜式』などに記録されている。これらの醸造法は百済を通して中国大陸から伝わった技術を活用し生まれたものであると予想される。ただ、麴の造り方など、わが国独自の技術も多い点は興味深い。この時代、朝廷では儀式用の酒が多く造られたのに対し、民衆に対しては飲酒を戒める布告が多く出された。孝謙天皇の時代の七五〇年には、民間の宴集乱酔を戒めた上で、神祭など以外での飲酒を禁止している。それでも平安時代に入った八四九年、加賀国加賀郡に掲げられた牓示札には「禁制田夫任意喫魚酒状（農民は好き勝手に魚や酒を飲み食べてはいけない）」「禁制邑之内故喫酔酒及戯逸百姓状（庶民は村の中で過ちを犯すほどに乱酔してはならない）」という条文があることからすると、国の禁令の一方で古代の民衆は自ら酒を造り、そして楽しんでいたことがわかる。時代が平安から鎌倉、室町と下るに従い、朝廷内で行われていた酒造りは、神社や寺社の手に移っていった。酒が宗教上の儀式と不可欠な存在であることや、医療に用いられることなどもあげられるが、当時の寺院では、荘園から多量の献納米が入ったことと、知識・技術の集積があったことを考えれば、当然の帰結である。当時の酒造りの詳細は、奈良興福寺の塔頭、多門院の僧英俊らによる、一四七八〜一六一八年にわたって書かれた多門院日記によって知ることができる。ヨーロッパでも僧院が古くから酒造りに取り組んでいたことと共通している。その一方で、商業の発達にともない商品としての酒も登場するようになった。具体的には「座」などの組織に酒造権が与えられ、民間での酒造りが始まったのである。事実、幕府のあった鎌倉では民間酒壷の数は三万七〇〇〇余りに達していたし、そのほか、奈良や京都などにも数多くの酒造家が存在していた。あまりに民間酒造業者が急増したことから、鎌倉幕府や朝廷は盛んに禁酒令を出したが、それでも民衆の酒造りへの情熱は醒《さ》めなかった。結局、鎌倉時代末期から南北朝時代にかけて、為政者たちも民間の酒屋の存在を認めざるを得なくなった。さらに室町時代に入ると、支配層は財源確保のため酒造業者に対して税を課すのが当たり前となった。室町時代、酒造業は全国各地に一気に拡大していく。京都では三〇〇軒余りの酒屋があったほか、摂津、筑前博多、加賀宮越、伊豆江川などでも酒が造られたことが知られる。ただ、京都・奈良以外のものは「田舎酒」として、やや軽く見られる傾向があったようだ。さらに河内天野山金剛寺や大和の菩提山寺、中川寺、近江の百済寺などは積極的に酒を造り、民間に劣らない勢いで酒を販売していた。奈良の興福寺に至っては民間の酒造業者と連携し、酒屋から壷銭を収納していたほどである。ちなみに中世の酒造法については、小野晃嗣教授は麴と米と水とを二回に別けて仕込むなど、今の三段仕込みに近い形をとっていたこと、乳酸菌を応用したり火入れ殺菌を実施したりするなど、室町時代にはあらゆる意味で現在の清酒造りの雛形といえるものがすでに整っていたと指摘している。さらに商業が発達した安土桃山時代、富田や堺などの田舎酒が地域の経済に支えられて次第に発展し、京都や奈良にも出回るようになってきた。当時、酒の大量生産に貢献したのは、一〇石～一六石（二・八～二・八八㎘）の大型木桶の製造技術の普及（一五八二年頃）であり、それまでの瓶仕込みの限界を大きくぬりかえた。江戸期には、世界的な大都会・江戸が誕生したことで酒の需要も拡大し、新たな酒の大産地も登場した。まず、江戸時代前半には優れた用水と交通の便に恵まれた大坂に程近い池田で酒造業が発達。京都・奈良のやや甘口の酒に対し、辛口の酒としてもてはやされた。しかし、池田酒は宝暦・明和（一七五一～七二）にかけて勢いを失い、かわって伊丹、灘五郷といった関西でも海岸沿いの酒が発達していった。この交代劇には、経済的な背景にくわえ、池田の酒に比べてより男性的な風味を持ち合わせた灘の酒が大衆に受け入れられるようになったという流行の変化も影響しているという。灘酒は、摂津の灘目を中心に発展し、安永・天明（一七七二～一七八九）の時代には、江戸積摂津一二郷の組織があったとされる。灘目三郷はこのうち今津郷、上灘郷、下灘郷で、上灘を東・中・西に別けると灘五郷になるわけである。江戸時代後期以降、灘は日本の酒造の中心地として栄えた。ちなみに忘れてはならないのが、灘の繁栄は丹波篠山を中心とする丹波杜氏と深く関わっているという点だろう。丹波篠山を中心とする杜氏集団は、藩の政策もあって常に灘へ良質の労働力を提供し続けていたのである。ところで江戸時代の酒造法は、造りは諸白、仕込みは三段掛けと現在とほぼ変わらない方法をとっていた。さらに、江戸時代も初めのころは彼岸酒・間酒・寒前酒・寒造りと季節を問わずに酒を造っていた。ところが次第に寒造りがもっとも優れた製品を生み出すことが明らかになり、寛文一〇年（一六七〇）には、幕府が秋彼岸以前の酒造を禁止することを政策として発表。こうして江戸時代中期には〝諸白寒造り〟という現代の清酒造りに直結する醸造法が全国に普及したのである。こうした清酒の醸造法は明治維新以降、来日した外国人の研究者をしばしば驚かせた。例えば明治

伊丹の酒造り（『山海名産図会』）

初年に来日したドイツ人のコルシェルトやイギリス人のアトキンソンは、日本酒特有の火入れがパスツールの殺菌法よりもっと古い時代に行われていたことに着目し、母国へ報告している。また、開国後に輸入された西欧の科学技術で清酒を分析しなおそうという動きも起こった。明治三七年（一九〇四）、東京都王子に国立醸造試験所が開設されたのはそんな動きの現れの一つである。同研究所は平成一三年、独立法人酒類総合研究所と組織改変し、現在も活動を続けている。一方、明治政府は明治四年（一八七一）、太政官布告をもって酒屋株を取りやめて、酒鑑札を下付。免許税と営業税を課するという制度に改めた。その後、明治二九年（一八九六）には総合的な酒税法が作られている。なお、消費量については明治時代には一万近い業者があり、七二万㎘がつくられ、大正八年（一九一九）には約一〇六万㎘を記録している。第二次世界大戦中には、清酒生産も統制を受け、終戦直後には約一〇万㎘まで落ち込んだ。戦後、経済の復興とともに生産量も急速に回復し、昭和三〇年（一九五五）に年間消費量約四八万㎘、昭和四〇年には約一二〇万㎘となった。さらに昭和五〇年（一九七五）には最高の一六七万㎘を記録した。以後消費量は停滞・減少傾向で、平成八年（一九九八）の消費量は一二〇万㎘台となっている。消費が伸び悩む第一の理由には、ビールやウイスキー、ワインといった他の酒類が普及し、市場が奪われていったこと、そして最近、二〜三〇代の若年層でアルコール離れが進んでいることなどが挙げられる。

精米　せいまい

玄米の糠《ぬか》や胚芽《はいが》の部分を取り除き、白米を得ること。精白ともいう。なお、精米歩合とは白米の重量／玄米の重量のこと。この数値が小さいほど、白い米であることになる。普通、日本酒用の米は七五〜六〇％である。

精溜　せいりゅう

発酵した醪《もろみ》を蒸留器で蒸留する際、アルコール以外の不純物をできるだけ取り除き、度数の高い製品を得るような装置で蒸留すること。精溜によって無臭で高い度数のアルコールが得られる。

ゼクト　Sekt

発泡性ワインを、ドイツではこのように呼ぶ。シャンパンと同様の方法で造られたものでも、人工的にガスを加えたものでもゼクトと呼んでいる。

セラー　Cellar

ワインを貯蔵する地下倉のこと。

洗米　せんまい

米とぎのこと。白米の表面に残っている糠などを水で洗い去る。酒造場の洗米は洗米機という機械で行う。

そ

増醸　ぞうじょう

日本酒の製造法のひとつ。日本酒の醪《もろみ》が熟成したところ、アルコール、ぶどう糖、水飴、アミノ酸塩、乳酸、琥珀酸、あるいはその他無機塩類で造った調味アルコールを加え、醪を増量すること。

僧坊酒　そうぼうしゅ

古語。室町時代、奈良の大寺などが販売目的で造った酒。この僧坊酒によって、蒸米・麴・水を仕込む「段掛け法」による酒造りが確立した。また現在の速醸もとの原形となる「菩提泉《ぼだいせん》」、または「火入殺菌法」「三段掛け法」といった技術が生み出されてもいる。

桑落酒　そうらくしゅ

古語。『類書纂要』によると、桑落という名の河が流れていた土地に馬乳酒《ばにゅうしゅ》を造る集落があった。その馬乳酒にぶどうを混ぜて圧搾したものを「索郎」と呼んだが、この索郎から桑落酒の名が生まれたといわれている。また、中国・蒲坂（舜の都）の人・劉堕はよく酒を造ったが、なかでも桑が熟した時に造った酒は、飲んで酔っても醒《さ》めないので、この名がつけられたという。『古今事類全書』によると河中の桑の落ちる時、その井戸水で酒を造るとうまい酒ができるので「桑落酒」と号したとも言われる。

速醸酛　そくじょうもと

日本酒の酒母の一型式。仕込みのはじめに乳酸を加えて酸度を調節し、高温（二〇度C前後）で仕込んだ後、一〇日から一四日ででき上がる。古くからある酛に比べて半分ほどの日数で出来上がることから、この名が付いた。現在では、この型式が酒母の大部分を占めている。

蕎麦焼酎　そばじょうちゅう

そばを主原料とした焼酎。昭和四〇年代、宮崎県の焼酎メーカーが開発した。まろやかな口当たりに加え、ほのかな甘味、くせが強くない軽快な味わいが特徴。そばの素朴な風味を活かすため、蒸留にこだわる蔵も多く、宮崎県をはじめ、長野県や福岡県などでもさかんに造られている。

ソムリエ　Sommelier

客に食事を楽しんでもらうために、好みや料理に合わせたワインを中心とする飲み物を勧め、サービスする職種。ルイ王朝期のフランスにおいて、国王の旅行の際、飲み物の荷を「ソミエル」とよんでいたが、その後、食料をつかさどる毒味番である役職への呼称となり、それが「ソムリエ」へと変化したといわれている。フランス革命後、貴族のおかかえ調理人が職を失い、市中に出店したのがレストランの始まりといわれる。専任のソムリエ、給仕長を兼ねるメートル・ドテル・ソムリエ、自らレストランを経営するレストラテール・ソムリエ、酒庫を担当するカビスト・ソムリエに大別される。業務は、仕入れ、保管熟成、ワインリストの作成からサービスまでと幅広く、専門知識、技術、利き酒能力、接客術が求められる。多くの場合、黒の短めのジャケットと黒ズボン、蝶ネクタイに黒の前掛けを着用し、襟にぶどうの房のバッジを付けている。わが国では社団法人日本ソムリエ協会が認定している。日本における公的なソムリエ・コンクールとしては、昭和五五年（一九八〇）から行われている日本ソムリエ協会、フランス食品振興会共催の「フランスワイン・スピリッツ全国ソムリエ最高技術賞コンクール」などがある。こうしたコンクールでは、ワインや醸造に関する知識およびサービスの仕方についての筆記試験、ワインを試飲してそのぶどうの品種や生産地を推理するテイスティング試験、与えられた料理にふさわしいワインを薦める口頭試験、そしてもっとも重要なサービスの能力が試される実技試験などが課される。

ソレラ　Solera　→シェリー

た

高泡　たかあわ

日本酒の仕込みから一週間ほどもたつと、発酵が盛んになり、醪《もろみ》の表面の泡も高さ約九〇㎝ほどにまで大きくなる。これを高泡という。この高泡が一週間ほど続いて次第に低くなってくる。現在は、泡がわずかしか立たない「泡なし酵母」が多く使われている。ビールの醪でも泡立つ現象が見られる。

暖気樽　だきだる

日本酒の酛《もと》（酒母）を造るとき、酛液の温度を逐次上昇させて、内容物の溶解・糖化を図るが、この加温のため酛桶の内部に入れる容器。古くは木製であったが、最近は金属製の円筒形で、この中に湯をつめ、伝導熱で酛液を加熱する。

濁酒　だくしゅ　→どぶろく

種麹　たねこうじ
麹を作る時の種菌。「もやし」「種もやし」などともいう。麹かびをできるだけ純粋に培養したもの。普通は粗白米を蒸し、これに木灰を混ぜ、麹菌を植えつけて繁殖させ、胞子を十分につけたものを乾燥させて作る。種麹は専門業者（種麹屋、もやし屋）から購入する。

玉泡　たまあわ
日本酒の醪《もろみ》がその発酵過程で見せる泡。高泡が次第に低くなってくると、今度はきれいな玉のような泡を作る。これが玉泡である。

玉子酒　たまござけ
鶏卵を入れた酒のこと。『本朝食鑑』では「精を益し気を壮にし、脾胃を調ふ」と効果を述べ、その製法には二つの方法があるとしている。一つは水を五盃、麹の上を一盃、砂糖半盃をよく混ぜ、これをしばらく熱し、前に鶏卵一個を割って中身を取って湯の中にいれ、よくかき混ぜ、温めて飲むという方法。もう一つは鶏卵一個を割って熱した酒の中にいれ、箸でよくかき混ぜ、温かいうちに飲むという方法。現在、普通に行われているのは、清酒に砂糖を適量加え、これを熱して沸騰するまでに温め、ここへ鶏卵を割って中身を加え、十分混ぜ合わせる。できれば酒の中のアルコール分を飛ばすくらいに温めるとよい。寒い冬、下戸でも飲める酒で、よく暖まる。

試し桶　ためしおけ
略称は「ため」。日本酒の醸造蔵で、酒や水などの液体を運ぶ内容量は約一八ℓ（一斗）くらい。もともとは、木製の縦長の円筒形容器だったが、現在ではアルミやステンレス製のものが使われている。上部に片手がついており、手のひらを底にあて、肩に担いで持ち運びする。かつてはこれが唯一の輸送容器だった。今では液体の輸送はポンプに代わってしまい、試し桶は、ごく少量を輸送するときにしか使わない。

樽　たる
日本酒の場合、杉製の樽を使う。吉野杉を最上とし、ほかにヒノキなどが用いられた。四斗樽は四斗（一斗は約一八ℓ）入りの大形のもの。主として酒の輸送に用いられた。そのほかに二斗、一斗、五升という区分があった。この酒樽に化粧薦《けしょうごも》を包装したものを薦樽《こもだる》・薦被《こもかぶり》といった。かつては、ほとんどの日本酒がこの樽で輸送されていた。そのため、清酒といえば木香《きが》が付いているのがあたり前でもあった。樽に詰められている時間が長いほど、木香がつき（これを木香が乗るという）、また、色も付いてくるからである。これは木材による変化で、熟成の一種と考えられている。生ビールの場合も、輸送用などに樽を用いることがある。ビールの場合は木製容器の内部をピッチで仕上げるのが普通である。この際、木材とビールの化学的作用によって熟成が起こり、色や香り、味が調熟し、まるみを帯びてくる。ビヤ樽の名で知られる洋樽の特徴は、胴太であること、そして鉄箍《たが》を使うことである。古代の西欧社会や中近東、オリエントでも、樽はワインの貯蔵・運搬用として用いられていた。その後、ワイン、ビールなどの醸造と取引が発展するとともに樽の利用は普及。現在もワイン、ウイスキーの貯蔵にオーク材などの木樽が使用されている。もっとも今日、こうした樽も金属製や合成樹脂のものにかわってきており、木製容器はしだいに減少しつつある。

垂口 たれくち
日本酒の醪《もろみ》を槽《ふね》で搾《しぼ》ると、横の下部につけられた出口から酒が出てくる。ここを垂口と呼ぶ。また、ここから出てくる酒を受け止める桶を垂口桶と呼ぶ。

垂歩合 たれぶあい
日本酒や焼酎などで使われる、一種の製成歩留りである。日本酒の醪垂歩合は一定量の醪からどのくらいの日本酒が得られたかをあらわす。そのほかに純アルコール垂歩合、肉垂歩合などがある。焼酎の垂歩合とは、一定の原料から、どれだけの焼酎が得られたかを示す歩合である。

単行複発酵 たんこうふくはっこう
酒類を製造する方法のひとつ。澱粉質原料（穀類や芋類など）を使う場合に用いる。こうした材料の場合、澱粉質を一度糖に変えて、はじめてアルコール発酵が可能となる。その際の工程として糖化を行い、その後に発酵させるというスタイル、つまり糖化と発酵の工程が分離しているタイプを単行複発酵と呼ぶ。ビール醸造がこれに相当する。

炭酸ガス　たんさんがす

アルコール発酵の際に生成する。この炭酸を液内に留めたのがビールやシャンパンのような発泡性の酒である。

単式蒸留機　たんしきじょうりゅうき

ポット・スチル Pot Still という。焼酎やウイスキー、ブランデーなどの蒸留に用いられる簡単な蒸留機。発酵した醪《もろみ》を入れる缶（釜と呼ぶ）、その加熱装置、アルコール蒸気を凝縮管に導く連結管、アルコール蒸気を冷却して凝縮装置から構成されている。この蒸留機は、醪中にあるアルコール以外の微量成分を分離することができないから、製品は、さまざまな成分を含むことになる。これらの成分は原料に由来するものがほとんどであることから、単式蒸留機の製品は、原料のもっている特性が表われやすい。焼酎、ウイスキー、ブランデーなど、いずれも原料からくる香味を大切にする蒸留酒は、この種の装置で造る。↓ウイスキー【製造法】

淡色ビール　たんしょくびーる

淡色麦芽で作った色の薄いビール。明るいブロンド（金髪）、黄金色、琥珀色などと表現される。ドイツのドルトムンドDortmundや日本のビールはこのタイプに相当する。

タンニン　Tannin

鞣質、あるいは渋とも言われる。強い収れん性をもった皮をなめす性質のある植物成分の総称。単一のものではない。高等植物界に広く存在する。ぶどうの果実、とくに核に含まれるタンニン（ポリフェノール）は、ワインの中に入って赤の渋みを形成する大切な味の要素である。また、ポップの中のタンニンは、醸造過程で蛋白質を凝固させ、製品を澄み渡らせる。また、微量のタンニンはビールの味にも微妙な影響を与えるとされる。

単発酵 たんはっこう
原料を直接発酵させるやり方。例えば、ワイン醸造は、原料のぶどうを直接発酵させて酒を造るから、単発酵である。

ち

チェリー・ブランデー Cherry Brandy
桜桃を発酵させ、これを蒸留した酒。普通はキルシュ（キルシュバッサー）のことである。桜桃を潰し、搾《しぼ》って汁液をとり、発酵させた上でポット・スチルで蒸留する。貯蔵に際しては、原則として着色しない。従って、陶器の甕、あるいはパラフィンのコーティングした樽で貯蔵する。製品は無色で、独特の香味があり、飲用のほか、料理や菓子にも用いられる。キルシュはアルザス、ドイツ、スイスで造られたものが有名。ドイツのキルシュは「黒い森」Schwarzwalderという名で呼ばれ、スイス産のキルシュは、バーゼルの近くで造られるので、Baseler Kirschwasserという名で呼ばれる。なお、桜桃をキルシュにつけ、また種も砕いて、やや苦味のある苦扁桃様の味をつけたリキュールがチェリー・ブランデーである。これは、赤味を帯びた甘い酒である。

竹葉 ちくよう
酒の別名。わささともいう。古い時代の中国で用いられた言葉とされる。日本で、酒を「ささ」と呼んでいたならわしも、この竹葉に起源を持つとされる。酒を竹葉と呼ぶ由来については諸説がある。一つは中国・宜城《ぎせい》で竹の葉に露がたまって酒となったという伝説がある「竹酒」というものが造られていたことが大元であるという説である。また「漢時代、劉石という者があった。その継母が実の子にはご馳走を食わせ、継子である劉石にはいつも残飯を与えたが、劉石は、それを口にすることができないので、いつも木の股に捨てておいた。ところが、そこへ自然に雨水が溜まり、香ばしい匂いまでするようになったことから劉石が、試しに飲んでみたところ、おそろしくうまい。そこでこの飲み物を竹葉で覆い、さらに発酵させて国王に奉ったところ、国王から褒美を賜った。その後、劉石は、富み、栄えた」という故事から酒＝竹葉という名が生まれたという説もある。さらに、唐の時代、酒を笹葉露《ちゃけろ》と書き換えることがあった。この笹とは竹の皮を意味することから、酒そのものも竹葉というようになったという言い伝えもある。さらに漢方に関する古文書をひも解くと、竹葉酒について「沈竹葉煎汁、如レ常醸レ酒飲」とあることから、梅酒・菊酒などと同じように一種の酒であるという見方もできる。このことから江戸時代の『瓦礫雑考』では、酒に竹葉という異名がないとするなら、酒をささと呼ぶのも誤りであるとしている。

中国酒　ちゅうごくしゅ

中国（中華人民共和国）産の酒、またはその製法によりつくられた酒。中国では、少なく見ても三〇〇種余りの酒が造られている。一つの国においてこれほど多種多様な酒が製造されるのは、人類の歴史でも例のないことといえるだろう。

【曲】かつては麹と書いた。糖化酵素を主体に、さまざまな酵素を蓄積させた物質。この曲が原料中のデンプンを糖化させる。日本酒の麹に相当する。日本の麹の場合、蒸した原料に種麹を加えて、その表面に麹菌を増殖させる「ばら麹」（散麹）で、使われる糸状菌はAspergillus（麹菌）である。一方、中国の曲の場合、原料の穀類を粉砕してから水で練り固め、これにRhizopus（クモノスカビ）を増殖させた餅曲（ピンチュイ）である。その上、餅曲の原料となる穀類は、麹の場合のように蒸すことはなく、生のままで粉砕した後、これに水を撒き、木製の型枠につめて整形し、培養したものである。餅曲は、その大きさや材料から大曲（ダアチュイ）と小曲（シイアチュイ）に分けられる。なお、小麦の麩（ふすま）を原料とした曲は麩曲（フーチュイ）という。中国の酒は次のように大別される。(1)黄酒（ホワンチュウ）＝黄色ないし褐色を呈する。穀類を原料とした醸造酒。熟成したものを老酒（ラオチュウ）という。(2)白酒

（バイチュウ）＝コウリャンや小麦などの小麦を材料とした蒸留酒。無色透明である。(3)葡萄酒（プータオチュウ）＝ワイン。(4)啤酒（ピーチュウ）＝ビール。(5)葯酒（ヤオチュウ）＝酒に動植物系（ほとんどが植物）の薬材料を入れた薬酒。(6)果酒（クアチュウ）＝ワイン以外の果実酒。(7)その他＝白蘭地（バイランティ）ブランデー、威士忌（ウイメイ）ウイスキーなど。なかでも、白酒と黄酒は、中国酒の原点といえる存在で、双方ともかびと酵母を巧みに利用した伝統的な民族酒といえるだろう。

【黄酒】黄酒は、おもに糯米《もちごめ》、糯粟《もちあわ》、小麦といった穀類を原料とする。浙江《せっこう》省紹興《シャオシン》地方主産の紹興酒が有名である。黄酒の工場は約五〇あるといわれる。日本酒に相当する存在だが、その製造工程はきわめて複雑だ。また、日本酒に比べて総酸度は四倍も高い。これは、脂分の多い中華料理に添えて飲むための適応と思われる。

【白酒】コウリャンを原料とする高粱酒（カオリャンチュウ）がもっとも多く、ほかにトウモロコシなどを用いるものもある。子には麦や小豆《あずき》の粉をこねてつくる餅麹《へいきく》が使われる。最近では麩《ふすま》麹《こうじ》が多く使われている。もろみは固形に近い状態で、穴蔵の中で密閉状態で発酵を行う中国独特の手法がとられ、このため特有の強烈な香りがある。中国の代表的な酒の一つ・茅台酒（マオタイチュウ・貴州省）をはじめ、汾酒（フェンチュウ・山西省）、大曲酒（ターチュイチュウ・四川省）などの酒がある。アルコール分は六〇％前後と強いが、ストレートで飲む。なお、白酒には製品の香りで酒を分類する「香型（シャンシン）」という評価分類法がある。酒を香りで分類するのは世界でも中国だけである。

【葡萄酒】中国の葡萄酒は二〇〇〇年に及ぶ歴史があるとされる。しかし、近代的な葡萄酒造りが始まったのは、一八九二年、醸造用ブドウの品種が導入されてからのことだ。とくに解放後、その生産量が急激に伸び続けている。現在の主な産地は北京市や山東省。甘口のものが多いが、辛口だけでなく、テーブルワインとして楽しめるものまで幅広く造られている。辛口は干（カン）、中辛口は半干（パンカン）、甘口は甜（フィェン）、赤ワインは紅（ホン）、ロゼは粉紅（フェンホン）、白ワインは白（バイ）と呼ばれている。

【薬酒】 漢方に関する古典『神農本草経』に薬用酒のことが述べられているほど、薬酒は長い歴史と伝統を持った酒である。薬酒には、病気を直接治療するためのものや、不老長寿、強壮薬としての性格をもったものなど、多種多様である。原料となる基酒には、古くは黄色や果酒が用いられたが、現在はほとんどが白酒である。造り方としては、薬材を直接酒に浸漬する方法が一般的で、薬材が多ければ多いほど長く漬け込む。また、あらかじめ薬材から薬効成分や香味成分を抽出し、これに酒を混和する方法もある。

【果酒】 中国大陸には、水分が豊富で、甘味もある果物が多い。そのため、それらを材料としたさまざまな果酒が古くから造られてきた。苺酒は、イチゴを発酵させた酒で、栽培したイチゴのみならず、野生のものも原料としている。桑椹酒はクワの実を発酵させたもので、紫紅色をした酒である。茶果酒はりんご酒のこと。柑桔酒（ミカン酒）は、果実のなかでもりんご酒とともに生産量が多い。とくに中国南部の各省で、その工場が多く見られる。山楂酒（シァンチァイチュウ）は有名なサンザシの実を発酵させた酒で、果酒の中でももっとも知られた存在といえる。楊梅酒（ヤンメイチュウ）は、ヤマモモを原

白酒の香りの型

香型	代表酒	特徴
清香型	汾酒	味は端麗。香りがすがすがしい。
醤香型	茅台酒	落ち着いた香り。杯に注いだ後も、その芳香はなかなか失われない。
濃香型	瀘州老窖大曲酒	香りが高く、飲んだ後も長く残る。瀘香とも言われる。
米香型	桂林三花酒	蜜を思わせる甘い香りがある。そのため別名は蜜香。
複香型	凌川白酒	上記のうち、二つ以上の特徴を持った酒。凌川白酒は清香と醤香を持つ。

料とした酒である。

【啤酒】一九〇三年、ドイツ人が青島に啤酒会社を設立したのが中国における最初のビール工場である。中国人みずからの投資によって工場が作られたのは一九一五年のことである。当初、生産量はわずかであったが、解放後、消費量は急速に拡大。ビール醸造専用の麦やポップが品種改良され、大量生産も行われている。

中濃色ビール　ちゅうのうしょくびーる

淡色ビールと濃色ビールとの中間的なタイプのビール。赤銅色などと形容されるビール。ウィーン・ビール、メルツェンビールなどがこれに相当する。

銚子　ちょうし

酒を盃に注ぐための容器。普通は長い柄の先に酒の入る両口、あるいは片口の容器がついている。

猪口　ちょこ

酒の盃のこと。主に陶磁器である。口が広く、底は浅い。

貯蔵　ちょぞう

酒類の多くは、ある程度貯蔵することによって品質は向上し、熟成する。ただし、貯蔵の方法、期間、温度、湿度などは酒の種類によって異なっている。ワインや紹興酒などは長い期間の貯蔵が必要とされるが、ビールは短期間でよい。日本酒はその中間型である。また、蒸留酒は一般に貯蔵期間が長い。なお、長く貯蔵しすぎて品質が劣化することは過熟（老熟、老化）と呼ばれる。

銚釐　ちろり

酒を暖める器。銀、または錫製の筒形で、底に行くにつれてやや窪む。上部には注ぎ口と把手がついている。

知牟多　ちんた

赤ワインの古い呼び名。黜朶、陳駝とも書く。安土桃山時代、ポルトガル語のTinto Vinio（赤ワインの意味）を略してちんたと呼んだことが起源である。『大和本草批正』には「（ちんたとは）黒ぶどう酒なり、紅毛にててんとうえいんと云。てんとは黒色なり、うえいんは酒なり。てんとちんた文字同じなり」とある。また、『太閤記』には宣教師たちがさまざまな手法で布教活動を行っていることを記した部分がある。その中には「……くだんの人（宣教師のこと）来たりしかば、上戸にはちんた、ぶどう酒、ろうけ、かねぶ、みりんちゅう、下戸にはかすてぃら—中略—などをもてなし…」とある。当時の宣教師は、真摯な姿勢と、ちんたなど珍しい品々を武器にキリスト教の布教を進めていたわけである。

つ

つかみ酒　つかみさけ
雉の腸とミソ、日本酒を使った江戸時代の料理。

角　樽　つのだる
細長い樽で、上下に角のように二本の柄が出ている。黒、または朱塗。婚礼の儀式に用いた。柄樽ともいう。

角　樽

壷　代（桶）　つぼだい（おけ）
古くから日本酒を造る際に使われた小型の桶。酒母を造るのに用いる。内径九〇cm、高さ九〇cm内外の杉桶。現在は、琺瑯《ほうろう》タンクに取って代わられ、ほとんど用いられない。

つわり香　つわりか
日本酒が腐敗（火落）した時や、日本酒の醪が異常な時に発生する香り。ダイアセチルを主体とする。この香りが出るときは、決してよい状態ではない。

つん香　つんか
樽詰の日本酒がときおり出す香り。なんらかの事情でアルコール分一二%未満に薄められ、酢酸敗が発生している時に生じる香りである。つわり香とは異なる。

て

ディー・シー・エル　D.C.L.

スコットランドにあるThe Distillers Company Limitedの略語。スコッチ・ウイスキーの業者が集まって組織したパテント・スチルの会社である。

→スコッチ・ウイスキー

テキーラ　Tequila

メキシコで広く飲まれている蒸留酒。リュウゼツランを原料にした珍しい酒である。独特のにおいがあり、アルコール分は低くて二九%前後、高くて四〇〜四五%。飲み方としては岩塩や青唐辛子、レモンなどを口に入れて、テキーラを飲むという簡単な方法がある。また、トマトジュースの中へ唐辛子を入れて辛くしたIced Sangritaをテキーラを飲んでから口にするという飲み方もある。

【製造法】テキーラの原料には、マグィーMagueyと呼ばれるリュウゼツランの一種が用いられる。葉を切りとって茎の部分を使用する。糖化はまずマグィーの茎を室の中に積み上げる。この中は温度、湿度ともに高く、二日目には六五度C〜八〇度Cになる。三日目に出すが、この間におそらく糖化が行われるようで、室から出たものは色は赤褐色でかんでみると甘い。室から出たものは、ローラーにかけて搾って液をとる。この液を発酵槽に送り、水で少しうすめて二四〜三〇度Cで発酵を行わせる。もちろん酵母などは添加せず、自然発酵を待つ。この醸造酒をプルケ（Pulque）という。プルケを蒸留したものがメスカル（Mescal）で、特にハラスコ州のテキーラの町周辺で造られる上等のメスカルをテキーラという。蒸留は簡単なポット・スチルで行う。最初は二五%前後まで蒸留し、これを再び蒸留して五五%まで高める。とくに不純物の分離は行わない。蒸留の際、さきのしぼり粕を加えているが、これはマグィーの香りをつけるためである。蒸留したばかりは無色であるが、上等のものは樫の樽につめて貯蔵・熟成させるため、色は赤褐色になる。

デキャンター　Decanter

ガラス製の水差し状の容器。この中に古いワインを注いで、ここからグラスに注ぐ。古いワインの滓《おり》をグラスに入れないようにするための工夫だが、若いワインも同じようにして飲むことがある。とくに、びんのコルクをワインの中に落としてしまった場合など、デキャンターを使うとよい。シェリーやポートでも使う場合もある。最高のデキャンターはきれいなクリスタルガラスで造られている。なお、デキャンターが食卓に出たときには、必ずもとのびんのコルクを一緒に持っておくべきである。これが主人役やワインに興味のある客人に対する礼儀でもある。

出　麴　でこうじ

麴を作る工程が終わり、麴室から運び出す作業。あるいは、完成した麴。

デザート・ワイン　Dessert Wine

デザートコースに入ってから飲むのに適したコクのある甘口ワイン。糖分を補強したものも含む。ただし、アメリカでは、ブランデーや蒸留酒で補強したワインのことをこのように呼んでいる。デザートワインとして分類される主なものとしては、ソーテルヌやポート、甘口のシェリー、マディラ、バニュール（Banyuls）、そしてラインとモーゼルのベーレン・アウスレーゼやトロッケン・ベーレン・アウスレーゼなどがあり、また南仏のミュスカテル Muscatel が含まれる。ミュスカ・ド・フロンティニャン Muscat de Frontignan、ミュスカ・ド・ボーメ・ド・ヴィニース Muscat de Beaumes de Venise、ミュスカ・ド・ルネル Muscatdt de Lunel などもデザート・ワインに包含される。

デラウェア　Delaware

アメリカで開発された生食用のぶどう。醸造にも用いられる。アメリカではもっとも広く栽培されるぶどうである。この品種の起源はわからないが、ある植物学者は、アメリカ北部の林にある野生のラブルスカ種と野生のサウザーン・エスチバリとの偶然の掛け合わせであるといい、ある人はヨーロッパ系のヴィニフェラ種の系統だとも言っている。デラウエアが最初に記録されたのは一八五〇年。ニュージャージーのフレンチタウンでのことだった。その後、オハイオ州デラウェアに移植され、いつの間にか土地の名がぶどうの名前にも転用されたといわれる。日本国内では、早い時期から山梨県で栽培され、生食用としての地位を占めてきたほか、白ワインにも使われてきた。この品種は、完熟期に雨が少なければ糖分が多くなる。さらに早熟である上に収穫後も比較的丈夫で、長距離輸送にも耐えるという長所がある。一方で酒用としては香りが低い、酸が多い、酸化されやすいなどの欠点もあり、日本国内では普通ワインくらいにしか使われない。アメリカではシャンパン用のワインの原料となっている。

天之美録　てんのびろく
酒の別名。『前漢書、食貨志』にあることばで、天から賜る厚遇の俸禄、という意味である。

天　星　てんぼし
一斗樽や四斗樽の鏡のところについている孔に入る木栓のこと。

天　窓　てんまど
日本酒の麴室の天井に作ってある窓。排気と外からの新鮮な空気を得るために使う通風孔である。

と

ドイツワイン　Detsuche Wein
ドイツ産のワインの生産量の大半は白ワインである。白のうち、一般にライン川周辺で生産されるワインは甘口で、どっしりしており、モーゼル川流域のワインは繊細で軽やかであると評されている。前者は茶色の細長い瓶、後者は緑色の細長い瓶に詰められている。ライン、モーゼルではフランケン産のワインが有名。ここで生産されるワインはやや辛口で、容器は「ボックスボイテル」とよばれるずんぐりした、首の短い、緑色の偏平瓶である。ぶどうの品種ではリースリングが知られており、これから最高の白ワインがつくられる。その他ミュラー・トゥルガウ、トラミネール、シルバーネル種などが使われる。ドイツワインでは、なんといってもラインワインと、モーゼルワインがよく知られた存在である。

【ラインワイン】　ドイツ・ライン川流域で産するワインの総称。別名ホック。ラインガウ、ラインヘッセン、プファルツ、ナーエ地域が主産地である。とくにラインガウはライン川の北岸に沿った比較的小さな地域ながら、ドイツワインの宝庫とされ、有名なぶどう園が多い。またラインガウの対岸にあるラインヘッセン地域はドイツ最大のぶどう栽培地域。おもにミュラー・トゥルガウ種とシルバーネル種のぶどうを育てており、軽い白ワインを造り上げる。世界的に名のとおった大衆酒リープフラウミルヒ（聖母の乳）は、ここで生産されている。プファルツは面積が広く、フォルスト村やダイデスハイム村で貴腐ワインの最高級品がつくられている。ナーエ地区はラインとモーゼルの間。ワインも両系統の中間の特徴をもっている。

【モーゼルワイン】　モーゼル川と、その支流のザール川、ルーバー川流域でつくられるワインの総称。この地域はぶどう栽培としては最北端にあたる。モーゼル川流域にある主要なぶどう園村のうち、もっとも知られているのはピースポート村だ。ここのワインは「モーゼルの女王」といわれる。ザール川流域ではビルティンゲン村のシャルツホッフベルガーが最良とされている。このほかモーゼルブリュンヒェン（モーゼルの小さな花）やシュバルツェ・カッツ（黒猫）など、世界的に知られるワインが少なくない。

【品質分類】　ドイツでは、品質維持のため、一三ある生産地域産の熟したぶどうを原料としたワインを上級ワインとして格付けする。そして上級ワインは、上質ワイン Q.b.A.（Qualitatswein bestimmer Anbaugebiete）と肩書き付き上質ワイン Q.m.P.（Qualitatswein mit Pradikat）に分けられる。前者は、新鮮なうちに飲む。そして肩書き付き上級ワインは完熟したぶどうや貴腐ぶどうからつくられるもので、長期熟成させて楽しむワインである。Q.m.P.は、熟度と品質によって以下の六つのレベルに分類される。

カビネット（Kabinett）…熟したぶどうからつくられるワイン。なめらかな口当たりでアルコールは低め。

シュペトレーゼ（Spätlese）…収穫時期を遅らせたぶどうで造ったワイン。超熟したぶどうがマイルドな風味を生み出している。

アウスレーゼ（Auslese）…完熟したぶどうを一房ずつ収穫してつくられるワイン。

ベーレンアウスレーゼ（Beerenauslese）…貴腐菌の作用によって蜂蜜のような芳香がするワイン。やはり完熟したぶどうの果粒を一粒一粒手作業によって丁寧に収穫し、造り上げる。通称ＢＡ。

アイスワイン（Eiswein）…ベーレンアウスレーゼと同程度に熟したぶどうを、さらに畑の中に放置。氷結するのを待って摘果し、凍ったまま搾汁してつくったワイン。果実に含まれる酸味と甘味が、より濃縮されている。

トロッケンベーレンアウスレーゼ（Trockenbeerenauslese）…レーズンのように乾燥したぶどうの粒からつくられるとろけるような甘さのワイン。ドイツワインの頂点を極める逸品。

なお、二〇〇〇年からドイツワインには「classic（クラシック）」と「selection（セレクション）」という新しい分類が登場した。「classic」はボディーのある、フルーツ香の豊かな辛口ワイン。「selection」は辛口ワインの最高級。生産量も規定されており、品質管理検査に加え、味覚検査も追加される。

【主な産地】

アール＝コブレンツからボンに下る間に流れ込むアール川流域の生産地区。ドイツでは珍しく赤ワインが生産の半分以上を占める。柔らかなライトタイプのワインが多い。

ミッテルライン＝ライン河がナーエ地区を過ぎたあたりから、ボンの近くまでのライン河沿いの生産地。急斜面の川岸がぶどう畑となっている。ぶどうはリースリング種が多い。酸味が効き、生きもいい風味のワインが作られる。

モーゼル・ザール・ルーヴァ＝モーゼル川、ザール川、ルーヴァ川の三つの川の流域に展開する産地。ラインガウと並び、ドイツでも指折りの名産地。ほぼ一〇〇％が白ワイン。このワインは、芳香と爽やかな酸味、フルーティさが特徴。

ナーエ＝ナーエ川とその支流のグラン川、アルゼンツ川の流域に広がる生産地。土質が多種多様であることから、ワインも多様なものとなり「ドイツワインの試飲小屋」とも呼ばれる。ナーエのワインはその多様性となめらかな酸味が特徴。

ラインガウ＝ドイツでも最も偉大なワインが産み出される産地。ライン川は、マインツ市を過ぎた付近から大きく向きを変え、西に向って流れる。その北岸に位置するのがラインガウ地域だ。なおラインガウなどライン河沿いのドイツワインは茶色のボトルに入っているのも特徴。この地域で栽培されている八〇％以上のブドウがドイツ最高品種と言われるリースリングで、天候に恵まれると素晴らしいワインを産み出す。

ラインヘッセン＝ライン川が南から北へ流れる途中、マインツ市を過ぎた辺りで東から西へと向きを

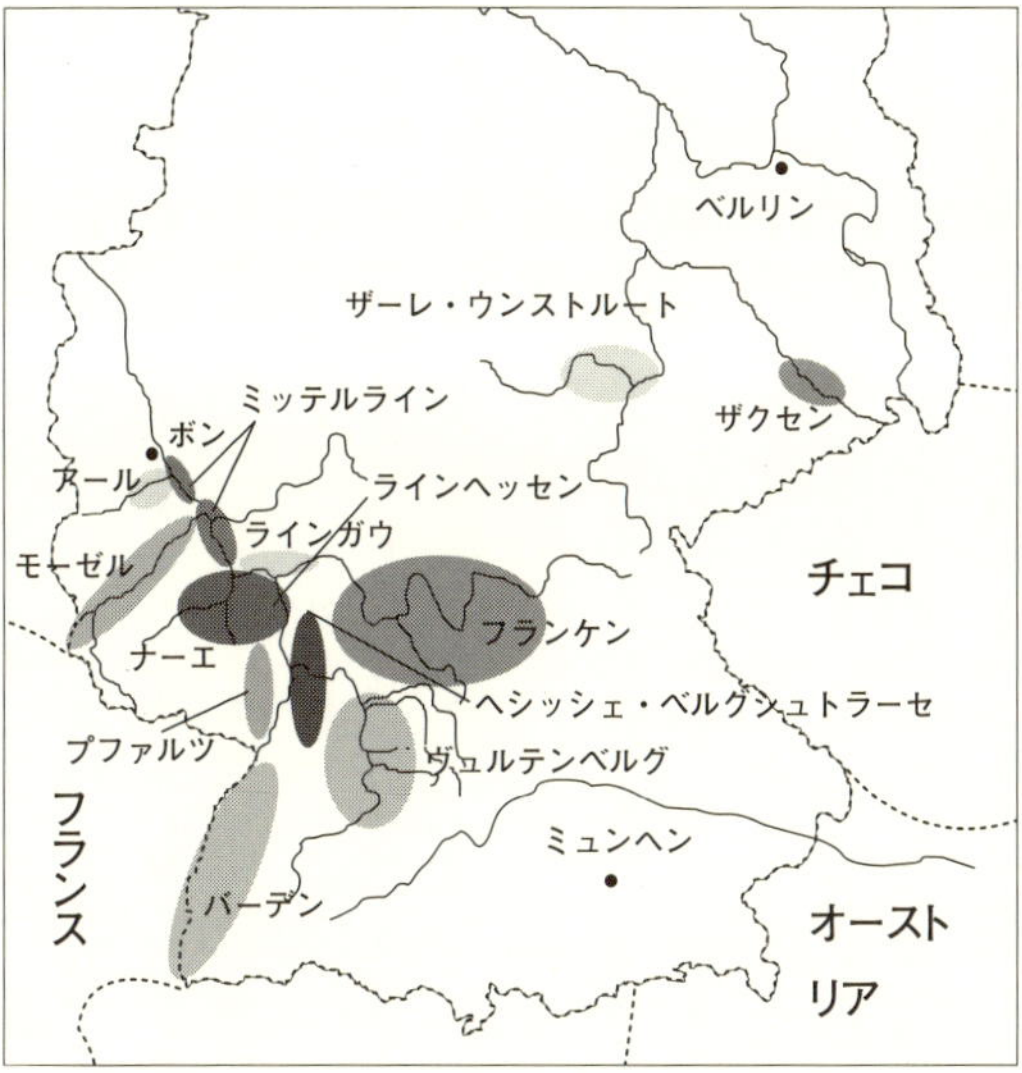

変える。その南側に広がる生産地だ。まろやかな酸味と甘さ、口当たりの良いライトさがここのワインの持ち味である。「リープフラウミルヒ（聖母の乳）」が世界的に知られる。

プファルツ＝かつてはラインファルツとも呼ばれていた。ドイツでも最も温暖なこの地方でローマ時代からワインの大産地のひとつとして知られていた。マイルドでこくのあるタイプのワインが多い。

ヘシッシェ・ベルグシュトラーセ＝ドイツでも一番小さな産地。高品質のワインを造ることで知られるが、栽培面積が三六〇ha程度しかないため、ヘシッシェ・ベルグシュトラーセのワインはドイツ国内ですら入手が難しい。

バーデン＝ドイツの産地の中でも最も南に位置する。こくのある風味がここのワインの持ち味だ。また、ドイツ国内でありながら、赤ワイン、ロゼワインも多く造っており、全生産量の四分の一が、赤とロゼで占められている。

ヴュルテムベルグ＝ドイツの中でも比較的温暖な地域。シュペートブルグンダーやトロリンガーといった黒葡萄を材料とした赤がヴュルテムブルグの半数を占める。白は他のドイツの生産地と同様、リースリング種などから造る。アルコール度は、他地域のワインに比べてやや高め。この地区内にあるエスリンゲンは、ドイツの発砲酒ゼクト発祥の地でもある。

フランケン＝マイン川流域の産地。「石のワイン」とも言われるほどミネラル分が多く、またドライなタイプのワインを生み出す。気候は、冬寒く夏暑い大陸性の気候で霜の害を受けやすい。緑色の偏平ボトル「ボックスボイテル」にワインを詰めることでも知られる。

ザーレ・ウンストルートとザクセン＝エルベ川の支流であるザーレ川、ウンストルート川の沿岸にある産地。世界最北端のワイン産地でもある。辛口でライトな白ワインが生まれる。生産量が少ないため、ここのワインはザクセン州以外では、ほとんど購入できない。

ドゥーロ Douro

ポルトガルの三大河川の一つ。スペインに源を発し、ポルトガルの中央よりやや北を西に横断して大西洋に注いでいる。この河はワインにとっては一つのハイウエーともいうべき存在である。ポルトガルの銘酒であるポート・ワインもこの沿岸で生まれ、谷を下って河口の港・オポルトの倉庫で熟成し、そしてオポルトの港から世界中に運ばれるのである。

糖化 とうか Saccharification、Coversion

穀類や芋類といった、でんぷん質を原料とする酒は、でんぷんが糖化された後にアルコールに発酵される。つまり、ビールや日本酒には、必ずこの過程が必要である。糖化は、アミラーゼと呼ばれる酵素の力を利用する。ビールでは、麦芽中に含まれるアミラーゼを活用する。日本酒では、麹アミラーゼを活用する。でんぷん質原料から水飴やぶどう糖を製造するのも糖化であるが、これには酵素や酸が用いられる。

杜氏 とうじ

酒造り職人の頭目。ひいては造酒職人の総称。「とじ」ともいい、藤次、刀自とも書く。かつて酒を醸《かも》しその管理にあたるのは女主人の役割であったらしく、古い職人図絵の類にも酒造りに従事する女性の姿が描かれている。室町時代以後、清酒の醸造法が一般化して各地に酒造業者（酒蔵）が生じると、酒造職人と業者の分化がみられるようになり、造り

生酛をつくる杜氏

手も男性が中心となってきた。ちなみに、杜氏という表記が生まれた由来は定かではない。一説には、杜康という人が酒を造りはじめたことから、この名が造酒工の名前になったという。また、かつて藤次という人がよく酒を造ったことから藤次が造酒工の名前になったという説もある。

【生産体制】日本酒の醸造は伝統的に冬季三～五ヶ月に限定されることから、季節出稼ぎの職人団に「酒造り」を寄託し、蔵元はその販売処理にだけ専念するという時代が続いた。とくに冬季働きに乏しい雪国や山村の農民には絶好の「働き場」となり、丹波杜氏、越後杜氏、能登杜氏、南部杜氏など、伝統的な技術を伝える酒造工技能集団が形成されていった。こうした集団は現在も各地の酒蔵《さかぐら》（酒造業者）とそれぞれ連繋し、今日に及んでもいる。杜氏はその頭目であり、輩下に頭《かしら》、麹師《こうじし》、師《もと》の三役と、室子《むろこ》という助手や下働きといった分業的職階があり、順次年功で昇進する仕組みにもなっていた。もっとも、農村部で過疎化が進んでいることから、杜氏集団も縮小化しており、出稼ぎの杜氏だけでなく、地元の労働力も集め、生産量を確保する酒蔵も増えている。全国各地の主な杜氏集団（酒造工技能集団）は次のとおり。

(1) 山内《さんない》杜氏 秋田県平鹿郡山内村周辺の農民などで構成される。秋田県の日本酒のほとんどを彼らが造っていることから秋田杜氏とも呼ばれる。

(2) 南部《なんぶ》杜氏 岩手県紫波郡石鳥谷町とその周辺を本拠地とする。越後・丹波と並んで日本三大杜氏出身地とされる。出稼ぎ先は、九州と山陰以外のほぼすべての都道府県に及んでいる。南部に酒造技術がもたらされたのは江戸時代・宝暦年間とされる。近江商人の村井権兵衛が大阪・三池から杜氏を招いたのがきっかけだった。もともと自家用酒の醸造が盛んな地域であったせいか、技術はすばやく浸透。さらに積雪期の副収入としても重宝され、南部の地で杜氏が発達した。

(3) 越後《えちご》杜氏 新潟県内の酒造工技能集団。広い新潟県下の各地に杜氏集団がいたが、なかでも中頸城、東頸城、三島、刈羽の四郡および柏崎市に多く、その勤務地は全国に散らばっている。とくに関東の酒蔵では新潟出身の杜氏が多い。いつごろからこんな出稼ぎがあったかはっきりしないが、江戸時代初期の元和年間からすでに始まっていたという説もある。もっとも江戸時代後期から幕末に始まったとする調査結果もある。少なくとも二百年余りの歴史があるといえるだろう。

(4)　能登《のと》杜氏　石川県の能登半島を本拠地とする。中心は珠洲市や内浦町である。その起源ははっきりしていない。ただ、能登は大陸との交流が盛んな地域であったことから、比較的早い時期から酒造りの技術が民間に浸透していた可能性は指摘できる。「能登衆」と呼ばれる酒造りの出稼ぎが世に知られるようになったのは、江戸時代中期以降のこと。現在の能登衆は北陸三県を中心に中部、東海、近畿に赴いて酒造りに励む。

(5)　諏訪《すわ》杜氏　長野県富士見町や茅野市、諏訪市を本拠地とする。長野県内や山梨県内を主な活動地域とする。

(6)　丹後《たんご》杜氏　京都府京丹後市丹後町に本拠地を持つ。主に京都府内を中心に活動している。

(7)　越前《えちぜん》杜氏　福井県出身の酒造技能工。勤務地は京都や滋賀、兵庫など。南条郡の河野村字糠《ぬか》が主力なので糠杜氏とも言われる。二百数十年の歴史を持つといわれる。

(8)　備中《びっちゅう》（岡山）杜氏　岡山県でも広島県よりの西部地域に本拠地を置く酒造業者。主な勤務先は岡山、山口、鳥取。そのほか、近畿地方や四国にも及ぶ。元禄年間に朝野弥治兵衛が灘より持ち帰った高い醸造技術をもとに杜氏を育成したのが始まりとされる。全盛期の大正時代には従業員を合わせて一〇〇〇名以上にまで達した。

(9)　城崎《きのさき》杜氏　兵庫県城崎郡香住町に拠点を置く。主に京都やそのほかの近畿地方で活躍する。

(10)　丹波《たんば》杜氏　兵庫県丹波市を中心とした地域に拠点を置く。もともと江戸時代から地酒屋が多い地域だった上に伊丹や灘、西宮など、清酒の大生産地が近かったことから杜氏の出稼ぎも自然発生的に起こったのであろう。宝暦五年（一七五五）には丹波篠山曽我部の人が摂州池田で杜氏として銘酒を造り、江戸で大好評を博したという記録も残っている。ちなみに、この地域で杜氏の出稼ぎが盛んになった背景には、篠山藩主の収奪政治が余りに過酷だったことがあるともされる。農民は生活苦から逃れるために出稼ぎを積極的に行ったというわけである。現在も丹波杜氏は兵庫をはじめとした畿内を中心に活動している。

(11)　但馬《たじま》杜氏　兵庫県美方郡村岡町周辺に拠点をおく。畿内を中心に活動している。

(12)　秋鹿《あいか》杜氏　別名は出雲杜氏。島根県松江市秋鹿町付近に拠点をおく。島根県と鳥取県を主な活動範囲とする。

(13)　石見《いわみ》杜氏　島根県浜田市付近を出身地とする酒造技能工。

(14)　三津《みつ》杜氏　別名は広島杜氏。広島県豊田郡安芸津町三津周辺に拠点を置く。かつて三津の酒造家であった三浦仙三郎が明治三五年ごろにはじめた醸杜研究会によって訓練を受けた人々が、三津杜氏の基盤を築いた。広島県を中心に四国や九州にも出向く。

(15)　熊毛《くまげ》（山口）杜氏　山口県熊毛郡内出身者を主体とする酒造技能工。山口県内で主に活躍する。

(16)　四国地方の杜氏　愛媛県越智郡の越智《おち》杜氏や同県西宇和郡伊方町の伊方《いかた》杜氏・高知県内の土佐杜氏などがある。いずれも県内を中心に四国で活動を展開している。

(17)　九州地方の杜氏　福岡県南部の柳川《やながわ》杜氏、三潴《みずま》杜氏と久留米杜氏が九州各地で酒造りを行う中心的存在。このほか、福岡の芥屋《けや》杜氏、佐賀の肥前・唐津杜氏、長崎の小値賀杜氏、生月・平戸杜氏、熊本の熊本杜氏などがある。また、黒瀬杜氏、阿多杜氏は焼酎製造に携わる杜氏集団である。

糖蜜　とうみつ　Molasses

さとうきび（甘蔗）やさとうだいこん（甜菜）から、砂糖を結晶化させた際に生じる廃物。黒色のシロップ状の粘り気がある流動体である。五〇％近くの糖分が残っているが、これ以上精製しても採算が取れないことから「糖蜜」「廃糖蜜」として別の用途に用いる。すなわちアルコールの製造やラムと呼ばれる特殊な酒類の原料となるのである。ジャワやスマトラ、キューバ、台湾、フィリピンなどの砂糖の産地に多い。

トカイワイン　tokay, Tokaj

ハンガリーの北部にあるトカイという町とその周辺の地域で造られる甘口の白ワイン。日本ではトーケイなどと言われることもある。香りが高く、味が濃厚で、色は黄金色に輝き、世界の白ワインの中でも、最高級品として位置づけられる。トカイとその周辺にブドウを植え、ワインを造ったのは、ローマ人である。紀元前二七六～前八二年ごろのことだった。一三世紀に入るとワイン醸造に秀でたワロン人が新しいブドウの品種フルミントを持ち込んだ。さらに一七世紀に入ると甘口の優れたワインが誕生。そして一八世紀、この地域のカトリック司教がローマ法王にトカイ・アスーのワインを贈ったところ、法王はこのワインが気に入り、愛飲したため世界的に有名になった。トカイ地方では、フルミントという黄色種がおもに栽培されている。ブドウは晩秋まで木に放置され、その間に果皮の表面に貴腐菌（ボトリシス・シネレア）が繁殖し、貴腐ブドウとなる。その後、過熟ブドウ果汁に貴腐果汁を加えて混醸するが、約一三〇ℓのブドウ果汁に貴腐ブドウ果汁を約三〇ℓ加えることを、一プトニヨシュという単位で表す。貴腐果粒の入ったプトニヨシュがいくつ加えられるかで、ワインの甘さが左右される。なお、プトニヨシュが多いほど甘さが増すとされている。なお、貴腐ブドウのみでつくられたワインをトカイ・エッセンシアとよぶ。

特定名称酒　とくていめいしょうしゅ

正しくは、特定名称の清酒と称し、吟醸酒、純米酒、本醸造酒をいう。特定名称は、原料、製造方法等の違いによって八種類に分類されるが、それぞれ次に示す所定の要件に該当するものにその名称を表

特定名称酒の種類と内容

特定名称	使用原料	精米歩合	麹米使用割合	香味等の要件
吟醸酒	米、米こうじ醸造アルコール	60%以下	15%以上	吟醸造り、固有の香味色沢が良好
大吟醸酒	米、米こうじ醸造アルコール	50%以下	15%以上	吟醸造り、固有の香味色沢が特に良好
純米酒	米、米こうじ	—	15%以上	香味、色沢が良好
純米吟醸酒	米、米こうじ	60%以下	15%以上	吟醸造り、固有の香味色沢が良好
純米大吟醸酒	米、米こうじ	50%以下	15%以上	吟醸造り、固有の香味色沢が特に良好
特別純米酒	米、米こうじ	60%以下又は特別な製造方法（要説明表示）	15%以上	香味、色沢が特に良好
本醸造酒	米、米こうじ醸造アルコール	70%以下	15%以上	香味、色沢が良好
特別本醸造酒	米、米こうじ醸造アルコール	60%以下又は特別な製造方法（要説明表示）	15%以上	香味、色沢が特に良好

示することができるというものである。

　ところで、精米歩合とは、白米のその玄米に対する重量の割合をいい、精米歩合六〇%というときには、玄米の表層部を四〇%削り取ることをいう。また、吟醸造りとは、吟味して醸造することをいい、伝統的に、よりよく精米した白米を低温でゆっくり発酵させ、かすの割合を高くして、特有な芳香（吟醸香）を有するように醸造することをいう。

徳利　とくり

細長く、口のすぼんだ容器。日本酒のための容器。おもに陶磁器製。ほかに金属製やガラス製もある。徳利という名前は形から生まれたという説や、口から酒がドクリドクリと出ることから〝とくり〟という名前がついたという説がある。そのほか、朝鮮半島からきた言葉であるという説もある。

床　とこ

麴を造る麴室には、普通、室の中央に高さ七五～八〇㎝、幅一六〇～一七〇㎝、横は二〇〇㎝以上の台がある。これを床と呼ぶ。この上に蒸した白米を堆積させ、種麴を撒いたり、攪拌したりする作業を行うのである。麴造りの前半（約二〇時間前後）は、この床の上で行われる。「床もみ」は、最初に蒸米を床いっぱいに広げ、種麴を撒布する操作である。

屠蘇酒　とそしゅ

正月の儀式用として日本で飲まれる混和酒。その起源は中国にある。四世紀末、中国に華陀という名医がいた。その人が当時流行した疫病に与えたのがこの酒で、時には死者すらも蘇生させたとされる。そして、死者すら蘇らせたという伝説から屠蘇という名がつけられたともいわれる。また『日本歳時記』には「屠はほふると読み、蘇はよみがえると訓ず、この薬よく邪気を屠絶て、人魂を蘇醒せしむる故に屠蘇と名付くと潜確類書に見えたり」とある。『和漢三才図会』にも「これを造るのは赤朮、桂心、防風その他の九種類の薬草をまぜ、三角の赤い絹の袋に収め、大晦日の夜に井戸の底に沈め、元日に取り出して酒の中につけ、熱すること数時、家族そろって東に向い、年少者から年長者の順にこれを飲む。薬の滓は井戸に投げ戻し、年が改まるたびにこの水を飲めば一年中病いなし」とある。日本にこの風習が入ったのは平安朝・嵯峨天皇の時、弘仁年宮中で用いられたのが最初とされる。その一方で、宮中では元日に未婚の少女を選んで薬子とし、その薬子が嘗めた酒を天皇、そして臣下が飲んでいくという儀式が行われてはいた。そして大正年間の宮中では、正月には屠蘇酒ではなく雉子酒を用いていたことを指摘した研究者もいる。また関東では、屠蘇酒には必ずみりんを使うが、地方によっては清酒、熊本県では赤酒、鹿児島県では地酒を用いるというように多少の違いはある。ただ、中国生まれの屠蘇酒が現在の中国には全く残っていない。屠蘇酒の処方は様々で、一〇通り余りの処方が伝わっている。『本草綱目』は「赤朮桂心《せきじゅつけいしん》各七銭五分、防風一両、菝葜《ばっかく》五銭、蜀椒桔梗《しょくしゅくきっこう》大黄各々五銭七分、烏頭二銭五分、小豆十四粒」といった製法が記されている。一方、『本朝食鑑』では『本草綱目』の内容から烏頭をはぶいた作り方が紹介されている。前者は中国式、後者は日本式といえる。赤朮（おけら）は強壮除熱、桂心（シナモン）は健胃剤、防風は風邪や通風、神経衰弱に薬効があり、菝葜（ユリ根の一部）は利尿作用があり、蜀椒（サンショウ）は健胃強壮剤として使われる。桔梗（キキョウ）は咳止めやかぜの症状緩和が、大黄は健胃・下剤としての薬効が期待できる。そして烏頭はトリカブトの根で、少量の場合は強壮剤としての役割が期待できるが、量を超すと猛毒となる。日本での処方に烏頭がないのはそのためだろう。現在、市販されている屠蘇用の漢方は、おそらく山椒や防風、桔梗、肉桂などを主な成分にしていると思われる。これをみりんに浸して飲むが、みりんが甘すぎると感じる場合は、みりんと清酒を等量混ぜて用いればいい。

特級 とっきゅう

酒の等級順位のひとつ。日本の酒税法では、かつて日本酒とウイスキー類にのみ、特級酒を規定していた。日本酒の場合、特級酒の定義は「品質が優良であるもの」となっており、アルコール度は関係していない。そして、特級かどうかを認定するのは中央酒類審議会、もしくは地方酒類審議会という公的機関で、その結果を認定するのは、国税庁長官もしくは国税局長であった。なお日本酒は平成四年、ウイスキーは平成元年以降、級別制度は廃止されている。

トディ Toddy

二つの意味がある。一つは蒸留酒、砂糖、レモン片、ちょうじと湯を混ぜて造った温かい飲料をいう。また、南方の熱帯地方では、ココヤシの花梗に含まれる甘い汁液をこのように呼ぶ。また、これを発酵させたもの（ヤシ酒）から造った冷たい飲料を指す場合もある。南方のトディはまた、アラックの原料でもある。

トニック（ビール） Tonic（Beer）

トニックという語は、強壮剤のこと。トニックビールは強壮剤に用いたビールに似た飲料のことである。

どぶろく

別名は濁酒《だくしゅ》。清酒と同じように醪《もろみ》を造り、それを漉《こ》さずにそのまま飲む酒。それだけに中には米粒や麹がそのまま入っている。白馬《しろうま》などともいわれる。甘酸っぱい味で、庶民の酒として愛飲されきたが今日では密造に通じるので、製造は許されていない。例外として神事用に神社で少量の製造が許される場合がある。市場で「にごり酒」とか「白酒《しろき》（白貴）」などという名で販売されているものは、もろみを目の粗い袋で濾過したもので、滓《おり》の混じったままの濁っている酒である。こうしたどぶろく〝もどき〟は、一応、濾過しているので、濁ってはいるが清酒として扱われる。もっとも平成一五年以降、構造改革特区として濁酒製造の許可を得ることができるようになり、特区内では税務署長から雑酒（濁酒）の製造免許を得て本当のどぶろく造りをはじめた民宿などが見られる。ちなみに、まったく漉さない本来のどぶろくは、酒税法上、雑酒に分類される。そして今は雑酒とされているどぶろくこそが日本酒の原点であることは間違いない。日本人が濁酒を漉して澄んだ酒を造り始めたのはいつごろのことか定かではない。しかし、江戸時代にはどぶろくをはじめ清酒、そして半清半濁の「中汲《なかぐみ》」という酒もあったことはわかっている。これは醪をざるなどで軽く漉して作ったものであると考えられる。江戸時代後期の随筆『西遊記』には「九州の辺地には、濁り酒とて京都の甘酒のごとくにして、その色薄黒く、その味辛く酢きものあり、下賎のものは大方これを飲むなり、味は咽を通りがたきほどにて、はなはだ強く酔うものなり。常の酒を清酒という、かかる清酒濁り酒、唐土にもありと聞き及ぶ、その類ならんか…」とあり、当時の濁酒の様子を伝えている。

ドミ・セック Demi-Sec

英語で Semi（Harf）Dry に相当するフランス語。

直訳すると「やや辛口」ということになるが、実際にドミ・セックと呼ばれるシャンパンや発泡性ワインは、むしろ甘口を意味する。例えばシャンパンの場合、もっとも甘いものにはドゥ Doux と表示し、次に甘いものをドミ・セックという。その他には辛口（セック）、かなり辛口（エクストラ・セック）、もっとも辛口（ブリュット）という区分がある。ちなみにドミ・セックはシロップ、あるいはリキュールを六～八％加えた重めのシャンパンである。なお、非発泡性ワインの場合、ドミ・セックという言葉はあまり使われない。

留添え　とめぞえ

日本酒の醪は三回に分割して原料を仕込む（三段仕込み）が、その最終（三回目）の仕込みをこのように呼ぶ。

ドライ　Dry（Sec）

辛口を意味する言葉。ドライ・ワインといえば、ぶどうの中の糖分が完全に発酵してアルコールとなっているワインである。ブルゴーニュの白、アルザス産のワインの大部分、ある種のグラーヴとシャンパンはドライの好例である。多くの食中酒はドライであるといってよい。食前酒でもフィーノ Fino やアモンチリャド・シェリー Amontillado Sherry はドライである。また、アメリカでドライ・ワインといえばアルコール分一四％以下のもの、あるいは酒精を添加していないものを指している。つまり、ヨーロッパとは多少違った意味でドライという言葉が使われているのである。

トラピスト・ビール　Trappist Beer

トラピスト修道院と呼ばれることを許される修道院（世界に七ヶ所。そのうちベルギーには六ヶ所ある）で造られているビール。濃色でアルコール度数が高く、苦みが強いものが多い伝統的な上面発酵のビールである。

ドラフト・ビール　Draught Beer, Draft Bier

生ビール、普通は加熱殺菌しないビールという意味である。本来は樽詰めビールを指す。Draft（Draught）が draw ビールを樽などから引き出すことを意味するからである。現在では樽詰めビールでも流通の必要性があれば、加熱処理するので樽詰めビール＝生ビールではないこともある。加熱処理したビールをラガー・ビール Lager Beer と称することがあるが、これは誤りである。生ビールは保存性がよくない。その分、市場に出ても短時間に消費されるのが通例となっている。もともと日本国内のビールは、多くが加熱処理したビールだったが、近年は生ビールの生産量も増え続けている。一方、欧州ではもともと生ビールへの需要が高い。これはドイツやイギリスの場合、ビール工場が各地にあり、あえて加熱処理しなくても十分消費してしまえるからであると思われる。なお、近年は細菌や酵母の通過を許さない精密な濾過膜が開発されたこともあり、過熱しなくても除菌が可能となった。こうした発明に加え、生ビールへの嗜好《しこう》も高まって、日本国内の生ビールのシェアは、昭和五〇年には九％であったものが、昭和六〇年には四〇％、平成五年には七〇％を超えた。

トラミネル Traminer

アルザスラインの谷の特殊なワインに用いられるぶどうの品種。また、このぶどうから造ったジャーマン・ワインにはレッテルに Gewürztraminer と記載されている。南チロルでも栽培されている品種で、このぶどうから造るワインは一般に柔らかく、酸は少なく、かすかな甘味さえ持ち合わせる場合もある。

トリプル・セック Triple Sec

本来はコアントローCointreau 社によって色のないキュラソー（トリプル・セック・ブランともいう）に用いられた名前であった。ただし、現在では世界中の多くの製造業者がキュラソータイプのリキュールにこの名前を用いている。

ドルトムンダー・ビール Dortmunder Bier

ドイツ・ドルトムント地方のビール。下面発酵の淡色ビールである。ピルスナーより淡色で苦味も弱い。

トルン（病） Tourne

びん詰の赤ワインに見られる異常現象。細菌がびん内に繁殖し、酒石酸などが分解されて揮発性の酸と炭酸ガスができる。このため、栓をぬくと音がするのでプス病などとも言われた。色は褐色になり濁ってしまい、味も、気が抜けたようになる。白ワインには少ない。

トロッケン・ベーレン・アウスレーゼ　→アウスレーゼ

トロンメル　Trommel

ビール醸造に用いる麦芽を造るのに用いる発芽缶。横式の円筒缶。水平に保った軸の周りを回転するようになっており、内部は適当な温度・湿度が調節される。

な

直し　なおし

本直しとも言われる。直しみりんなどの俗称もある。みりんに焼酎、またはアルコールを混ぜて造ったもの。みりんが調味料であるのに対し、直しは飲料であり、かつては東海地方で主に飲まれたが、最近はほとんど見られなくなった。本直しはエキス分一二～一五度、アルコール分二二％前後の甘い酒で、夏季には冷却して飲む。柳蔭《やなぎかげ》ともいう。

直し灰　なおしはい

古語。変敗し、酸の多くなった清酒を直すのに古くは木灰を用いた。この灰を直し灰という。また、灰によって味を調えた酒は有灰酒《ゆうはいしゅ》といわれた。一七九九年の『日本山海名産図会』には「直し灰　本石灰一斗に豊後灰四升　鍋にいりてしめりを加え用ゆ」とある。また、植物性の灰ばかりではなく動物性の灰も使われたようで、嘉永四年（一八五一）の『錦嚢智術全書』には「酒の醭《カビ》味の酸きを直す法、一、石決明《アワビ》の白焼を粉にして醭酸く成りたる酒の中へ入れば、忽ち味よく直るなり」とある。なお、直し灰の技術は酸味の度合いに応じて灰の量を調整しなければならないこともあり、一種の秘法として扱われてもいたようだ。例えば『日本新永代蔵』には「奈良の具足屋という酒屋は、四十八の時、烏目三貫文をもと手にして、そこね酒を買い集め是をくすり灰にてなおしおぼえて、上酒となして商ひ、六十一の本掛、店おろしの時、五千両といひしためしもちかき事也」と記し、灰を上手に使って巨利を博した例を挙げている。直し灰と同じ灰を酒の澄ましに用いると、すまし灰といわれた。さすがに上等な酒には用いることはなかったようだが、『錦嚢智術全書』には「又、方瓜蔞子《カラスウノリノミ》をよく洗ひ、火にて焼き灰にして、酒の内に入拌ぜ候へば、酒忽ち澄みて味よくなるなり」と記されている。いずれにしても、江戸時代の醸造技術の中でも、灰は重要な位置を占めていたことは間違いない。

中汲　なかくみ

濁り酒の一種。中澄みともいう。上澄みと底のよどみとの中間を汲み取ったもの。清酒とも完全な濁酒とも違う風味があり、最高級の旨さと評価する酒徒も少なくない。江戸時代から評価が高かったようで、『倭訓栞《わくんのしおり》』には「なかくみ　酒にいえり半清半濁のものをいふ。中酌の義なり。又上薫あり」としている。この中汲（中酌）は出回る時期があったようで『江戸買物案内』には「名酒中汲　九月より正月まで」とあり、季節の酒であったことがうかがえる。

仲添え　なかぞえ

日本酒の醪《もろみ》を仕込む時、原料は三回に分けて仕込む。その二回目の仕込みを仲添えと呼ぶ。麴と水と蒸米とを用いるが、この量は一回目の量の二～二・五倍程度。

中垂れ　なかだれ

日本酒の醪を搾袋に入れて搾る時、最初、袋の目を通して出てくるのは「荒走り」である。荒走りはかなりにごっているが、やがて袋の目が詰まって透明に近い液体が出る。これが中垂れである。品質はもっとも優れているとされ、特別な酒はこの部分を別にして貯蔵する。

灘　酒　なだしゅ

灘目酒ともいう。灘五郷（兵庫県西宮市今津から神戸市灘区、東灘区、兵庫区にわたる海岸沿いの地域）で造られる日本酒のことである。江戸時代に灘五郷といえば下灘郷（現在の神戸市兵庫区・中央区）、西郷（同市灘区）、御影郷（同市東灘区）、魚崎郷（同市東灘区の一部と芦屋市）、今津郷（西宮市）を指していた。その後、下灘郷が抜けて西宮郷が加わり、現在は西郷、御影郷、魚崎郷、今津郷、西宮郷（西宮市）を灘五郷と呼ぶ。

【歴史】灘酒の起こりは、中世以降のことだ。中世も末期になると、京都周辺で酒屋が繁栄するようになる。また京都の酒についで、奈良酒、天野酒、さらに少し遅れて近江、摂津、西宮、兵庫、加賀、越州、博多、伊豆などの酒が知られるようになってきた。このうち現在は、灘五郷に含まれる西宮が最初に名を表すのは約五五〇年前の文安年間（一四四〇年代）である。たとえば当時の貴族・一条兼良の『尺素往来』にその記述が見える。ところで、室町幕府の時代まで、西宮などの銘醸地は荘園領主の庇護の下にあった。しかし、戦国時代から安土桃山時代にかけて荘園領主の力が衰退すると、酒造業者も荘園から独立していく。そして江戸幕府による国内統一と新たな物流体制の確立が都市に密着した酒造体制を生み出した。池田・伊丹といった新たな酒造地は、こうして生まれていくのである。現在の灘五郷に属する今津も明暦年代（一六五五ごろ）に興ったとされている。

その後、灘では明暦三年（一六五七）に酒造株制が設けられ、おのおの、その株数に従って酒を造っていた。もっとも、実績と株数は必ずしも一致せず、その後、何回かにわたって醸造実績を一致させる株改めを行い、統制を強化している。とくに元禄一〇年（一六九七）に行われた株改め（元禄調高）は、その後九〇年間の統制の基礎となった。何度も株改めが行われた背景には、灘地方の酒造量が急激に増えていったためでもある。実際、最初の株改めが行われた寛文六年（一六六六）、灘地方の生産高は八四〇石だったが、元禄調高の前には、その三〇倍にあたる二万五〇〇〇石にまで達している。

灘における酒造業者の急成長の背景には、江戸への移出があった。徳川幕府が開設されて以降、江戸はあらゆる物資の一大消費地となった。もちろん、酒も例外ではなかったが、関東平野には良酒の産地がなかった。その結果、とくに関西から江戸への酒（いわゆる下り酒）の移出が盛んとなったのである。実際、元禄一五年（一七〇二）には、江戸への下り酒問屋は一二六人にも達している。

灘という名前が生まれたのは正徳六年（一七一六）。そして明和年代（一七六四〜七一）に灘目と称するようになった。ちょうどこのころは池田の酒造業者が衰退し、そして灘や西宮の業者が成長し始めた時期でもあった。天明年間（一七八一〜八八）にいたって東組（東灘）、中組（中灘）、西組（西灘）、下灘組（下灘）の、いわゆる灘四組の名が用いられるようになる。さらに東灘、中灘、西灘の三つで東郷（魚崎郡）、中郷（御影郡）、西郷と改め、これに今津と西宮を加え、灘五郷ができあがるのである。

灘酒の歴史は必ずしも上昇期ばかりではない。当時の幕府の政策によって、さまざまな浮沈が見られる。寛永年間（一六二四〜四三）における在々酒造業の禁止、寛文年間（一六六一〜七二）における第一次株改めに続く減醸令、そして「寒造り」にのみ限定し、「当座造り」の新酒を禁じるという季節的制限は、大きな節目となった。そして寒造りにのみ集中し、菩提酒のような自醸酒的性格のものを廃止したことは、酒の良質化には大いに貢献したといえる。元禄の第三次株改めまで統制の枠を強め続けた幕府の政策も、享保に入って次第に緩みはじめた。享保末期には豊作による米価の暴落に対応する手段として酒造業を奨励してもいる。そして宝暦四年（一七五四）、「勝手作り」となるにいたったのである。こうして自由競争の時代に入ったことは、池田・伊丹といった古い酒造業者を衰退させ、今津、灘目の業者の台頭を促すことになった。明和年間（一七六四〜七二）以降は、灘酒の生産量はいっそう増え、江戸積（江戸へ移出する酒）の量も増加し続けた。寛政四年（一七二九）、幕府は再び減醸令を発令。摂州・泉州・河州・播州・城州・尾州・参州・濃州・勢州・紀州・丹州の一一国の酒造業者に対する規制を強化した。この中でも、江戸への下り酒の主力となっていたのが摂州・泉州の「摂泉十二郷」（大阪三郷、伝法、北庄、池田、伊丹、尼崎、西宮、兵庫、今津、上灘、下灘、堺）であり、この二国だけで江戸の下り酒の八割を占めていた。さらに、灘目だけに限ってもすべての下り酒の半分ほどに達していた。この減醸令は寛政五年（一七九三）には廃止。やがて文化三年（一八〇六）、再び勝手造りに戻った。このような統制と緩和の繰り返しの中でも、灘目はその地位を築いていく。文化一二年（一八一五）には摂泉一二郷の持ち株七二万石のうち、灘目は三

江戸・新川（中央区）酒問屋。樽廻船が灘酒を運んでくる。（『江戸名所図会』）

八万石を占めるに至る。

　こうした灘目の成長を支えたのが丹波の杜氏《とうじ》たちである。もともと灘目の酒は三田地方の杜氏によって造られていたが、生産量拡大にあわせて丹波の杜氏たちも参画するようになった。そして、その勤勉さと熱心さが灘目にいっそうの発展をもたらした。

　文化以降、灘の酒は何度か危機に見舞われた。とくに幕末から明治維新にかけては、大きな危機であったようだ。王政復古の大号令によって江戸幕府がなくなり、江戸積の需要を激減したからである。その後、九州地方に販路を開くなどして生産量は再び回復。明治二〇年（一八八七）には三二万石に達した。さらに日清・日露戦争で生産量は四〇万石まで拡大した。大正になっても生産量は伸び続け、大正八年（一九一九）には五九万石を記録している。昭和に入り、戦争などで食糧事情が悪化したため生産量は減少。とくに太平洋戦争後には、需要も落ち込んだためか、甚だしく減少した。それでも経済の復興とともに生産量も回復し、現在では日本酒の全体生産量のうち三〇％近くを生産している。

【灘酒隆盛の要因】　灘酒が盛んになった原因はいろいろ上げられる。「宮水」と呼ばれる良質の醸造用水を確保できたこと、大粒の良質米「播州米」を使えること、吉野産の芳香が強い杉を樽材として活用できること、丹波杜氏という勤勉な労働力に恵まれたこと、大阪・神戸といった物流・消費の拠点に近いこと、醸造に適した気温であること、などが主な要因といえるだろう。つまり、酒に必要な自然条件と人的条件が、見事なまでに整っているわけである。もちろん、代々の経営者たちの努力や問屋たちの強力な販売網も忘れることができない要因である。また、技術的な要因もある。他に先んじて原料米の精白を高めたことなどは特筆すべき点だろう。これは、良質で大粒の米に恵まれていた上に、灘には急流が多く、水車精米が容易であったことから実現できたものと思われる。また、いち早く諸白に切り替えて良酒を生んだこと、宮水をたくみに利用し、酛や醪の安全な醸造を実現したことなど、いずれも重要な要因だ。かくして灘は数百年にわたって日本酒醸造の中心地であり続けているわけである。

【灘酒の特徴】 灘酒は古くから男性的な酒といわれる。これは、伏見や広島（西条）のそれと比較しての話である。色は淡く、味はキリリとしまって辛口であるが、〝押し〟があり、ダレてもいない。酸味も適当にあり、味に幅のある酒といえるだろう。このような性格は宮水と播州米からくるといわれる。しかし、その量が灘五郷すべてに行き渡るほどでもないことを考えれば、古くからの伝統の造りの上に近代性を兼ね備えた技術が生んだ性格であるといえる。

ナチュール　Nature

フランスでVin Natureといえば甘味を添加しない自然のワインをいうが、特別にはシャンパンの区別を示す言葉として用いられる。また、「甘味のない」という意味であるブリュットBrutと同義にも用いられる。

ナポレオン（ブランデー）　Napoleon（Brandy）

コニャックの級別をあらわす言葉。普通は、各々の製造者が造るコニャックの中でも、最高品位のものに、この称号が与えられる。いうまでもなく、この名の由来はナポレオン皇帝にある。ナポレオン皇帝に待望の男児が生まれた一八一一年、フランスはまれに見るほどぶどうが豊作となり、優良なワインやブランデーが得られた。この二つの慶事を記念し、この年に造られたワインを材料とするコニャックを「ナポレオン」と呼ぶことにしたのだという。約二〇〇年前のコニャックがどのくらい残っているかはわからない。ある会社では、一八一一年の樽を一つだけ持ち、少しづつ出しては使っている。もっとも、それでは減る一方であることから、その樽からコニャックを出した際には、必ず次に古く優良なコニャックを補充するという作業を続けているという。ちなみに現在、ナポレオンという表示を使うためには法律的には五年以上の貯蔵が義務となっているが、商習慣では熟成と品質の目安として三〇〜四〇年間貯蔵のブランデーを一部混和した品質優良なものでなければ、そう呼ばれることはない。原産地呼称法では、アルマニャックにもこの呼称がある。ほかのブランデーにも同様の表示があるが、国が保証するものではなく、個々の企業が製品の目安としているものである。

生酒　なまざけ

①もろみを絞った後、殺菌のための火入れをしていない酒。「なましゅ」ともいう。以前は、秋冷の時期、再度の火入れをしないで大桶からすぐに樽詰（瓶詰）して出荷していた。いわゆる「生詰め酒」である。商品の流通距離や消費されるまでの期間が長くなった戦後、瓶詰品はすべて火入れするようになった。しかし一九八〇年（昭和五五）ころから、ふたたび火入れをしない生酒が販売されている。これはミクロフィルターを用いて無菌状態にして瓶詰したものである。また「生」で低温貯蔵し、瞬間火入れ殺菌して瓶詰した「生貯蔵酒」もある。
②純粋で混じり気のない酒（きざけ、生一本）。
③味の調和が取れていない辛口の酒。あるいは辛口の酒。古語。元禄年間に記された『本朝食鑑』には「……辛口は、木酒倶に新酒の未だ調和を経ざるの称なり」とある。また、貞享年間に編まれた『童蒙酒造記』には「生酒之事　一寒三十日の内に造る也能米を一限白くして造り様大体寒造堂前別に口伝なし……但し成程辛口に造るべし」とある。

生貯蔵酒　なまちょぞうしゅ

醪《もろみ》から搾った酒をそのまま低温で貯蔵し、出荷直前に加熱殺菌処理した酒。フレッシュな香りとすっきりとした味わいが特長。

生詰酒　なまづめしゅ

通常の清酒は二回の火入れを行うのに対し、タンクで貯蔵する前に一度だけ「火入れ」を行ってビン詰された酒。やはり、生特有のフレッシュさとすっきりした味わいが魅力の酒である。

生ビール　なまびーる　→ドラフト・ビール

奈良酒　ならざけ

奈良は古くから酒造の盛んな土地だった。鎌倉時代には、奈良産の酒は京都にも移出されていたという。もっとも、奈良酒というブランドが世の中に知られるようになったのは文安年間（一四四四～四九）のことである。当初、奈良における酒造りの中心となったのは寺院だった。荘園から上がる莫大な租税米と広い僧坊を持つ大寺は、酒の材料にも醸造場にも事欠かなかったし、大陸からの文献も豊富で、当時の先進技術の集積があったわけである。なかでも菩提山寺は大乗院の有力な末寺として最も手広く酒造業を営んでいた。ここで造られる酒は京都に送られ、奈良酒、あるいは「菩提山酒」として名を馳せた。また一条院の末寺・中川寺やそのほかの寺で造られた酒も「僧房酒」として知られていたように、奈良の寺院酒造業は鎌倉・室町時代から相当な繁栄ぶりを示していた。僧院ばかりではない。奈良に関連した古文書をひも解くと文明年間（一四六九～一四八六）以降、かなりの民間酒屋が見られるようになる。こうした酒造業者に対し、当時の室町幕府や興福寺も、それぞれの収入源としたようだ。実際、幕府は菩提山寺や中川寺に「壷銭」を課している。大乗院もまた、末寺の菩提山寺から何がしかの上納金を納めさせていたようだ。もちろん、奈良にある民間の酒屋もこうした壷銭を納めており、その銭は興福寺が管理していたという。近世に入り、伏見や灘での酒造りが盛んになったことで、奈良酒の地位は相対的に下がったが生産そのものは現在に至るまで続いている。

軟質米　なんしつまい

日本酒醸造に用いる米のうち、水を吸いやすい性質を持っているものを指す。このような米は蒸米としても軟らかく、酵素による糖化も受けやすい。逆に水を吸いにくく、麹菌が米粒の中に入り難く、酒母・醪では糖化作用を受け難く、そして蒸米の手ざわりが硬い米は硬質米と呼ぶ。

軟　水　なんすい

水は、一定量の無機塩類（カルシウムやマグネシウムなど）を含んでいるが、この含有量が少ないものを軟水と呼ぶ。普通、上水道の水などは軟水である。ビールや日本酒の醸造用水に使われるが、この種の水を使うと、軽く、すっきりとした風味の酒が生まれやすい。

南都諸白　なんともろはく

南都とは奈良のこと。諸白は原料・麹・醪掛米とも白米を用いた酒である。奈良酒は白米にこだわった酒造りを心がけていたことから、この別名が生まれたのであろう。江戸時代の『本朝食鑑』『守貞漫稿』などにも、南都諸白の上質さを強調した古文書も多い。また、『成形図説』には「南都諸白には河内生駒米にて醸すとかや…」とあり、南都諸白は原料米から吟味していることがわかる。ただ、奈良の酒造業は元禄年間（一六八八〜一七〇四）に入ると衰退をはじめた。『童蒙酒造記』では「奈良流」を旧法とし、「伊丹流」、「鴻池流」を当流としているように伊丹、池田、鴻池を中心に造られた諸白が最盛期をむかえたのである。元文年間（一七三六〜一七四一）には、諸白といえば「伊丹諸白」のみをさすようになった。

南蛮甕　なんばんがめ

泡盛を保存・熟成する際に使う素焼きの甕。形状はいろいろあるが、一般にふっくらと腹が膨らんで、どっしりとした重量感がある。色は赤みがかったものから、黒々としたものまで、さまざま。沖縄では「ナンバンガーミ」と言われる。土の肌が呼吸して（素焼きは極僅かながら通気性があるため）酒の熟成を助ける上に、その土に含まれる微量成分がとけだすため、二〇年、三〇年後には見事な古酒ができあがる。

南蛮酒　なんばんしゅ

南方の国々を経由した西欧産の酒の古い呼び名。また、一種の混成酒を指していうこともあった。『万金産業袋』では、白米や麹、焼酎を使って造る南蛮酒を紹介している。

に

日光臭　にっこうしゅう

びん詰めしたビールは、長く放置されると香りが劣化してくる。この時の特別な臭いを日光臭と呼ぶ。臭いの正体は、ポップの樹脂から変わった物質と、硫黄をもった化合物とがびんの中で反応してできるメルカプタン（ニンニクやニラのような不快な臭気を発する）などの物質であるとされている。びん詰めビールはなるべく早く飲むように心がけたい。

日本酒度（浮標計）　にほんしゅど（ふひょうけい）

日本酒の甘辛を表す指標。これを計測するのに用いるのが日本酒度浮標計である。この浮標はボーメの比重計の目盛を一〇倍に拡大して目盛りをつけたもので、ボーメ度零度を日本酒度の零度とし、一度を一〇等分して日本酒度一度とした。そして零度より重いものに負号《マイナス》（−）をつけ、軽いものに正号《プラス》（＋）をつけて呼ぶ。一五度Cではかる。この浮標で－が付くものは大抵は甘口、＋が付くものは辛口と考えてよいが、そのほか、酸度なども味に影響するため（酸度が高い方が辛く、味は濃く感じる）、この数字はあくまで目安と考えるべきである。

乳酸　にゅうさん

有機酸の一種で、発酵乳や、動物の器官内に広く存在する。各種の酒の中にも含まれており、酸味の主な成分となっている。工業的には糖類からの発酵法や純化学的な合成法によって造られる。こうした乳酸は粘り気のある液体で、速醸酒母では、雑菌の繁殖を防ぐために用いる。生酛系酒母では、その初期に乳酸発酵をさせて乳酸を蓄積させる。

乳酸菌　にゅうさんきん

ぶとう糖などの糖類から乳酸を作る作用をもつ細菌の総称。日本酒では酒母（酛）のうち、生酛《きもと》と称する古来からの製造法において、この乳酸菌が出現して酸を造る。日本酒を変敗させる火落菌《ひおちきん》も、乳酸菌の一種で、変敗が起こる際には、乳酸が大量に生成される。

ニュートラルアルコール

原料としてはラムと同じく糖蜜が使われる。これを発酵後、連続式蒸留機でアルコール分九五％以上で蒸留し、無味無臭の酒とする。日本では、製造過程で使用すると、酒税法の関係上「原料用アルコール」「ブレンド用アルコール」と呼ばれる。

人参酒　にんじんしゅ

人参を用いた一種の薬酒。いくつか造り方がある。一つは人参の粉を用いて、これを麹といっしょに仕込んで酒を造るという混醸法。もう一つは人参粉末を袋にいれて酒に浸し、これを熟してのむ。こちらは一種の浸出法といえるだろう。

忍冬酒　にんとうしゅ

忍冬スイカズラの茎葉の浸出汁と焼酎などを混和して造った薬酒。古くは紀州が主産地で、紀伊忍冬酒といわれる。紀州では元和年間（一六一五〜二四）、和歌山城下の鷺の森酒屋源次郎太夫が造り、毎年藩主から禁裏や江戸幕府に献上したとされる。現在、献上に用いた酒器（高麗焼）が残っている。忍冬酒は『本朝食鑑』によれば、痛みを和らげ、毒を体外に排出するような効能があるという。忍冬酒は紀州のほか、伊勢、肥後、筑後にもあったようで、『本朝食鑑』には忍冬酒は熟成したものがよいこと、紀州、伊勢、筑後、肥後とあるが、いずれも味が違っており、紀州のものは至って辛く、丁子や肉桂の類も用いてあること、伊勢のものは金銀花（スイカズラ科の一種）茨の花を用い、米麹と焼酎とを加えることから甘味と辛味がまじっていて濃厚。肥後と筑後のものははなはだ甘く、酒を飲まない人が賞すると述べている。忍冬酒の製法は忍冬の茎、葉、花弁を乾燥させて、それらをもち米で造られた焼酎に漬け込み、ある程度の期間抽出してでき抽出液に、みりん、香料などの副原料をブレンドする。その後、熟成を経て瓶詰め、出荷となる。

ね

練酒　ねりざけ

甘く濃く粘りけのある酒。日本酒にまぜて飲む。練貫酒《ねりぬきざけ》。練貫。練りともいう。博多産のものが有名である。室町時代の古文書『蔭涼軒記録』に「筑前国博多以名酒而称練緯《ねりぬき》也　古来聞其名」とあることから、その起源は相当古いものであるらしい。この酒の性質について『庖厨備用倭名本草』には「筑前のねり酒　其の色白く、こく、ねばく　練帛をみるが如し　故にその名を得たり」とある。つまり、やや白く濁った酒であることから、その名が生まれたというわけである。この酒は、もち米や白米、麴、焼酎などを使って造る。『万金産業袋』には、練酒の造り方が具体的に掲載されている。それによると「まず上白のもち米五斗、上白米五斗、別々にこはいひに蒸し、よく莚にてさまし、上白のかうじ（麴）、米にて一斗、生しやうちゆう（焼酎）一石入れ、右三品を一つにし、桶に仕込み、おおよそ三十四、五日。ただし夏冬にて大分のかげんあること。右日数の時にしたがひあぐるにもろみながら磨《うす》にてひき、絹ぶるひにかけよく漉すなり」と記している。現在でも福岡県では、この練酒を造っている酒屋もわずかながら見られる。

年号物　ねんごうもの　Vintage

ワインの品質は、毎年のぶどうのでき具合に大きく左右される。そのため、必ずしも古いものほどよい、というわけではない。ぶどうの当たり年「ビンテージ・イヤー（Vintage Year）」のワインは特に珍重される。こうしたワインを年号物、ビンテージ・ワインVintage Wine、あるいはビンテージ・ポートVintage Portなどと呼ぶ。年代物とも呼ばれる。また、できのよい年号を産地別に一表にしてわかりやすくしたものが、年号表ビンテージ・チャートVintagre Chartである。

の

呑切　のみきり

貯蔵してある清酒を検査すること。普通、清酒は秋から冬にかけて造り、これを次の造りまでに出荷するという季節的稼動をしている。そのため、その年の二月ころまでに造った酒はすぐ市販されるが、その他大部分の酒は四月ごろに火入れして貯蔵される。この時、酒の貯蔵中の質を調べるため、ときおりタンクの呑口から酒を取り出して鑑定するのである。おおむね六月ごろに行うのが初呑切、それから一〜二ヶ月ごとに二番呑切、三番呑切を行う。

呑口　のみぐち

日本酒のタンク。桶、樽などの側壁の下についている排出孔。大きいタンクでは上下に二つあり、上《うわ》呑《のみ》、下呑《したのみ》という。

ノワヨー　Noyau

リキュールの一種。無色ないし薄いピンク色の甘口の酒。香りは杏《あんず》の種、アーモンドの精油の匂いをつけてあるのが普通。

ノンアルコールビール　のんあるこーるびーる

ビールの風味を楽しめる炭酸飲料。ビールと同じ原料、製法で作るがアルコール分を一%未満に抑えているため、酒税法上の酒にはならず税金もかからない。製法としては、ビール酵母による発酵を途中で止めるか、発酵後にアルコール分を取り除くかの二つがある。少ないアルコールでいかに味を整えるかがポイントで、なかには酸味料を加えるメーカーもある。商品自体は二〇年ほど前からあったものだが、二〇〇二年六月の改正道路交通法で酒気帯び運転に対する罰則が強化されたことなどから、急激に売れ行きを伸ばしている。

は

バー　Bar

バーテンダーが、カクテルや洋酒を供する欧米風の酒場をいう。名前の由来については、アメリカの酒場で酒樽と客の間を仕切った棒からきたという説、ヨーロッパの居酒屋で、客の馬をつなぐために設置した杭と横木から出たという説などがある。日本におけるバーの始まりは、幕末の一八六〇年（万延元年）、横浜の外国人居留地に開業したオランダ人経営の横浜ホテルに設けられた外国人相手の酒場までさかのぼる。日本人を対象としたバーは、一八七〇〜八〇年代の東京・銀座にあった函館屋と、浅草雷門の神谷《かみや》バーとされる。函館屋は舶来上等の洋酒の瓶で左右の棚を埋めた高級バーで、新橋芸妓も出入りした。神谷バーは、洋酒の一杯売りを手始めに人気を集めた居酒屋風大衆バー。現在も浅草で営業を続けている。戦前でも一九二〇年代後半から三〇年代前半はカフェーやバーの全盛期だった。戦後は洋酒ブームや高度経済成長期の社用族の隆盛にのって、女性をおいてのサービスを主とする高級バーが増加するかたわら、庶民的なスナックバーも各地でみられるようになった。バーの魅力は、酒はもちろん、人生経験豊かなバーテンダーやマダム、あるいは常連客同士の会話にあるとされる。一九九〇年代になるとしゃれたインテリアのカフェバー、ワインバー、食事もできるダイニングバーなどが人気を集めるようになった。

バーボン　Bourbon Whisky

代表的なアメリカンウイスキー。開拓時代、ケンタッキー州バーボン郡で、農民たちにより、トウモロコシを主原料にしたウイスキーが多く造られたことからこの名がある。アメリカのウイスキーは法律的には三〇数種に分類されるが、実際はストレートバーボンウイスキーとブレンデッドウイスキーの二つがほとんどを占めている。バーボンの定義は「原料のうち五一％以上をトウモロコシが占める醪《もろみ》から造る酒。連続式蒸留機でアルコール分を八〇％未満で蒸留、内面を焼き焦がし炭層をつけたホワイトオークの新樽に留出液を入れて、二年以上熟成させたウイスキー」である。また、ブレンデッドバーボンウイスキーとよばれるものは、ストレートバーボンウイスキーを五一％以上含んだものを指す。ストレートバーボンウイスキーは、内面を焦がした新樽に熟成されるため色が濃く、香味も世界のウイスキーのなかでもっとも強烈であるとされる。

白乾児　バイカル　Bāi gān ér

中国・華北地方で造られる高粱を原料とした蒸留酒。高粱酒《カオリヤンチュウ》ともいわれる。無色透明で特有の香気（カプロン酸など高級脂肪酸のエステルが主体）をもち、アルコール分は六〇％前後である。一般的には白酒《パイチュウ》という名前で、各種の原料から造った蒸留酒を総称する。

【製造法】　⑴曲の製造＝白乾児の製造は、まず曲の製造から始まる。曲とはわが国の麹に相当するもので、原料は大麦、小麦、小豆その他穀類を用いたものが大曲、小麦の麹を用いたものが夫曲、稲米と米糠を用いたものが小曲と呼ばれている（大曲・小曲の違いは原料よりもできあがった曲の大小からきたという説もある）。普通は麯子といって大豆・小豆を主とし、時に小麦・そば・黒豆・とうもろこしなどを混ぜ、破砕したものに水を加えて混合し、木箱に入れてレンガ状に固める。この塊を養曲房という小屋に入れ積み重ねて放置する。しばらくすると、自然に麹かびやくものすかびが生えてくる。約三〇～五〇日くらいかかって出来上がる。もちろん、特殊なものは大曲、小曲、夫曲を造る。⑵仕込＝仕込槽は地下に掘った穴で、板張りであるが、最近はコンクリートで固めており、一種の穴蔵（窖という）である。白乾児の仕込みは水のごくすくない、いわゆる固体仕込みであって、清酒のような液状醪《もろみ》ではない。仕込みは高粱に対して約一五％の粉にした麯子を混ぜ、これに少量の温水を加えて窖の中に投入する。完全に入れ終わったら、表面を糠と泥をまぜた稀糠泥で覆い、外気と遮断する。一、二日で発酵が始まり、炭酸ガスのために泥皮に亀裂が見える。このように表面の状態や内部に棒を差し込んで、糖化発酵の状態を確かめ、表面の泥の亀裂に新しい糠を入れたり、温度が低下すると曲を混入して温湯を加えるなどして管理を行う。(3)蒸留＝普通は仕込後一〇～一一日（気温によって一ヶ月近くかかる）で最初に仕込んだ分の発酵が終わるので、これを蒸留する。蒸留機は、普通のせいろの上にかぶと釜を載せた旧式のものである。この時、新しい高粱、あるいはその他の原料を蒸留する醪に加えて一緒に熱することで、蒸留と蒸煮とを同時に行う。そして残渣は冷却後、再び麹子を加えて穴蔵に投入・発酵させる。これをまた蒸留する際には、新しい原料を補充する。このように段々と加える新原料の料を少なくして仕込みと蒸留を約五回ほど繰り返し、最後の粕は蒸留粕として廃棄する。こんな手の込んだ操作を行うのは、固状醪で原料利用率が悪いのを補うためであり、他に例を見ない興味ある技法である。

【白乾児の酒質】白乾児はアルコール分五四～六二%くらいあり、酸度一～二・六度程度。長年甕貯蔵したものは醇化されており、とくに茅台《マオタイ》酒と呼ばれるものは、中国随一の美酒として知られる。

白酒 バイジュウ Bái jiu

中国の伝統的な蒸留酒。白酒には、中国各地の風土、原料、製造方法の違いによってさまざまなものがある。たとえば華北の高粱や麦類を主体とする酒（たとえば白乾児《バイカル》）のように、やわらかい味と淡白な風味を併せ持つもの、陝西、貴州の香り高い茅台酒のようなもの、華南地域の米酒のように癖のないもの、と多種多様な酒が広い国土に存在している。

焙炒造り ばいしょうづくり

米を一〇%ぐらい精米し、その後、三〇〇度C位の熱風を吹きつけ、米を炒り、でんぷんをα化して仕込む方法。同時に、タンパク質は熱変性を起こし、米麹のタンパク質分解酵素が作用しても分解されにくくなるため、精白度の低い白米でも淡麗な酒ができる。この造り方では、従来の杜氏技能集団による酒造りではなく、通年雇用の技術者による製造管理のもとに行われることが多い。

ハイ・ボール　High Ball

ウイスキーやジン、シェリー、ラム酒などをソーダ水やジンジャーエールで割った飲み物。ウイスキーのソーダ割りがもっとも有名である。多くの場合、口の長いタンブラーに氷塊一片とウイスキーを入れ、冷やしたソーダ水を注ぎ、バースプーンで軽く混ぜるようにしてつくる。

ハイボールの語源については、今ひとつはっきりしない。伝承では「一八世紀、イギリスでゴルフを楽しんでいた男が何気なしにウイスキーの入ったコップにソーダ水をついで飲んだところ、ひどくさわやかな気分になった。その勢いでクラブを握ってショットした結果、みごとホール・イン・ワンできたことから、ソーダ割ウイスキーをハイボールと呼ぶようになった」という説や、「アメリカで汽車を給水場で止める際、客にソーダ割のウイスキーを振舞った。その際、汽車を止める合図として機関士が先にボールが付いた棒を高く掲げたことから、ソーダ割ウイスキーをハイボールと呼ぶようになった」などの説がある。

一般にイギリスでは水割りを好み、アメリカではハイ・ボールを好むとされる。これは、イギリス人がスコッチの香や味をなるべくそのまま楽しもうとしたのに対し、アメリカ人は、風味があまりよくないコーン・ウイスキーやライ・ウイスキーをソーダで割ることで飲みやすく工夫したことが習慣になったためであるという。

麦　芽　ばくが

麦を発芽させたもの。特に、大麦のものをいう。ビールや水飴《みずあめ》の製造に用いる。麦もやし。ビールに使う場合、焙燥（麦芽を加熱によって乾燥させて発芽をとめ、保存性を高め、特有の色と香りをつける作業）する。焙燥を高温で長時間行うことによって色を濃くさせたものを濃色麦芽と呼ぶ。一方、焙燥を比較的低温・短時間で済ませると色の薄い淡色麦芽が出来上がる。日本のビールは大半がこの淡色麦芽から造られる。

バスタード　Bastard

エリザベス王朝時代、イギリスでよく知られていたイベリア半島産の甘口の白、赤のワインをいう。このワインについては、シェークスピアが「尺には尺を」や「ヘンリー四世」の中でふれている。名前はポートやマディラを作るのに用いる一番大切な品種であるバスタードからきているものと考えられる。

破　精　はぜ

麴菌の菌糸（麴菌のからだである糸状の細胞）が米粒などで、肉眼でも確認できるほど繁殖すること。麴製造工程の用語である。

バッカス　Bacchus

ギリシア神話における酒神ディオニソス Dionysos の異称。ローマ神話では、バッカスをディオニソスの名で呼び、豊穣と酒の神リベル Liber と同一視した。ローマのバッカスは、しばしば女性的な美青年として描写される。ぶどうの葉で巻いた杖に松かさを乗せたものを所持している。

発　酵　はっこう

微生物の作用によって有機物が分解され、より単純な物質に変化する反応。微生物が糖を無酸素的に分解することによって、エネルギーを獲得する反応で、無酸素呼吸ともいう。ただし、この定義に当てはまる反応すべてが発酵であるわけではない。その作用が人間にとって有用である場合のみが発酵とよんでいる。酵母の作用によって糖からアルコールと炭酸ガスが生じるアルコール発酵は、その代表例といえる。そのほか乳酸発酵、酢酸発酵、アミノ酸発酵など多くの発酵現象が知られている。

発酵性糖　はっこうせいとう

酵母が直接発酵できる糖類。ぶどう糖、果糖、マンノース、蔗糖、麦芽糖などが発酵性糖である。

発酵槽　はっこうそう

アルコール発酵を行わせるのに用いる容器。大別して槽外の空気と内部の空気が行き来できる開放式と、まったく外気を遮断した密閉式がある。開放式は、昔から用いられているもので、日本酒、ビールなどで使われる。しかし、最近はビールなどでも密閉式の発酵槽で造る場合がある。

発酵度　はっこうど

ビール醸造工程で用いられるアルコール発酵の程度を示す数値。次の数式で得られる。

$$\frac{\text{原麦汁のエキス分}-\text{発酵後のエキス分}}{\text{原麦汁のエキス分}}\times 100$$

発酵歩合　はっこうぶあい

一定量の原料から、どのくらいのアルコールが得られたかを示す数値。次の数式で得られる。

$$\text{発酵歩合}=\frac{\text{熟成醪容量}\times\text{熟成醪アルコール\%}}{\text{蒸煮醪容量}\times\text{蒸煮醪全糖分}\times 0.6439}\times 100$$

つまりは、理論的なアルコールの生成量に対し、実際はどのくらいのアルコールが生まれたかを示す数字である。

罰酒　ばつしゅ

懲罰として飲ませる酒。罰杯ともいう。おこりは平安時代。宮中では、正月一八日の賭弓《のりゆみ》が行われ、この時の勝者が敗者に罰杯を飲ませたとされる。また、『醍醐天皇御記　続々羣書類従』によれば、宮中で親王が舞を奏する際、一拝を落としたので、罰酒を給わったなどの記録がある。そのほか、ちょっとした遊戯や競技で負けたものが罰杯を強いる例は宮中以外にもあったようだ。土佐の箸拳《はしけん》（高知県で行われる宴席の座興。二人が相対して三本ずつの赤箸を前面に突き出し、箸の合計本数を言いあてる競技）の罰酒などはその典型であろう。中国でも同じような風習が存在していたことが『太平御覧』などの古文書から明らかである。昭和六〇年代から平成にかけて学生の間などで流行した「一気飲み」にも、罰酒としての性質もあった。

初添え　はつぞえ

日本酒の醪《もろみ》は普通、三回にわたって原料を仕込むのであるが、その最初（第一日目）に、でき上がった酒母（酛《もと》）に麹《こうじ》、水を加えて行う操作をいう。三回にわけたうちでは原料の重量は一番少ない。温度は一二〜一四度くらいに仕込む。

バッティング　（ヴァッティング、Vatting）

モルト・ウイスキー独特の用語。一樽ごとに異なった個性を持つモルト・ウイスキーを大きな桶（ヴァット）に入れて混ぜ合わせる作業を指す。その結果、うまれたウイスキーはバッテッド・モルト・ウイスキーと呼ばれる。これはあくまでモルト・ウイスキー同士を掛け合わせたものに限られており、モルト・ウイスキーとグレーン・ウイスキーを混合した場合は、ブレンディングと呼び分ける。

初呑切　はつのみきり

初呑切は酒造りが終わってからの酒庫《さかぐら》の最初の行事である。梅雨明けごろ、早朝から杜氏《とうじ》・蔵人《くらびと》・主人・技師などが集まって貯蔵タンク一本一本の呑口から酒を取り出して検査をし、利き酒を行う。古くはこの初呑切で貯蔵中の酒の変敗の有無を確認した。最近でも貯蔵中の変敗の有無と酒がどの程度熟しているかなど、品質を確認する行事で、今なお酒造関係者にとって夏の最大の行事といえるだろう。

発泡酒　はっぽうしゅ

炭酸ガスを含み、開栓してグラスに注いだときに泡がたつ酒の通称。発酵によってできる炭酸ガスを自然に酒の中に保有させるか、あるいは人工的に炭酸ガスを吹き込んだ酒である。シャンパンやビールも広い意味では発泡酒であり、以前の酒税法では、シャンパンはじめ発泡酒は、ビールを除いて「雑酒」に属していた。しかし、一九六二年の改正で、すべての酒類について、炭酸ガスを加えて発泡性をもたせたものも、酒税法上の種類、品目を変えないことになった。つまり、シャンパンやシードルは「果実酒」に属する。ただ、たとえば麦芽を原料としても、麦芽の使用量の少ない発泡酒は、ビールではなくて「雑酒」に属すると規定されている。かつて一般的には、発泡酒というと、シャンパン、そのほかのスパークリング・ワインをさすことが多かった。しかし、一九九五年以降、日本では低麦芽使用率でビールによく似た雑酒が発売された。これがビールより低い酒税が適用され安価なこともあって人気をよび、発泡酒の名称で定着している。

パテント・スチル　Patent Still

簡単な連続式蒸留機。ポット・スチルよりは高濃度で不純物が少ない蒸留酒を得るのに用いる。↓ウイスキー【製造法】

馬乳酒　ばにゅうしゅ　↓クミス

バレル　Barrel

木製の大樽。ビールでは、かつては仕込みにも使われたが、現在では保存用に使われる程度。材質は樽で、内部にピッチを塗ってある。ブランデー、ウイスキーの貯蔵に用いるのはオーク材（樫や楢）の樽。この樽を使うことで、香味の熟成と、木の色素による着色が起こる。つまり、ウイスキーやブランデーにとって、バレルは欠くことができない素材である。

パンチ　Punch

本来は、温かく、そして強烈な冬の飲料である。蒸留酒、果実、スパイス、水、砂糖を混和し、これをPunch Bowlで飲む。パンチは古代インド語のパンチャPamca（五つ）から出た。すなわち前記五種類の原料（他で代換えされる場合もある）を用いたものという意味がある。ノルウェー・パンチはバタビア（現ジャカルタ）のアラックをベースにした甘いリキュールで、アルコールは二六～二七%。スウェーデン・パンチはラムをベースにしたもの。一八世紀スウェーデンの商人が西インドからさとうきびの蒸留酒を持ち込み、これがパンチのもととなった。もともとパンチは温めて飲むものであるが、一九世紀からは冷やして飲まれるようにもなった。パンチの原則的な処方は、赤、または白のワイン、ラム、ブランデー、果汁などである。

般若湯　はんにゃとう

僧が用いた酒の隠語。厳しい仏教の戒律の中から生まれた言葉である。この名前が生まれた由来については、次のような話がある。「ある僧が、戒律を守るために酒の甕を柏の木に打ち付けて割った。ところが、甕はこなごなに砕けたのに酒はその木に付着し、樹をゆすっても落ちてこない。たまたま寺にやってきていた僧が器を用意し、所持していた般若経を読み上げたところ、いままで落ちてこなかった酒がきれいに器の中に落ちてきた。この故事以降、僧たちは酒のことを般若湯と呼ぶようになった」。

ひ

ビール　beer

麦芽とホップと水、これらを原料として発酵させ、炭酸ガスを含む醸造酒である。爽快な味と手軽さから世界中で愛される酒である。アルコール分三～八％。酒税法によるビール（麦酒）の定義は以下のとおり。「麦芽、ホップおよび水を原料とし発酵させたもので、ほかに米、トウモロコシ、デンプンなどの他の材料も一定範囲内（麦芽の二分の一以下）で使用することができる」。ここで認められる他の材料には高粱や馬鈴薯、糖類や苦味料、着色料（カラメル）が含まれる。こうした材料を麦芽の二分の一以上使った場合はビールとは見なされない。副原料として米やトウモロコシなどを使っているのは日本とアメリカで、軽いさわやかな味をつくるのに有効である。ドイツでは国内向けのビールは麦芽、ホップ、水でつくるが、輸出用には輸送中の酒質の安定性や混濁などの防止するためにでんぷん質を混入させる。さらにイギリスでは砂糖を使うことも認可されている。なお日本では平成七年以降、酒税法のビールの定義に含まれない発泡酒（麦芽の使用比率が六七％未満のもの）が発売され、人気を博している。

【ビールの種類】ビールは使用した酵母の種類や原料によって分類できる。一般的な分類は次の通り。

(1)　下面発酵ビール

・淡色ビール：ピルゼン・ビール、ドルトムンド・ビール、アメリカ・ビール、日本産ビールなど

・中等色ビール：ウィーン・ビールなど

・黒色ビール：ミュンヘン・ビール、クルムバッハ・ビールなど

(2)　上面発酵ビール

・淡色ビール：ペール・エール、ビター・エールなど
・黒色ビール：スタウト、ポーターなど
・その他：マルツ・ビール、ワイス・ビール、ランビック、ピルゼン・ビールは下面発酵の淡色ビールでももっともポピュラーな存在といえる。日本のビールもおおよそこの型である。ミュンヘンビールは黒ビールの代表的なものとされてきたが、近年はミュンヘンでも淡色ビールが多く出回り始めている。上面・濃色の代表はポーターとスタウト、上面・淡色の代表格はエールといえる。なお上面発酵のビールは下面発酵のビールよりアルコール度が高くなる傾向がある。

【沿革】ビールの歴史は古い。穀物を材料とした酒だけに、人類が農耕をはじめたころまでその起源はさかのぼるだろう。しかし、ワインのように単純な工程から生み出される酒に比べれば、製造工程が複雑であるだけに、その歴史は浅いといえる。

(1)　バビロニアのビール＝ビール発祥の地は、メソポタミア文明が栄えたティグリス・ユーフラテス川流域とされている。紀元前三〇〇〇～四〇〇〇年ごろ、シュメール人はエンメルという醸造用の小麦を栽培しビールを作ったという。造り方は、①エンメルを脱穀し、これと乾燥した大麦の麦芽、そして水を混ぜ合わせた上で焼いてパン（Beer Bread）を作る。②このビール・パンを粉砕し、水や薬用植物などを加えて混ぜ合わせる。③この混合液を葦などで編んだふるいで漉して大型の器に移し、自然に発酵させて完成である。

ビールが「液体のパン」と呼ばれるのは、その起源がパンにあるからかもしれない。もっとも、バビロニアのビールは、現在のように澄んだ状態にまで仕上がるわけではなかったようだ。それでも、すでにこの時代から、ビール・パンの焼き方や原料配合、濃度などによって一〇種類余りのビールがあったとされる。また、バビロニアの民にとってビールはパンと同じように大切なものであ

った。実際、役人の給料はビールで支払われたというし、神前の供物もビールであった。なにより、ビールの醸造は寺院や支配者層が手掛けていた。各地に醸造所ができ、ビールが商品として流通しはじめたのは紀元前二二〇〇年ごろのハムラビ王朝のころである。

(2)　エジプトのビール＝バビロニアの文化はすぐに古代エジプトに伝わった。ナポレオン軍がナイル川近くで発見したロゼッタ・ストーンの中には、エジプトでは紀元前四〇〇〇年ごろ、すでに麦芽を使った酒が存在したことが書かれており、また、製法を示す絵画も発見されている。その製法は、麦芽のパンをつくり、これを原料としてビールを作るという、バビロニアと同様の方法であった。ただし、エジプトのそれは、かなり酸味の多いものであったと想像される。そのほかエジプトでは清澄剤を使用したり、専業的な醸造場が作られたりもした。また、バビロニア時代はもろみをストロー様のもので飲んだようであるが、エジプトでは角杯が用いられている。バビロニアやエジプトのビールは、周辺へ伝播していったが、その詳しいいきさつははっきりしていない。古代ギリシャ人やローマ人はワインを主に飲んでおり、ビールは発達しなかった。そして、ビールは、アルメニアや小アジアを経て、より麦作に適する北欧のゲルマン人に引き継がれていった。

(3)　ドイツのビール＝例えば、ドイツではかなり古い時代から穀物で造った「Öl」という酒が存在したことが知られている（イギリスのAleとなって今日残っている）。当初、ビールは家庭で作られていたが、八世紀のころには、当時学問の府であった僧院がビール製造の中心となっていった。近世に入るとビールの醸造組合が生まれ、各都市には、醸造所が設けられた。さらに民衆が作った工場も出現するなど、近世ドイツにおいてビール醸造業は一気に花開いたのである。三十年戦争の際、農地が荒廃し、ビール生産も一時的に衰えたが、その後、バイエルンより再興し、ミュンヘンにはポープブロイ王室醸造場が設けられるなど、戦争前以上にドイツのビール産業は活性化していった。

(4)　ホップの使用＝さて、ビール発祥の地・バビロニアではビールを作る際、薬草を使ってビールに香味をつけていた。その香味の中にホップが入っていた可能性は高い。つまり、ビールの発明後、しばらくしてホップの使用も始まったと考えられるのである。実際、有名な「バビロンの空中庭園」にもホップが植えられていたと伝わっている。また、バビロニア人はユダヤ人を捕虜とし、さまざまな労働に当たらせていた。このユダヤ人の法律集の中にホップを示す言葉が出てくることなどから、紀元前六世紀にはホップがビールに活用されていたとする説もある。時代が下り八世紀のゲルマン人の文献にはホップの記載がある。また、ドイツ国内の九世紀の文献にもホップを栽培した僧侶のことが記されていることから考えて、ドイツでは八〜九世紀にかけてビールにホップが用いられるようになったと思われる。ベルギーではグルートという芳香性の植物からビールが製造されていた。このグルート・ビールはホップが登場するにつれて姿を消していく。一方、ホップの原産地については、さまざまな説がある。野生のものはカスピ海の西コーカサス山脈、アルメニア、メソポタミアのあたりで見られたといわれる。とくにコーカサス付近の原住民がよくビールを飲み、野生のホップを加えたのではないかという説もある。いずれにせよ、ホップはこのコーカサスから北に進み、南ロシアからスラブ民族の手でヨーロッパに伝わったのであろう。

(5)　その他の国＝ドイツとともに伝統的なビール大国に数えられるイギリスでは、紀元八世紀、いわゆる大麦モルトのみのエールが現れている。この国ではずっと後になってホップを用いるようになった。また別にとうがらしを使ったビールも存在していたらしい。一六世紀ごろになると、ほとんどホップを加えたものが主体になってくる。そしてこの時代のイギリスには自家製ビールもかなりあったようだ。一八世紀になると、スタウトアンバー・ビール（タベニー Tabeny）、何種類かのエール、テーブル・ビールなど、いろいろなものが生まれてくる。このうちエールとビール、タベニーの三つを混ぜたビールが出現し、これがポーター（赤帽）やキャリアー（仲仕）などに受け、ついにポーター Porter の名前が生まれる。アメリカでは一七世紀マサチューセッツ州でビールが造られていたようで、やがてウイスキーやワインと並んで、この国の大衆飲料としての地位を得るに至っている。

【一九世紀以降におけるビール醸造】 一九世紀ドイツではビールの醸造もほとんど民間の手に移り、一つの企業としての形をとるに至ったが、設備はさほど近代化されていなかった。その一方でいち早く産業革命を成し遂げていたイギリスにおいては、ビール造りもドイツよりずっと近代化されていた。ドイツのビール醸造が機械化し、さらに下面発酵としたスタイルを確立させるのは二〇世紀にはいってからのことである。第二次世界大戦後、圧倒的な工業力と小麦の生産量を誇るアメリカでビールの生産量が急増。さらに近年は経済発展が著しい中国でビールの生産量が急増しており、二〇〇二年にはついに中国がビール生産の世界一の座を射止めた。以下、二〇〇二年における世界の主要国のビール生産量を記す。

二〇〇二年国別ビール生産量（ビール酒造組合調査、単位は一〇〇〇kl）

①　中国：二三五八五
②　アメリカ：二三四五六
③　ドイツ：一〇八四〇
④　ブラジル：八四一〇
⑤　ロシア：七〇二〇
⑥　日本：六九八六
⑦　メキシコ：六三七〇
⑧　イギリス：五六六七
⑨　スペイン：二七八六

⑩ ポーランド：二六〇〇
⑪ オランダ：二四九九
⑫ 南アフリカ：二四四〇
⑬ カナダ：二二三七
⑭ 韓国：一八二一
⑮ フランス：一八一二

【日本におけるビール】明治維新以前、ビールが輸入された可能性はあるが、確かな記録はない。日本におけるビールの開祖は蘭医・川本幸民と伝えられるが、実際に大々的なビール醸造を行ったのは、明治五年、横浜天沼にSpring valley Breweryという工場を設けたコプランドとウィーガントというアメリカ人である。また当時、大阪では渋谷庄三郎が渋谷ビール醸造所を堂島に設立。アメリカ人の醸造技師フルストの指導で明治一〇年までビールを製造した。日本人として本格的にビールを造ったのは渋谷が最初といえるだろう。さらに甲府の酒造家・野口正章は明治五年、天沼ビールのコプランドを招いて醸造の手ほどきを受け、明治七年には製造を開始した。野口は翌八年、三つ鱗麦酒を発売している。このビールは途中休業したこともあったが明治三四年まで続いている。一方、北海道開拓使は、道産大麦の利用の一つとしてビール醸造を計画。明治九年に札幌市（現在のサッポロビール工場の場所）に開拓使麦酒醸造所を設け、明治一〇年には販売を行っている。この醸造所に雇われた中川清兵衛は若くしてドイツに渡り、ベルリンで醸造技術を習得した人であった。開拓使ビールは明治一九年には北海道庁の所管となり、まもなく民間に払い下げられている。ビールは明治の文化の進展につれ、その需要も多くなり、輸入のほかに国産のビール醸造所が続いて設立され、一時は一〇数社にも達した。その主なるものは、明治一八年に設立されて天沼ビールの事業を継承したジャパン・ブルワリー・カンパニーがある。のちの麒麟麦酒の前身であり、当時から麒麟の商標を使用していた。また明治二〇年には日本麦酒株式会社が恵比寿ビール、明治二四年には開拓使ビールを受け継いだ札幌麦酒株式会社が、そのほか明治二〇～三〇年の間に愛知県半田に丸三麦酒、大阪に大阪麦酒が開設している。日清戦争後、ビール業界も再編の段階に入り、大正三年には大日本麦酒（日本麦酒と札幌麦酒、大阪麦酒の三社を主体としたもの）、麒麟麦酒（ジャパン・ブルワリー・カンパニーの後身）、加富登麦酒（丸三麦酒の後身）、帝国麦酒の四社に統合された。大正初期、これらの会社は順調に発展していくが、その後も企業の再編・統合は進み、昭和四年には大日本麦酒、麒麟麦酒、日本麦酒鉱泉、桜麦酒（帝国麦酒の後身）、そして大正九年に設立された日英醸造（オラガビール）の五社となった。戦争の時代に突入し、企業の統合はますます加速された。ビール業界も例外ではなく、昭和一二年、ビール市場には大日本麦酒と麒麟麦酒だけが残るのみとなったのである。その一方で生産量は伸び続け、昭和一四年の年間生産量は三一万klを記録している。戦時中、大きく減少した生産量も昭和二四年から上向きに転じ、昭和二八年には三九万klと、戦前をしのぐ量を造るようになった。二〇〇二年段階では年間六九八万kl、世界でも第六位の量を生産している。なお、太平洋戦争後の昭和二四年、集中排除法によって、大日本麦酒は日本麦酒（現サッポロビール）と朝日麦酒（現アサヒビール）に分割され、麒麟麦酒を加えて三社になった。昭和三二年「タカラビール」（宝酒造）が発売されたが、一〇年後撤退。その後、昭和三八年にはサントリーが「サントリービール」を発売している。平成一六年現在、沖縄のオリオンビールを加え、五社（ビール酒造組合傘下）三六工場がある。なお、平成六年、ビールの製造免許の最低製造数量基準が二〇〇〇klから六〇klに引き下げられ、各地に地ビールとよばれる小メーカー（約二〇〇社）が誕生した。

【ビールの製造】(1)　材料＝日本の淡色ビールには軟水がよいとされ、水道水を用いる。一方、濃色甘口のミュンヘン型のビールには硬度の高い水が使われる。主な材料である麦は大麦である。二条大麦と六条大麦とがある。このうち、二条大麦は大粒でデンプン質に富み、タンパク質が少なく殻皮も薄いため、ビール醸造に適している。一方、六条大麦は穂に粒が六列あり、小粒である。日本ではあまりビール用の麦として使うことはない。なお、日本ではビールムギの生産は少ないので、ほとんどカナダ、オーストラリア、アメリカから麦芽として輸入している。ホップは、ビールに香味を与えるもので、アサ科に属するカラハナソウの未受精の雌花を使う。有効成分のルプリンが形成され、ホップ油、樹脂、タンニンなどが含まれる。

(2)　醸造＝製麦段階では、大麦を水に浸《つ》けて吸水させ、調湿、通風しつつ、七〜八日間かけて発芽させる。これを焙燥室で乾燥させて根を除いて麦芽にする。黒ビール用の麦芽は焙燥の温度を高くし焦がしたものである。なお、使わない麦芽は乾燥した貯蔵庫に収め、必要に応じて取り出して使う。次に麦芽を粉砕し、約六倍の五〇度Cほどの湯を入れる。続いて液の一部を分け、副原料の米やトウモロコシといっしょに仕込釜《しこみがま》で煮る。さらにこれを元に戻し、一定時間糖化を図る。この操作を繰り返し、温度を高め（六〇〜七五度C）て糖化を進め、自然濾過していく。次にホップを加えて煮沸釜で煮て、ホップの有効成分を抽出。濾過冷却して発酵タンクに送る。次の主発酵段階ではステンレス製あるいはアルミ製のタンクに入れ、ビール酵母を加え、八度Cぐらいの温度で、約八〜一二日ほど発酵させる。続いて後発酵段階に入る。炭酸ガスがビールに吸収されるのはこの段階である。低温（一〜二度C）で約一〜二か月間ゆっくり発酵を行う。炭酸ガス圧として〇・五気圧ぐらいになる。熟成したビールは炭酸ガスを失わないように、加圧下で低温で濾過する。濾過は珪藻《けいそう》土や遠心分離機を用いたり、ミリポアフィルターやセラミックフィルターで除菌する方法が行われている。濾過したビールをそのまま樽や缶に詰めたものが生ビール（ドラフトビール）である。濾過ビールを瓶詰にし、加熱（六〇度C）、殺菌したものがパストライズドビール（加熱処理ビール）で、保存性が高い。近年は生ビールを加熱殺菌の代わりに特殊な濾過機で無菌濾過し、殺菌ずみのびんにつめるという方法や、濾過した生ビールを瞬間的に高温で殺菌した後、びん詰めするという方法、あるいは高温で殺菌したものをすぐびん詰めする方法など、さまざまなびん詰めの方法が生まれている。

【ビールの性質】 ビールの色は麦芽からくるとされているが、色がとくに問題となるのは淡色ビールである。特有の黄金色が褐色や赤色を帯びてしまったり、透明度が低かったりしては、せっかくの酒席も興ざめである。こうしたことを防ぐためには、買い求めたビールはなるべく早く飲んでしまうことだ。生、ラガーに限らず、時間がたちすぎれば香りは悪くなり、色も赤くなる。あまりに低温で保存していれば寒冷混濁といわえる濁りが生じることもある。近年は長持ちさせるための技術も発達してはいるが、それでも買った日を覚えているうちに飲んでしまうくらいがビールを一番うまく味わえるはずだ。もう一つ、ビールの最大の特徴が泡にある以上、泡立ちと泡持ちも大切な要素だ。なお、他の炭酸飲料と同様、開栓すると強い勢いで中身の半分くらいが噴出してしまう「噴き」と呼ばれる現象もまれに起こる。様々な要因で起こってしまうトラブルだが、消費者としては、飲む直前には急激な温度変化を避け冷やしておくこと、激しく動かしたりしないことを最低限心がけたい。

火入れ　ひいれ

日本酒、ビールなどを加熱して殺菌と過度の熟成を防止する工程のこと。日本酒は上槽後の新酒（生酒）を六二度Cくらいに加熱する。この操作によって微生物の死滅とともに、日本酒中に溶解して残っている酵素を失活させ、微生物による変敗と過度な熟成を防止する。

火落（菌）　ひおち（きん）

日本酒の変敗現象を火落ちという。白濁、酸の生成、特異臭（火落香）がつき、飲めなくなる。この三つが同時に起こる場合もあれば、一つだけ、あるいは二つだけが起こる場合もある。火落は火落菌と呼ばれる細菌（乳酸菌の一種）が、たまたま酒の中で繁殖した場合に起こる。市販の日本酒（アルコール分一五～一六%）は、普通の細菌の増殖は困難である。しかし、火落菌はアルコールに耐性をもっており、かつ、火落菌に対してアルコールが増殖を促進するように働くため、容易に繁殖してしまう。火落は、一般家庭においてはビンに残った酒をそのままにしておいた時などに稀に起こる。生酒など火入れをしていない酒は火落ちすることが多いので注意を要する。製造場では、貯蔵中、とくに初秋に起こる。ただし、現在は製造中の管理、火入れ、殺菌などが進歩しており、発生の頻度は少ない。日本酒の中で火落ちし難い酒を「火持ちがよい酒」という。

引込み　ひきこみ

麹を造る時、蒸した白米をある温度まで冷やして麹室に入れること。

提（提子、偏提）　ひさげ

銚子の一種。柄が付いている小型の容器。銀、あるいは錫《すず》できてている。

瓢（盃）　ひさご（さかずき）

瓢は、ユウガオ、ヒョウタン、トウガンの果実をいう。この果実の内部をとって乾燥させたものは、酒の容器として、また盃として用いられる。

ビター・エール　Bitter Ale

イギリス産の銅色の樽生ビール。上面発酵で濃色。炭酸ガス含量が少なく、苦味が著しく強い。同じくイギリス産のペールエール（上面発酵・淡色）と比べると原麦汁濃度がやや低く、よりホップを効かせたドライテイストになっている。イギリスのパブで、ビールを注文すると、必ずこのビターエールが出てくるぐらいポピュラーな存在である。

ビターズ　Bitters

各種の草根木皮をアルコールで浸出して造った強い苦味を持った酒。古くは規那を原料にしたもので医薬に用いられたが、現在では、カクテルやリキュールに加えたり、ジンに添加するなど、各種の調合飲料に用いられる。

一夜酒　ひとよざけ

甘酒と同義。醴酒《れいしゅ》ともいう。

捻り餅　ひねりもち

白米の蒸し具合を判断するのに、蒸米を手のひらで圧し、ひねって餅のようなものにし、この餅の粘りの程度、餅になる容易さなどで、白米の蒸しの程度を検査する。この餅が捻り餅である。昔は、日本酒の仕込みの際の蒸米の蒸しの程度の判定法に用いられた。

ピノス　Pinos

テキーラの一種。メキシコの法律によって、テキーラの産地は、テキーラ町があるハリスコ州とそれに隣接するナヤリット州、ミチョアカン州と決められた。そして、これらの地域に程近いドゥランゴ州やサカテカス州、サン・ルイス・ポトシ州などで、テキーラと同じような製法・材料で造られた酒はピノスと表示している。なお、これまでに述べた州以外の地域で、テキーラやピノスと同じようにして造られた酒はメスカル Mezcal と呼ぶ。

姫飯造り　ひめいいづくり

米を一〇%ぐらい精米し、そこで熱湯の中に米を入れて融かして仕込む方法である。短時間に能率よく仕込むために開発された方法である。また、仕込み当初から醪が液状であるため、発酵管理が容易であるうえ、高い発酵歩合を得ることができる。

冷卸し　ひやおろし

かつて日本酒は貯蔵中の酒温と外気の温度がほぼ同じくらいになり、酒も十分に熟する一〇月ごろ、良質の杉樽に入れて出荷した。これを冷卸しといって、古来、もっとも飲み頃の酒とされていた。現在では、酒を造り終わった直後の二、三月から新酒が出回ることもある。

百薬之長　ひゃくやくのちょう

酒の異称。『前漢書・食貨志』には「夫塩、食肴之将、酒、百薬之長…」（塩は肴の将であり、酒はあらゆる薬の長である）とある。しかし、必ずしもそう褒めてばかりいられるものではない。『徒然草』で「…百薬之長とはいえど、よろずの病は酒よりこそおこれ…」と記されているように酒が多くの病気を引き金となっているのも事実である。要は、適性飲酒を守り、酒に飲まれたり、「気違い水」としないことである。

ピュア・モルト・ウイスキー　Pure Malt Whisky

モルト・ウイスキー一〇〇％のウイスキー。アンブレンデッド・モルト・ウイスキーと表記されることもある。二ヶ所以上の蒸留所のモルト・ウイスキーを混合したバッテッド・モルト・ウイスキーと、単一蒸留所で造られるシングル・モルト・ウイスキーがある。

ピルスナー・ビール　Pilsner Bier

下面発酵の淡色ビールで、その代表格に位置づけられる。ホップがとくに強調されたタイプで、そのフレッシュな苦みと香りと切れ味の良さ、キメ細かい泡が特徴。チェコのピルゼン地方の二条大麦である「ピルスナー麦芽」とヨーロッパでは珍しい軟水を使ってつくられる。ドイツをはじめ世界中で高い人気を誇っているビールである。

ピンガ　Penga

ラムの仲間で、ブラジル特産の蒸留酒。農家でも製糖工場でも造られる。原料は甘蔗搾汁あるいは糖蜜。これらを水でうすめて糖分八～一〇％程度にし、これに酵母を加えて発酵させて酒母を造る。次に糖分一二％くらいに調整した醪《もろみ》に、この酒母を加え、二四～四〇時間くらい発酵を行わせる。蒸留は簡単なポット・スチルで行い、樽に三ヶ月以上貯蔵した後に飲用する。農家で造るものは自家製が多い。ピンガはアルコール分四七～五二％、特有の糖蜜の香気があり、色は無色か微黄色をしている。

ピンク・レディ　Pink Lady

ジンを主体にしたカクテル。一九一〇年代初頭、ロンドンで大ヒットした舞台「ピンク・レディ」の千秋楽の打ち上げパーティで、主演女優のヘーゼル・ドーンに捧げられたカクテルである。材料はレモンジュース＝1/2オンス、グレナデン＝一茶匙、卵白＝1個、ジン＝1 1/2オンス、三～四片の氷。一〇～一二回シェイクした上で、カクテルグラスに移す。ジンとブランデーを同じ量混合する場合もある。かつては女性が好む、あるいは女性にすすめるカクテルの代表のように言われたが、その実、なかなか手ごわくタフなカクテルである。

檳榔酒　びんろうしゅ

ヤシ科の植物・檳榔《びんろう》は常緑喬木で、マレー・インドネシアに多い。この果実をとって搾り、その汁を発酵させた酒である。原始的な酒といえる。

ふ

フィーノ　Fino

シェリーのタイプの一つで、色はもっとも薄く、もっとも軽く、そして辛口。繊細なワインで、最上級のものの一つに数えられる。フィーノは、その製造中、十分にフロールをつけ、そして樽でしっかりと貯蔵することで、特有の香りを持った酒である。この特有の芳香を逃がさないため、フィーノは樽から直接に飲むのがよいとされる。つまり、空気に触れさせると、その新鮮さが失われるのだ。一度びん詰めすると、気候や貯蔵の条件にも夜が、二年はもつと言われる。その二年の間にも新鮮さは失われるし、品質も決してよくなることはない。主産地はスペインで、輸出用のフィーノは高いアルコール分（一八～二〇％）で造られる。これも、その品質を維持するための工夫である。フィーノは冷やして飲まれることがほとんどで、最良の食前酒とされる。

フィズ　Fiz

「しゅうしゅうと沸騰する」という意味から、シャンパンの別名に用いられる。転じて、発泡性の飲料を用いたカクテルを指す言葉となった。代表的なフィズであるジン・フィズ Gin Fizz はジンをベースに、これに砂糖と炭酸水を加えたもの。

フィロクセラ　Phylloxera

ぶどうの寄生虫（Phylloxera vastatrix）。もともとアメリカ東部に土着していた虫だが、ここのぶどう（Vitis labrusca）は他の土地の品種に比べてフィロクセラの被害を受けにくいのが特徴である。すでに一九世紀後半、この虫はカリフォルニアのぶどう園に大損害を与えていた。ところが一八六〇年代、研究目的でアメリカのぶどうのさし木がヨーロッパに持ち込まれた際、この虫もヨーロッパに持ち込まれてしまった。その後、フィロクセラはあっという間に蔓延。欧州全域のぶどう園に深刻な被害をもたらしたのである。とくにワイン大国・フランスの農園は壊滅的な被害を受けた。良酒を生み出すことで知られていたビニフェラ種 Vitis vinifera がフィロクセラに極めて弱かったからだった。また、この虫が肉眼でやっと見える程度の大きさであること、さらには葉につくタイプと根から木を蝕むタイプがあったことが、駆除を一層困難にした。ドイツでは、フィロクセラを追い出すために一度フィロクセラに侵された樹はすべて抜きさって焼き、さらにそのぶどう園の栽培も数年間禁止するなどの荒療治を実施したほどだった。むろん、効率的な駆除を目指した研究や対策が検討されたのはいうまでもない。しかし、どの対策もそれほど大きな効果を上げることはなかった。結局、最後にはこの虫に強いアメリカ東部のぶどうを台木にしてヨーロッパのぶどうを接木する方法がもっとも有効であることがわかった。以来、多くの研究者がこの接木に力をいれ、フィロクセラの害は次第に減っていっている。しかし、〝特効薬〟といえる薬剤や除去方法が開発されたわけではないので、現在でも局地的な流行が発生することはある。

フィンガー　Finger

ウイスキーの量を示す便宜的な単位。タンブラーに指一本を横にした深さ（おおよそ一・九㎝程度とされる）までウイスキーを注ぐのがワン・フィンガー、指二本分の深さまで注ぐのがツー・フィンガーとされる。一四〇〇年代のイギリスで起こった原始的測定法である。

ブーケ　Bouquet

ワインのもっている揮発性の軽い香り。熟成と発酵によって生じる。芳香と呼んでも差し支えないくらい美しい香りである。エステルやエーテルなど、揮発しやすい化学成分の蒸発による匂いと考えられる。

フーゼル油　ふーぜるゆ　Fusel Oil

糖分がアルコールに変わるアルコール発酵の時、副産物として生成する高級アルコール（この場合、エチルアルコールより炭素数の多いプロピルアルコール以上のものを便宜的に、こう呼んでいる）の混合物の総称。その主成分はイソアミルアルコール、イソブチルアルコールなど。これらの組成は、酒によって異なる。各酒がそれぞれ特徴のある香りを出すのは、一つにはフーゼル油の組成によるものと考えられる。

汾　酒　フェンチュウ　Fen-Chiu

中国山西省産の蒸留酒。白酒《パイチュウ》の一種で、良酒として名高い。製造法は高粱酒の造り方で、アルコール分五五〜五六％。もちろん、一定期間貯蔵し、熟成を図る。

フォイル　Foil

金属の薄片の意味。シャンパンやその他の発泡酒のコルク栓にかぶせた金属の箔。錫やアルミニウムが多い。

フォーティファイド・ワイン　Fortified Wine

強化ワイン。ブランデー、あるいはアルコールを加えてアルコール含有量を増やしたワイン。強化の目的としては、①発酵の途中、ブランデーを加えて発酵を止め、残糖の多い甘口のワインを造るため。ポート酒がその代表例。②アルコール分を高めるため。シェリー酒がその代表例。なお、多くの人工模造ワインもこの範疇に入る。

フォクシィ（フォクシネス）　Foxy（Foxiness）

アメリカ種のぶどう果を用いたワインが持つ匂い。〝狐臭〟などと訳されることもあるが、アメリカのワインは獣臭が漂うというわけではない。実際のフォクシィはぶどうの生ジュースを思わせる甘い果実の香りである。とくにフォクシィを発するぶどうとしてはコンコード種 Concord やミルズ種 Mills が挙げられる。

含み香　ふくみか

酒類を口中に含んだとき、口の中に広がっていくように感じる芳香。口中香ということもある。

ふくらみ
酒類の官能審査上で用いられる評語。コク・なれ・丸味などに似たもので、味の豊かさを表している。

袋　香　ふくろか
日本酒の醪《もろみ》を濾過するとき、袋に入れて搾《しぼ》るが、この袋から移ってくる好ましくない臭気。この臭いがつくと、日本酒の品質は低く評価されてしまう。一般に袋は木綿袋を柿渋に浸してろ過を容易にしてあるが、袋の手入れが悪いとホコリの様な臭いが酒につく。袋の洗浄が拙いと、袋の中の粕分が酸敗し、これが酒に移ることもある。最近はナイロン製の袋を使用することが多い。ナイロンからの移り香は少ない。

ぶどう酒　ぶどうしゅ　→ワイン

槽　ふね
酒の醪《もろみ》を搾って濾過し、酒液と粕とを分けるために使う容器。長方形の箱で、舟に似ていることからこの名が付いた。木材は桂、銀杏を用いる。現在ではホーロー引鉄、ステンレス、コンクリートタイル張などのものもある。

フムロン　Humulon
アルファ酸ともいう。純粋なものは黄色の結晶をしており、融点は六五度。もともとホップの毬果に含まれているが、麦汁といっしょに煮沸するとき、イソフムロン（イソアルファ酸）となってビールの中に溶出し、苦味の主成分となる。

ブラウン・エール　Brown Ale
ホップの香味をおさえ麦芽の香りを強調したエール。色はブラウン（やや茶色）であることからこの名が生まれた。上面発酵で中等色。

ブランデー　Brandy
フランスでは Eau-de-Vie、ドイツでは Branntwein と呼ぶ。果実を発酵させたものを蒸留して得た酒である。普通はぶどうを原料としたものを単にブランデーと呼び、他の果実、例えばりんごを原料としたものはアップル・ブランデー Apple Brandy、桜桃から造るものはチェリー・ブランデー Cherry Brandy というように原料名をつけて呼ぶ

【定義と語源】 わが国の酒税法では、ブランデーは「ウイスキー類」に属して定義が述べられている。つまり、ブランデーとは、果実または果実と水を原料として発酵させ、ついで蒸留したもの、もしくはできあがった果実酒（果実酒粕《かす》でもよい）を蒸留したもので、いずれも蒸留時（ブランデー原酒）のアルコール分は、九五％未満でなければならない。また、この原酒にアルコールやスピリッツ、香料、色素、水などを加えることが許されているが、加えるアルコールには制限があり、添加後、原酒の混和割合が、アルコール分総量の一〇％以上とされている。ブランデーはオランダ語のブランデウェイン Brndewijn（Burnt Wine、火で焼いたワイン）のブランデから来た語であるといわれている。この点、日本の蒸留酒である焼酎が「焼」という文字を使っていることと良く似ていて興味深い。ブランデーの最高級品はコニャックであり、アルマニャックがこれに次ぐ。この他、ワインを造る国ならどこにでもブランデーは存在する

【歴史】 ブランデーは比較的新しい酒である。そのもとであるワインが有史以前よりの古い歴史を持っているのに対し、それを蒸留した酒の誕生がなぜ遅れたのかは明らかではない。もっとも古い部類の記録では、一二世紀スペインの医師がワインを蒸留したという記録があり、一三世紀にも錬金術者がワインの蒸留を手掛けたとされる。しかし、これを実用化したのはオランダ人であるという。一説には一六世紀当時、ラ・ロシェル港とオランダの間には、海路による盛んなワインの取引があった。しかし、ワインの樽は小さな帆船にとっては場所をとるばかりで、たくさんは運べない不便さがあった。これを見たオランダの気の利いた船長がワインを濃縮することと、つまり、水分をとってしまって、そのスピリットをオランダに運び、そこで水を加えてもとに戻せばよいと提案した。このワインを飲んだ人々は、別に水で戻さなくても十分うまいことに気づき、〝濃縮ワイン〟＝ブランデーを積極的に造り始めたという。もう一つ、似たような伝承がある。「あるオラン

ダ人の薬剤師が当時のコニャックを通った時、地方の農民の窮状を見てこれを助けようと考えた。彼はワインの量を少なくし、貯蔵の負担を減少させれば、農民も少しは豊かな生活ができるのではないかと発想。蒸留技術を用いることで、これまでは一〇個必要だった保存樽をわずか一個で済ませることに成功した。そのオランダの薬剤師は自らが造った酒をブランデウェイン Branaewijn、あるいはバーント・ワイン Burnt Wine と呼ぶことにした。これがブランデーの起こりである」。いずれにせよ、コニャックをはじめブランデーは次第に世界中の人々の嗜好をとりこにしていった。わが国へブランデーが入ってきたのは近世初頭である。藤本義一『洋酒伝来』では「長崎オランダ商館の日記から」の中で一六五二年（慶安四年）、商館長が江戸へブランデーとチンタぶどう酒一樽ずつ贈ったことが記されてある。この辺がブランデー初渡来の年であろう。ワインはすでに秀吉の時代から持ち込まれていたが、ブランデーは遅れている。欧米でも、まだそれほど普及していなかったのであろう。また『ツンベルグの日本紀行』の中には一七七六年、オランダの船を訪問した日本の役人に火酒を接待したと記されてあり、ジーフの『日本回想録』には長崎奉行の目付がジンとブランデーを製造したこと、とくにブランデーが優良であったことが述べられている。江戸時代も中期以降になるとジンやウオッカなどその他の蒸留酒が姿を見せることになる。ブランデーの工業的な製造はいつ頃、誰かということになるとウイスキーにおける鳥井信治郎のような話は出てこない。発祥の地は山梨か河内（大阪）か、津軽、あるいは北海道か。いずれにせよ、明治一〇年以降、これらの産地でワインが醸造されはじめてからのことである。ただ、初代神谷伝兵衛が輸入酒精で速成ブランデーを造り発売したのが明治一五年である。その後、神谷はこれを改良して生ぶどう酒、ベルモット、ブランデーなどに酒精を混成した「電気ブランデー」を造り、大いにその名を高めているが、残念なことに本来のブランデーを造ったわけではなかった。大正から昭和にかけて、日本国内のぶどう酒生産地帯でもブランデーが造られるようになったが、このほとんどが粕ブランデーだった。さらに市場ではこの粕ブランデーに酒精や着色料を加えた混成酒的なものが主体だった。つまり、わが国では長く本格的なブランデーが育たなかったのである。戦後漸くブランデーの製造も盛んになり、貯蔵、熟成も本格化したが、製造法がブランデー原酒に酒精を混和する方式がまだ行われているのも日本の特徴である。また、量的にもウイスキーにとても及ばない。

【区分】 ブランデーは、その製造法などでいくつかの種類にわけることができる。その一つがいわゆるWine Brandy (Eau-de-Vie de Vin) で、ワインを蒸留したものである。次は粕ブランデー Pomace (Marc) Brandy、Eau-de-Vie-Marcである。ワイン粕を直接水蒸気蒸留するか、粕を一度水に抽出した上でこの液を蒸留するかしたものである。第三は、ワインの滓を集めて蒸留したもの Lees Brandy、Eau-de-Vie-Leeがある。これらの他に乾ぶどうから

の酒を蒸留したもの、精巧な蒸留機を使って酒精分を高めたもの（主に添加用）、甘味を加えたブランデーなどがある。また、既述のように原料の果実による区別はアップル・ブランデー Apple Brandy、プラム・ブランデー Plum Brandy、チェリー・ブランデー Cherry Brandy、アプリコット・ブランデー Apricot Brandyなどが普通に見られる。

【産地】 ブランデーは世界各地のワイン生産地帯で造られているが、最高級のブランデーは、やはり既述のコニャックとアルマニャックを上げるべきであろう。また、フランス・ブルゴーニュは独特のポメース・ブランデーが有名で、その他フランス各地にいろいろのタイプのものが造られている。フランスはワインの生産地であると同時にブランデーの主産地でもあるのだ。イタリアとカリフォルニアにはグラッパ・ブランデー Grappa Brandyがある。これはぶどうの粕から造ったもので、とくにカリフォルニアではパラフィンでコートした樽に入れ、樽材から色の溶出を防止しているので、このブランデーは

無色で鋭い。調熟はしないのが普通である。スパニッシュ・ブランデーは本来、シェリーを蒸留したものであるが、今では普通のワインを蒸留したものをまぜている。ただ、調熟はシェリーのソレラ法を踏襲しており、やや甘味の勝った酒である。ポルトガルのブランデーはスペインのそれと良く似ている。ドゥーロ Douro のワイン（ポート）を蒸留したもので、ポート・ワインを思わせる特有の香りと風味をもつ。第二次大戦中はアメリカへ多く輸出されたことでも有名である。アメリカン・ブランデーは、大部分がカリフォルニアで造られる。ここのものは蒸留にポット・スチルを用いるものとパテント・スチルを用いるものがある。前者は普通のブランデーであるが、後者は高酒精分になって、ワインの強化や各種のリキュールのベースとして使われる。五〇ガロン（約一九〇ℓ）位の樫の樽が貯蔵に用いられるため、淡い黄金色の液面からもその風味が漂う。カリフォルニアのブランデーは、コニャックよりアルマニャックやスペインのブランデーに似ているといえるだろう。ペルーのブランデーではビスコというペルー南部の港の名前をつけたブランデーが産する。マスカット種を用いたワインを蒸留し、多孔質な陶土の壷で調熟させたもので、若いうちに消費される。同じようなマスカット種のブランデーがチリとアルゼンチンにもある。ギリシャでは多量のブランデーが造られ輸出されている。アメリカでメタクサ Metaxa と呼ばれているギリシア産のブランデーは清潔な風味と着色料であるカラメルの軽い甘さが特徴だ。オウゾー Ouzo はアニス Anise やリコライス Licorice（かんぞう）で香りをつけたブランデーで、ギリシアの典型的食前酒。無色のこの酒は、必ず深いコップで五倍くらいの水を加えて飲む。水と氷とが混じると、乳白色の色合いになる。そのほかヨーロッパ諸国でもブランデーは造られている。ドイツのブランデーは風味、品質とも普通。イタリア産のそれはそれほど良質とはいえない。その他、果実のブランデー（Fruit Brandies）としては、りんごのブランデーとして有名なのがアメリカのアップル・ジャックであり、また、フランスのカルバドスである。その他に樽で熟成し黄褐色のプラム・ブランデーは、スリボヴィッツ Slivovits と呼ばれるハンガリー、ルーマニア、ユーゴスラビア産のもの。ハンガリーではバラック・パリンカ Barack Palinka と呼ばれるものはアプリコットのブランデーで、熟成している蒸留酒に暗色の果汁を加えて着色したものである。キルシュバッサーは桜桃から造る無色のブランデー。ドイツ、スイス、フランスの山地でよく造られる。プラム(西洋すもも)を原料にしたものがフラムボアーズ Framboise、ストロベリーからのフレイズ Fraise はアルザス地方が主な産地となっている。ペアー(西洋なし) Pear を材料とする Pear Brandy はスイスやフランスで造られる。

【ブランデーの製造法】(1) 原料=ブランデーに用いるワインは白がよいとされ、亜硫酸添加も補糖も行わないのが普通。製成酒は酸の多い方がよい。原料果汁の糖度は一八~一九%。従って製成酒はアルコール七~八%であり、酸が多くないと長く持たないからである。ブランデー用のワインは、飲用としての品質が上等である必要はない。むしろ、酸が多くてアルコール分が少ないものが多いことから、品質はやや劣るとすらいえるかもしれない。そんなワインがどうしてすばらしいブランデーの風味を作り出すのか。大塚謙一氏によると、①酸が多いのでワインの発酵が安全になる、②蒸留の際には酸の影響で加水分解が起き、芳香物質を遊離する、③アルコールが少ないことから揮発酸も少ない、④アルコール分が少ないワインであるため、蒸留にも大量のワインが必要となり、結果として香気成分も多くなる—といった要素を挙げている

(2) 蒸留=発酵が終われば速やかに蒸留する。蒸留はブランデーの品質を決定する重要な要因の一つである。とりわけ蒸留機の構造をはじめ、蒸留時間や採取方法などが重要である。普通、蒸留機はポット・スチルという単式蒸留機を用いるが、このスチルもコニャックとアルマニャックでは多少違っている。またアメリカでは連続式蒸留機(パテント・スチル)

を用いることはすでに述べた。蒸留の細かい過程は、まず発酵したワインを銅製の蒸留釜に収め、直火（コニャックの場合）あるいは間接加熱でゆっくり、そしてワイン中のアルコールをほとんど採取しきるまでに蒸留する。これが粗留である。粗留液のアルコール分は二四～三〇％くらいになる。粗留液は再び蒸留釜にとってもう一度ゆっくりと蒸留する。この最、最初に出てくる部分（初留、Head）と蒸留の終わりの部分（後留、Tail）とを適当に分離する。この作業はカットと呼ぶ。こうして、良質の部分のみを集めて再留液とする。アルコール分は六〇～七〇％ほどになる。

(3)　熟成＝ブランデーにとっては最後の仕上げともいうべき大切な工程である。新しいブランデーは、香味ともに粗いため、普通は樫の樽で数年から数十年貯蔵・熟成させる。そうしてようやく、あのまろやかな芳香を持ったブランデーとなる。樽の大きさは四〇〇ℓ内外、厚さは三～四㎝。たいていは新しい樽を用いる。収められたブランデーは年とともに樽材の成分の溶出などに伴い、成分も化学的、あるいは物理的に変化。香気も高く色も濃色になってくる。

(4)　ブレンドとびん詰＝樽ごとに少しずつ酒質が違っているので、商品とする前にそれぞれを適当に調合し、できるだけ同じ質のものを商品とする。ブレンドしたものはいったん樽に貯蔵した後、加水してアルコール分を四三％に調整し、濾過したうえでびん詰をする。こうして「生命の水」と呼ばれ、世界中の人を魅了し続けるブランデーが誕生するのである。

【成分】　ブランデーの成分は、その産地、銘柄ごとに多少とも違っている。しかし、おおよそ上質の成分範囲を示すと次のようになる。

アルコール分	四一～四四
総酸（アルカリ液滴定㎖数）	〇・三四～一・一六
揮発酸（アルカリ液滴定㎖数）	〇・一八～〇・四九
色度（ＯＤ値）	〇・三二八～〇・七〇四
フェノール㎎％	一〇・二～四三・五

A／B　二・六～三・九

※A／Bは高級アルコールのイソアルミとイソブチルアルコールの含量の比率。この比率は酒の香気成分の特徴を示す。

フリップ　Flips

卵を使ったカクテルの一種。ベースとなる酒に卵をいれ、一定の砂糖を加えて砕氷とよくシェークしたもの。にくずくの香料を加えることもある。一種の卵酒である。ベースにはビールのほか、ジンなどの蒸留酒が用いられることがある。

ブリティッシュ・コンパウンズ　British Compounds

イギリスの用語で、再留、精製し、あるいは香料を加えて蒸留した蒸留酒。ロンドン・ジンその他多くのジンはこれである。

プルーフ　Proof

アルコール含量を示す単位。イギリスやアメリカで用いられる。一七世紀ごろ、蒸留酒のアルコール含量を知るために綿火薬を使っていた。具体的には、綿火薬とスピリットを等量混和し、これに点火する。その際、火薬が燃えなければアルコール分は弱すぎるし、明るく燃え上がればアルコール分は強すぎると判定。そして、青い炎が現れた場合、適正なアルコール含量であると認定したのである。この適正なアルコール含量を示す酒（アルコール含量約五〇％）をProof Spiritsと呼ばれていた。ここからアルコール含量の単位であるプルーフという言葉が生まれたとされている。現在、アメリカでは五〇容量％（日本の表示では四九・八％、一五度C）をProof Spirits（六〇度F）としている。つまり、一〇〇プルーフが五〇容量％であり、プルーフ度数を二で割れば容量％が得られる。またイギリスでは五七・一容量％（日本では五六・九％）を一〇〇プルーフとしている。

$$\frac{\text{プルーフ度数}}{175} \times 100 = \text{容量\%}$$

そして一〇〇度より高いものをオーバー・プルーフ Over Proof（o.p.）、低いものをアンダー・プルーフ Under Proof（u.p.）と呼んで区別することもある。

フレンチ・ワイン　French Wine

フランスといえばワイン、ワインといえばフランスといえるほどの国である。年間生産量は六〇二四千kℓ（一九九九年）と世界一を誇る。ぶどうの栽培面積は約九二haに達する。ところで、フランスのワインといえば、すべてが高級優良なものであるという発想がいまだに残っているが、これは誤りである。一説ではその四分の五は無名であるという。その産地や原料、あるいは醸造法によってフランスには千差万別のワインがあるというべきだろう。もっとも、フランス政府は、生産されるワイン銘柄の品質を保証し、類似品の出現を防止するため、国内のワイン業者に対する厳重な規定を設けている。いわゆる原産地呼称統制法（アペラシヨン・ドリジヌ・コントロール）である。この規定に適合したもののみが、定められた名称を名乗ることを許されているのである。そして、この規約の施行と監督のため、国立原産地呼称研究所（INAO）があり、また各地に監督官が常駐している。また、この法律のおかげで世界のどこでも優良なワインが安心して飲めるともいえる。ちなみに、フランス人の食事には必ずワインがついており、水を傍らにおいて食事を楽しむということは、まずありえない。一説ではフランスの地質の関係で井戸水が飲料に耐えないため、ワインを水のように嗜むようになったといわれるが、その真偽の程はわからない。フランスは、世界中にそのワインを輸出しているが、同時にアルジェリアをはじめ世界中のワイン生産地から輸入してもいる。さてフランスの気候は、大西洋に面した土地、地中海に面した土地、内陸の山間地帯に大別できるが、やはりワインも各気候、地方ごとに特色のあるものが生み出されている。主な産地は以下の通りである。アルザス Alsace、シャンパーニュ Champagne、ロワール Loire、コニャック Cognac、ボルドー Bordeaux、アルマニャック Armagnac、ジュラ Jura、ブルゴーニュ Bourgogne、コート・デュ・ローヌ Côte du Rhône、ラングドック Languedoc、ルーション Roussillon、コート・デ・プロバンス Côtes de Provence

【産地】

アルザス＝フランス北東部、ドイツとの国境に位置する。白ワインの名産地として知られる。独仏が領有をめぐって長年争ってきた地方だけに、ワインもドイツの影響を強く受けている。とくにリースニング種を使った白ワインは、フルーティで香りが高い逸品で、アルザスワインの王と呼ばれる。

シャンパーニュ＝フランスの産地でも最北に位置する。フランスの三大ワイン生産地として、そしてシャンパンの生産地として、あまりにも有名。シャンパンの名称は、シャンパーニュ地方のワイン法にもとづいて造られたワインのみに許される名称である。例外として米国の一部の発泡性ワインもシャンパンと称している。

シュッド・ウエスト＝ボルドー地方の上流にあたるベルジュラック地区からスペイン国境のピレネー山脈近くまでの産地。「黒ワイ

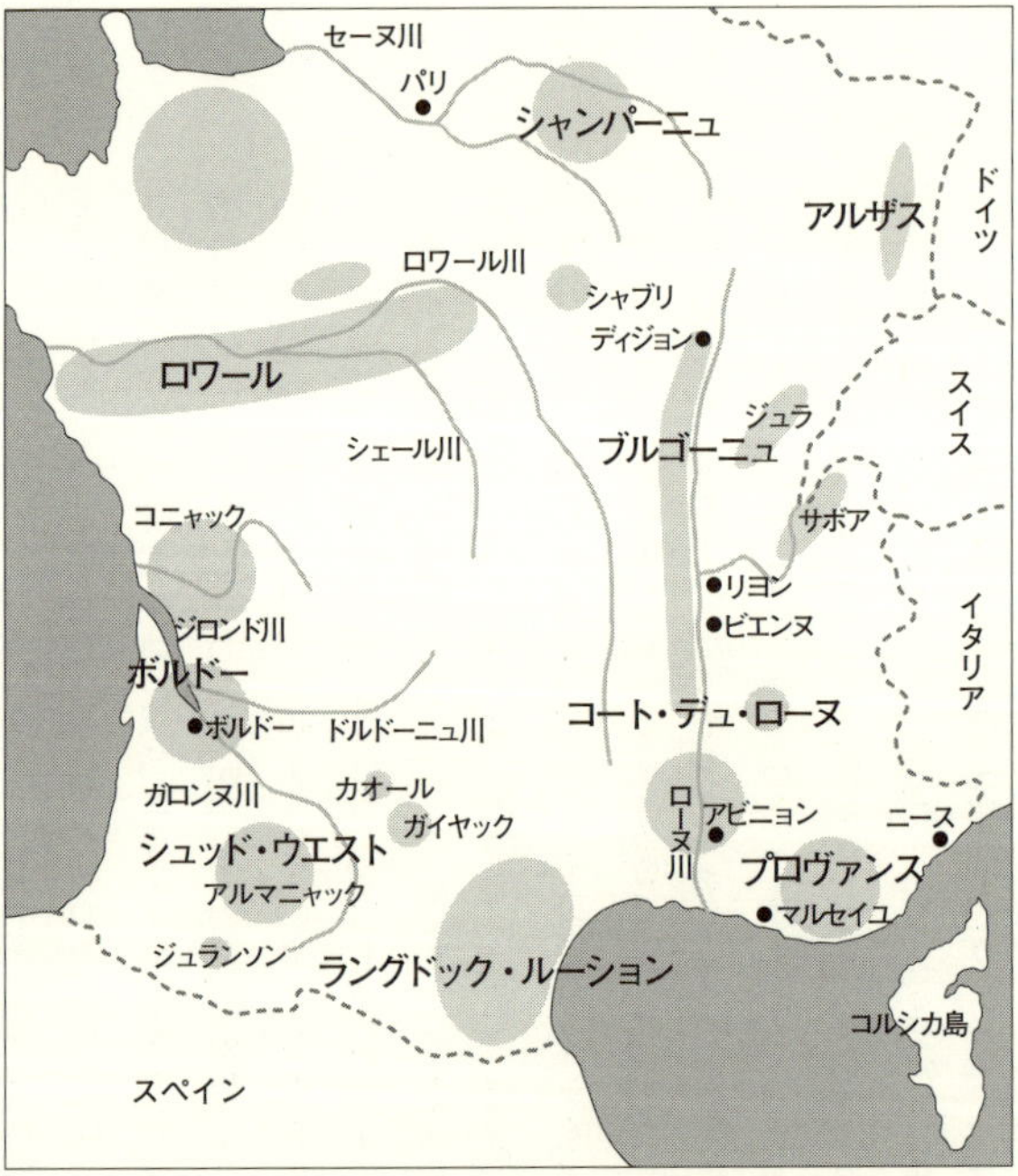

ン」と呼ばれるほど濃厚な赤を生産するなど、個性的なワインが多いことで知られる。

ボルドー＝フランス南西部に位置する。約一〇万ヘクタールの広大なぶどう畑のうち、九五％はAOC（原産地統制名称ワイン）ワインの産地で、フランス国内の全AOCワインの三分の一を占める。まさに質・量とも世界最大のワイン産地。また、二種以上のぶどう品種を混合して醸造するために、味わいに深みがあり、多面性と複雑微妙さを兼ね備えてもいる。シャトー・マルゴーやシャトー・ムートン（いずれも赤）など、世界的に知られる銘酒も多い。

コート・デュ・ローヌ＝濃厚な香りを持ち合わせ、そして長期保存に耐えるワインがつくられる。産地は北部と南部に分かれる。北部は、熟成期間の長い赤ワインと少量の白が醸造される。エルミタージュ（Herumitage）の赤ワインがとくに有名。南部では少量の高品質のワイン以外は並の赤ワインとロゼ、少しの白ワインが作られる。スパイシーな香りのするシャトーヌフ・デュ・パプの赤ワインや、ロゼワインのタヴェルなどで知られる。

ブルゴーニュ＝ボルドー、シャンパーニュとともにフランスの三大生産地。南北に細長いブルゴーニュの産地は、主に「シャブリ」「コート・ド・ニュイおよびコート・ドール」「コート・シャロネーズおよびマコネー」「ボジョレー」の四地域に分かれる。栽培されるぶどう品種が少ないこと、その一方で、零細な生産者が大多数を占め、生産者ごとに個性的なワインを醸造している点が特徴。シャブリ（白）やロマネ・コンティ（赤）、ボージョレーヌーボー（赤）などが世界的に知られる。

ロワール＝フランス北西部ナント近くを河口として中央部まで一〇〇〇キロに及ぶ大河・ロワール川流域に広がる産地。このうちアンジュー地区では赤やロゼ、トゥレーヌ地区では白、中央フランス地区では辛口の白で知られる。

プロヴァンス＝フランスでも一番古いワイン生産地。紀元前六〇〇年、フェニキア人達がマルセイユを植民地にしたときにワイン造りが始まったとされる。もともと、ぶどう栽培に適した環境であるため、多種多様なぶどうが栽培されており、ワインの種類も多い。

ラングドック・ルーション＝ローヌ河からスペイン国境まで続く、地中海沿岸の産地。かつては安くて大量に消費されるワインの産地として知られていたが、一九八七年、「ヴァン・ド・ペイ・ドック」が誕生して以降は〝安価ながら個性的で、そして美味なワインの産地〟という評価が定着した。

ジュラ・サヴォア＝スイス・レマン湖から流れ出るローヌ河沿いの山の中腹南斜面にぶどう畑が並ぶサヴォア地方とスイス国境に近いジュラ地方が主な産地。辛口でシェリー香の強く〝黄ワイン〟ともいわれる「ヴァン・ジョーヌ」など、独特の個性的なワインが造られる。

ブレンディング　Blending

調合のこと。別名はMarrying。ほとんどの酒類は、均一の品質を保つため、またはより優れた酒を生み出すため、醸造年度の違うものを混合する。ただ、元の酒の品質が極めて優れている場合、調合した結果、逆に品質が落ちたり、酒の個性が失われる場合もありうる。とはいえ、シャンパンやコニャック、ウイスキーにとって、調合はもっとも重要な手法であるし、多くの場合、酒の品質を高める。

ブレンデッド・ウイスキー　Blended Whisky

スコットランドと日本の場合は、モルト・ウイスキーとグレーン・ウイスキーを掛け合わせて造ったウイスキーを指す。またアメリカの場合、ストレートウイスキーにその他のウイスキー、またはスピリッツをブレンドしたものを指す。この場合、ストレートウイスキーの割合は全体の二〇％以上を占めていなければならない。ブレンディッド・ウイスキーが誕生したのは一八五三年。イギリス・エジンバラ市のアンドルー・アッシャーが「アッシャーズ・オールド・バッテッド・グレンリヴェット」（通称アッシャーズOVG）を発売したのが最初である。歴史こそ浅いものの、現在では、ブレンデッド・ウイスキーが世界の主流となっている。

不老酒　ふろうしゅ
薬酒の一種。『続博物誌』では、「冬瓜の仁」（種子の皮をむいた中身の胚乳のことと思われる）を材料とした薬酒として、不老酒を紹介している。江戸末期の文書『元治改正　京羽津根』には、京都・油小路で不老酒を商う店が紹介されている。

フロート　Float
濃度の異なる飲料を混ざらないように注ぎ重ねていくこと。

フロール　Flor
シェリーの液面に産膜酵母が増殖してできる皮膜。このフロールができることをFloweringと呼ぶ。

へ

並（平）行複発酵　へいこうふくはっこう
日本酒の醪《もろみ》のように、麹による蒸米の糖化と、酵母による糖の発酵が同時に進行する発酵形式。→単行複発酵

瓶　子　へいし
酒を入れ注ぐときに使う器。細長く、口は小さい。徳利と思えばよい。

ペーカ　Pêka
白麹。台湾産の蒸留酒、米酒を造る際に使われる。日本酒の麹に相当する役目を果たす。普通は玄米、白米、またはこれに米糠などを加えて蒸し、リゾープス属（くものすかび）Rhizopusなどのカビを繁殖させ、乾燥して軽石のように円い塊に固めたもの。この中には、リゾープスを主として、その他、ムコール属（毛かび）Mucorや酵母サッカロマイセス・ペーカSaccharomyces Pêkaなど、幾種類かの微生物が生育している。麹というより麹と酛《もと》が混在しているような存在といえる。中国・台湾などに独自に発達したもので、日本にはない。

ベーレン・アウスレーゼ　↓アウスレーゼ

ペクチナーゼ　Pectinase

ペクチン質（果実に多く含まれている炭水化物の一種。多糖類）を分解して糖分を生成する酵素。微生物や麦芽に含まれている。この酵素を取り出して作った製剤は、ワインの混濁を取り除くのに使われる。

ペドロ・ヒメネス　Pedro Ximenez

スペインのぶどうの品種。モンティラ、マラガとシェリー地帯に栽培されている。伝説によれば一六世紀、ペーター・ジーメンスと呼ばれる一人のドイツ兵士がスペインに持ち込んだぶどうであるらしい。いずれにせよ、その源流はラインの谷のリースリング種にあるようだ。コクのある良質の辛口ワインが造られる。自然のアルコール分では、ヘレスの周囲で造られるパロミノ種 Palomino のものよりずっと高く、酒精強化しなくても一五～一六％のワインとして販売されている。一方、マラガやシェリー地帯では、ちょっと違ったやり方が取られる。ぶどう果は熟してもすぐに摘果せず、二週間かそれ以上、太陽にさらし、乾しぶどうにしてしまうのである。その結果、きわめて甘いぶどうが収穫できる。そこから発酵され、酒精強化されるので、その結果生まれるワインも非常に甘い。常に P.X. と呼ばれる。ときにはストレートで飲まれ、また、時にはリキュールとして飲用される。

ベネディクチン（ドム）　Benedictine（D.O.M.）

一五一〇年、フランスのベネディクト派の僧侶ドム・ベルナール・ヴァンセリー Dom Bernard Vincelli が造り上げた有名なリキュール。当初は僧院の中で用いられたが、一五三四年、フランソワ一世がこの酒を味わったことがきっかけとなり、国王ご用達の酒となった。一七八九年のフランス革命の際、僧院はすっかり破壊され、この酒の醸造も途絶えたが、のちにアレキサンドル・ル・グランの手によって復興され、現在の形となった。ドム（D.O.M.）というのは Deo Optimo Maximo（全知全能の神に捧ぐ）という意味の宗教的用語である。このリキュールの香気の正体が何であるのかははっきりしない。

レモン皮、シロヨモギ、ミント、クローブ、ニッキ、丁香、アルニカの花など、いろいろの草根木皮、花をアルコールにつけて造り上げたものだという。アルコール分は四〇%前後、糖分が多い。色は黄緑色、特有の香りがある。ブランデーと半々で割るという飲み方もある。

ベルモット Vermouth

ワインに草根木皮を浸して、その香味をつけたもの。日本では「甘味果実酒」として扱われる。この名前は、ドイツ語の Wermut、アングロサクソンの Wermod からきたもので、にがよもぎ Wormwood のことである。ベルモットも原型は、にがよもぎを浸出したもので、薬酒に属する酒でもある。一七世紀、イタリアで最初に造られたもので、現在では世界中で造られている。二つのタイプ、すなわちフレンチタイプとイタリアンタイプとに分類される。フレンチタイプは淡色でやや辛口、イタリアンタイプは濃色でやや甘口である。いずれもにがよもぎが主体であって、フレンチはこれにこずいし Coriander、苦橙皮、鳶尾 Orris、矢車菊、肉桂、丁子その他を五〜七日間生白ワインで浸出し、ろ過した上で一五日間放置。さらに苦扁桃殻の酒精浸出液とブランデーを加え、ろ過清澄したもの。イタリアンタイプは、にがよもぎに竜胆根、アンゼリカ Angelica、菖蒲根、矢車菊、肉桂、肉荳蔲《にくずく》、橙皮その他を甘口の白ワインで五日間ほど浸出・ろ過し、一〇日間放置してろ過清澄を計って製品とする。両タイプとも細かい処方は秘密にされている。ベルモットはどちらのタイプも主に食前酒として広く用いられ、また、カクテルの材料としても欠くことができない。ドライ・マルチニもその一つである。

ベルリーナ・ヴァイセ Berliner Weisse

西ドイツのヴァイツェン・ビールと並ぶドイツの小麦ビール。ベルリンで造られるものに限って認められている名称で、酵母で白く（ヴァイセ）濁ったビール。乳酸発酵による酸味が強いため、フルーツのシロップを入れて飲むことが多い。

ほ

茅柴酒　ぼうさいしゅ
薄くまずい酒。飲んで酔ってもすぐに醒《さ》めてしまうことを、火を付ければパッと燃え広がるが、すぐに消えてしまう茅《かや》や柴に例えている。また、薄く濁った酒のことを茅柴酒であるとした古文書も見られる。

保命酒　ほうめいしゅ
広島県鞆《とも》港で古くから造られた薬酒。特有の香り・甘味があり強壮剤としても用いられる。アルコール分一三%、糖分二〇%内外。鞆の名産として知られるが、『尾張名所図会』には、かつて愛知県知多半島でも造られていたことが記録されている。現在の製法は、白糖五・六二kgに焼酎、白酒それぞれ一八ℓを加え、さらに桂皮、茴香、甘草を加え、ろ過する。またはみりんに次の六味—当帰（にほんとうき）、地黄《じおう》、芍薬《しゃくやく》根、蒼《そう》じゅつ、まつほど、甘草、人参、うねぎ—を加え、熟成後圧搾ろ過する。『万金産業袋』にも大体同じことが述べられている。

琺瑯タンク　ほうろうたんく
酒類の発酵や貯蔵に用いられる内面を琺瑯引きした鉄製のタンク。酒質に与える影響少ない。また、貯蔵中の欠減（めべり）も起こることはない。

ボージョレー・ヌーボー　Beaujolais Nouveau
フランス・ボージョレー地区の都市リオンから一時間ほどの郊外にあるワイン作りの盛んな丘陵地、ボージョレー地方の三九の村で作られた赤ワイン。ヌーボーは「新酒」の意。仕込んでからわずか二ヶ月足らずで発売されるもので、ガメイ種を使用することが法律で決まっている。渋みが少なくフルーティーな香りと口当たりの良い軽めのワイン。季節を感じる風物詩としてなくてはならないワインである。また毎年、解禁日が毎年一一月の第三木曜日と決まっており、この日以前にお店に入荷されても販売してはいけないことになっている。日本では一九八〇年代後半以降、爆発的に飲用されるようになった。なお、日付変更線の関係上、もっとも早く解禁日が来るのは日本で、ヨーロッパより一〇時間ほど早くなる。

ポーター　Porter

イギリス産の上面発酵の黒ビール。普通の淡色麦芽のほかに、高温で焦がす程度にまで乾燥した濃色麦芽をまぜる。また麦汁の濃度を高くし、ホップの使用量を多くもしてあるので、色が濃くアルコール分が高い上に苦味の利いたビールとなっている。一八世紀のイギリスのパブでは、ペール・エールやブラウン・エールを数種類品揃え、樽からグラスに注ぐ際にブレンドするのが流行だった。しかし、このようなブレンドをいちいちつくるのは面倒であることから、はじめからブレンドされたものをつくろうということで生まれたのがこのビールであったといわれている。これが発売され始めた一八世紀ごろ、このビールは栄養価が高いと評判になり、とくに肉体労働の荷物運搬に携わっていた人（ポーター）の間で人気が高まった。ポーターという名前はそこから生まれた。

ポート　Port

ポルトガル産の甘味とコクの強いデザート・ワイン。ポート・ワインともいう。ポートの定義は法律で厳格に定められている。その規格とは、①ポルトガル北部のドゥーロ川上流の定められた地域でぶどうを用い、そしてその地域内で醸造されること。②酒精強化はポルトガル産のぶどうを使ったブランデーで行うこと。③ドゥーロ川の河口にあるオポルト港まで樽に詰めて船、もしくは鉄道で運び、ここの対岸のビラ・ノバ・デ・ガイアVila Nova de Gaiaの倉庫で熟成を待ち、調合した上でオポルト港から積み出されること―である。ただ、例外としてポートスタイルの酒Australian PortとかSouth African Portとかいう呼び方をすることは認めている。アメリカでも、ポートタイプのワインは、その産地の名前を取ってCalifornian Portなどと呼ぶ。

【歴史】ポートの歴史は、イギリス抜きでは語れない。ドゥーロ川の上流地帯はローマ時代からぶどうが栽培されていた。その時代は今のポートではなく渋くて粗い普通のワイン（ライト・ワイン）だったという。一五〜一六世紀の大航海時代、ブラジルからアフリカにかけて広大な植民地を獲得したポルトガルに、イギリスは積極的に接近。一四世紀末にはポルトガルと永世同盟を結んだ。その結果、ポルトガルからイギリスへのワインの輸出も増え続けた。さらにワイン大国であるフランスがイギリスとたびたび紛争状態に陥ったこともあり、ポルトガルからイギリスへのワインの輸出量はますます増加した。一七〇三年にはイギリスの大使メスエンの手によってメスエン条約が締結され、ワインと羊毛の貿易に関する取り決めがなされた。この条約は後に改定されているが、現在もその主旨はそれほど変化していない。ただ、当時の輸出港はオポルトではなく、約六〇マイル北のヴァアナであった。輸出数量は毎年同じでなく、その時の政情や国際情勢に左右された。例えば五〇万樽を越すときもあれば、一八万樽で留まっていたこともあったのである。ところでドゥーロのぶどうは色が濃く糖も多い上に、気温が高いため発酵も早かった。そのためワインの味もひどく押しが強く、そして粗い風味を持っていた。このワインにブランデーを加えることで発酵を停止させ、甘さを残した丸い味が造られるようになったのは、一七世紀ごろである。一説では一七世紀後半の商人たちは、航海中に酒の質を落とさないようワインに少量のブランデーを加えていたが、これが発酵中の果汁にブランデーを加えるという独自のやり方につながったという。また、一七二〇年に出版されたハンドブックには、発酵している果汁醪《もろみ》に大樽（一〇五英ガロン）あたり三ガロンのブランデーを加えると記されている。また、一七二七年に記されたオポルトの荷主組合関連の古文書には、発酵中に蒸留酒を加えるならば、いやな粗さを消すような甘みがワインの中に残ることを述べていることから、おそらく一七二〇年と二七年の間にこの方法が確立されたのであろうと考えられる。そして、この独自のやり方が法律上でも制定されたのは一八五〇年代であった。そのほか、一八世紀も終わりごろからビンテージ・ポート Vintage Port と呼ばれる樽を用いないびん詰物が輸出され、新しい顧客を集めることになる。こうして現在のようなポートの需要が生まれ、イギリスをはじめ世界中で愛されるようになったのである。

【原料】 ポートの原料となるぶどうの畑はドゥーロ川の段丘に展開している。この地方は、夏はひどく暑く、一方、冬は凍えるほど冷え込む。土質は柔らかな結晶性の原石で容易にわれてボロボロになる。このほかに花崗岩地帯も混じっている。こうした地帯に植えられたぶどうは、乾季の夏にも根が十分水を吸うように植えられてある。フィロクセラが襲来するまでは任意にいろいろな種類のぶどうが植えられたが、今では抗フィロクセラ性のアメリカ種が植えられている。主に以下のような品種があげられる。ティンタ・ケオ Tintas Cão、ティンタ・フランシスカ Tinta Francisca。後者はフランスのピノー・ノワールによく似た品種である。白のポートにはラビゲート Rabigate、ヴェルデロー Verdello などが用いられる。

【醸造】 ぶどうは乾いた気候で厚い日光の下、十分に完熟するまで樹に置かれる。その結果、糖分は三〇%近くにも達する。そして潰されたぶどうは発酵槽に送られる。発酵が進み、残った糖がほどよい量になった時期を捉えて、あらかじめポルトガル産ブランデーが一定量入った大きな槽 Toneis に移し変える。ブランデーによって酒精強化がなされた後のアルコール分は一九～二〇%近くに達する。なお、ブランデーが加わることで発酵も停止するため、残った糖分はそのまま酒の中に残存する。ポートが甘いのはこうした原因によるものである。この間、ぶどうの色素も抽出されるため色は特有のルビー色を呈する。さらにいくつかの仕込み工程が加わることで糖分は一〇～一五%にも達する。仕込みの季節が終わって翌年の早春、若いポートは一一五英ガロンの樽に入れられ、船（ラベロRabeloと呼ばれる）、あるいは鉄道でオポルトへ送られる。

【特徴】ポートはブランデーを加えて酒精分を高めてあるだけに熟成は遅く、その分、樽に保存する期間も長くなる。また酸化を抑えていないので、色はルビーから褐色に変わり、いわゆる黄金色Tawnyになる。糖分量は一〇〜一五%、樽で十分熟成されれば、深い味わいを秘めた甘さを醸し出す。デザート・ワインとしては価値の高い逸品といえるだろう。ルビー色で若いポートは、ルビー・ポートRuby Portとして、樽で長く熟成して黄金色に変化した古いポートはタウニー・ポートTawny Portとして販売される。もちろん、後者のほうがより高価である。ポートの中で最も貴重なものはビンテージ・ポートVintage Portと呼ばれるものである。どっしりとした重みと丸みをおび、その甘さもさらに深みを増している。ぶどうのできがよかった年のワインから選び抜かれたもので、普通は調合など行わず、若いうちにびん詰めされ、びんで一五〜五〇年くらいまで熟成させる。一九二七年のものが最良といわれるが、実際には市場に現れたことはないようだ。この種のポートはびんの中に薄い板状になった酒石の沈殿Crustを生じることが多く、これが一度動いてしまうと、なかなか沈底しないので、びん詰での船舶輸送は得策ではない。伝統的消費地・イギリスまでは樽のまま運び、びん詰はロンドンについてから、という習慣はこの沈殿のせいであるといえるだろう。当然、びんから注ぐときも十分な注意が必要である。クラステッド・ポート(クラスティング・ポート)Crusted Port(Crusting Port)は単一の収穫年ではなく、二ないし三年のものを調合し、数年たるで貯蔵した後にびん詰したものである。びん詰後の熟成で、やはりクラスト(酒あか)が発生するので、このように呼ばれる。ビンテージ・ポートには劣るが、香りも高く優れた酒である。ホワイト・ポートWhite Portは白ぶどうを原料にしたもので、調合酒であり、色はうすい。酸化して褐色になったものもある。果汁の発酵のさせ方で甘口と辛口がある。

補酒　ほしゅ　Filling Up

貯蔵中、蒸発などで目減りしたワインを同一品種のワインで補充すること。

保存料　ほぞんりょう

一般に食品の保存中に変敗を起こすような微生物の発育を防止する薬剤や食品添加物の一部である。日本では食品衛生法で使用できる保存料の種類や使用方法、許容量が定められており、表示も義務付けられている。酒はもともとアルコールを含んでいることから、保存中、微生物に侵されることはほとんどなく、保存料を使う必要はない。

菩　提　ぼだい

嘉吉年間（一四四〇年代）、奈良の東南一里の渓谷にある奈良・興福寺大乗院の末寺である菩提山寺は奈良酒の醸造元として有名で、その酒は「菩提泉」という名で人々に愛されていた。以後、菩提山の流儀をならって造った酒は一般に「菩提」という名で呼んでいる。永禄九年（一五六六）に記された『御酒之日記』では、その製法を詳しく記している。「菩提泉、白米を用い、これのうち一部を御飯にしてよくさまし、ザルの中に入れて冷やした後、水に漬けた米の中におく。これを三日程度置いてから上の澄んだ水は別の桶に入れる。御飯は上にあげて別におく。残りの米をここで蒸す。夏であれば特によく冷ます。麹は五升、そのうち一升の麹と御飯を交ぜて仕込み、後残りの四升の麹と御飯をまぜて入れ、さきほど別にした水を一斗加え、さらに残った飯を全部ひろげて仕込む。むしろで口をおおい七日おくと酒ができる。十日おけば用いるに足る」とある。現在の「酒母とり」（水酛）にも比肩すべき複雑な速成法であると同時に、米の漬け水を仕込みに用いるなど、いろいろの工夫が凝らされている。この仕込みは夏でも行うと書かれており、寒造りに入る前にこのような造り方がなされていることは興味深い。また、『童蒙酒造記』には、菩提の酒は残暑の厳しい折にも造れること、涼風が立っても造れること、その仕込みが二段仕込みであることなどが記されている。ただ、この菩提の酒も近世に入ると衰退してしまったようで、江戸時代の古文書『日本山海名産図会』では、菩提は山家（山間部）の酒という、ひどく貶められた評価を受けている。

ホック　Hock

イギリス人はラインガウのワインをこのように呼ぶ。最も広義にはラインタイプのワイン一般を呼ぶこともある。この言葉はホッホハイムという地名からきたのだといわれている。この町は、ラインガウからはやや離れているものの、造られるワインの質はよく似ているので、もっとも東の外れながら、ラインガウ地区に分類されている。このホッホハイムのワインがホッホハイマーである。この名前は一七世紀ごろから生まれたようだ。ちなみにイギリス人はドイツのワインをホックアンドモーゼル Hock and Mosel という別名で呼んでいる。

ボック・ビール　Bock Bier

北ドイツ・アインベックのビール。下面発酵の濃色ビール。アルコール度数が高い。ドッペルボック（二倍のボック）という極めて濃厚なビールもある。

ホップ　Hop

忽布。西洋唐花草。ビールの原料として使用される植物。以前はクワ科に属していたが、現在は、カラハナソウ属、アサ属が含まれるアサ科に分類されている。つる科の多年生植物で、そのつるは一〇m近く伸びることから、高い支柱にはった針金や縄に絡ませて栽培する。温帯の植物だが、やや寒冷な気候に適しており、ドイツのスパルトやボヘミアのザーツなどが産地として有名である。日本では明治一〇年、北海道ではじめて栽培され、現在では東北地方が主で、長野や山梨県などでも栽培されている。もっとも、国産だけでは需要をまかないきれないため、毎年、ヨーロッパなどから輸入されているのが現状である。ホップは雌雄異株で、雌花の毬果がビール醸造に用いられる。普通、七〜八月ごろの晴天の日を選んで未受粉の雌花を摘み取り、直ちに火力によって乾燥する。この時、水分は約一一％内外になるよう調節する。乾燥中、硫黄燻焼も行う。乾燥したホップは麻布でつつみ、さらに亜鉛または錫製の缶の中に密閉、低温で保存する。これは容積を小さくし、揮発性成分の発散を防ぐためである。ホップの毬果は緑色の四〇〜一〇〇枚の鱗葉が楕円形の房状をなしており、その内部に黄色のルプリン粒がある。ビールにとって大切な成分である芳香物質（ホップ油）や苦味質（ホップ樹脂）、ホップタンニンはこの中に含まれている。ホップ油の香りがビールに特有の香りを与えている。また苦味質の本体は麦汁とともに煮沸される際、熱によって変化し、水溶性と強い苦味を有する物質イソフムロンとなる。これがビールの苦味の主体である。ホップタンニンはタンパク質を凝固する作用があり、ビールの透明度を高めるのに重要な役割を果たす。つまり、ホップはビールに苦味と香りを与えると同時に透明度を増すための役目も担っているわけである。そのほか、ホップの成分は防腐剤的な役割も果たしているという見解もある。そんなホップだが、使用量はビールによって異なってくる。淡白な味のビールには一㎘あたり二五〇〇〜三五〇〇g程度使うが、スタウトのような濃厚なビールには、その倍ほども投入する。醸造過程でホップ粕が得られる。

ボディ　Body

酒類、とくにワインの味覚を表す言葉。日本語では「コク」「ゴク」「肉」がこれに近いが、必ずしも同じ意味とはいえない。むしろ、重さ、すなわち「密度」という意味の方が近いかもしれない。実際、Full-Bodied Wineといえば、コクのあるワイン、という意味ではない。「みずっぽい」Wateryとか「身薄い」Thinの反対を意味し、重みのある味であることを示している。だから、Full-Bodiedという言葉が必ずしも長所になるとは限らない。多くの白といくつかの赤の場合、むしろ欠点になってしまうのである。例えばモーゼルのような優れた白ワインは、むしろボディを欠いていることこそが売りなのである。逆にブルゴーニュのような優れた赤はしっかりとしたボディを持っていることが魅力となっている。

ボトリチス・シネレア　Botrytis cinerea

ぶどうの果実につく菌。いわゆる「貴腐」の現象を起こすことから貴腐菌とも言われる有益なカビである。完熟した白ぶどうにこの菌がつくと、果皮表面の蝋質の部分が溶解され、そのために果粒中の水分は蒸発しやすくなり、果汁中の糖度は増してくる。またこのカビは糖よりも酸を消費するので果粒中の酸量は減り、結局は糖の酸に対する相対量も増加してくる。また、外観は乾しぶどうのように変化する。このぶどうを材料とするのがソーテルヌのワインであり、ラインのトロッケンベーレンアウスレーゼである。日本では気候上の問題などから、このような現象を起こすことは稀である。

ボトル　Bottle

酒びんのこと。酒の種類によって色も形もさまざまだが、要は内部の酒質に影響を与えないような材質で作る。古い時代には皮革を用いたこともあったが、現在ではガラス製が主体である。また、合成樹脂製のびんも見られるようになった。内部の酒が光線の影響を受けやすい場合は、びんの色も問題になる。また、ライン・ワインが茶色のびん、モーゼルワインが緑びんと産地によって決まっているものも少なくない。ワインのボトルのうち、揚げ底のものも

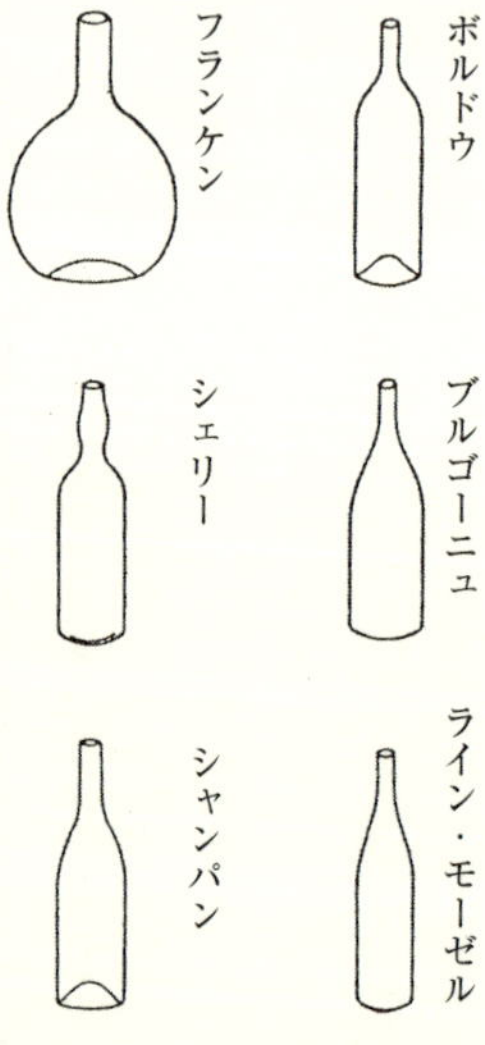

あるが、これは最下層の部分に滓《おり》が溜まり、注ぐときにも浮き上がって出ないようにするためのものである。容量は酒によって異なる。例えばワインなら、普通七二〇～八〇〇㎖が標準的なサイズである。（イギリスでは、ボトルサイズと言われる）。日本酒の場合は、一升（一・八ℓ）が標準になっている。そのほか、四合（七二〇㎖）、二合（三六〇㎖）、一合（一八〇㎖）が普通、出回っており、焼酎やみりんなどもこれを用いる。ビールは大びん（六三三㎖）が標準サイズで、ほか、中びん（五〇〇㎖）、小びん（三三四㎖）がある。

ポルトガルのワイン　Portugal Wine

イベリア半島南西部を占めているこの国は、東の

スペインとよく似た地形を持っている。ワインの生産国としては古くから有名で、北部のドゥーロ川上流域が有名なポートの産地であるが、このほかにも同じく北部にはテーブルワインの名産地がある。また、それより下ってモンデゴ川の流域、あるいはさらに南のテージョ川（リスボンから海に注ぐ川）の流域にぶどう園が点在している。ポートワインが世界的に有名だが、その生産量はポルトガル・ワイン全体の数％に過ぎず、しかも、その大半は輸出されている。むしろ通常の赤、白、ロゼのテーブルワインを量産するのがこの国の特徴といえるだろう。ポルトガルのテーブルワインはやや粗く、新鮮な風味を持つ。赤は色が濃く、そしてアルコール分も高い。白も同じように粗い風味を持つが、ロゼの中には新鮮さが際立つ良質のものもある。品質面ではぶどう園、あるいは栽培地に関する政府の厳重な規制がある。つまり、原産地呼称法と同じような方法で品質を保持しているのである。ポルトガルで重要な地区は以下の通りである。

(1)　ヴィニョ・ヴェルデ＝国の北辺、スペイン国境から南に下ってドゥーロ川までの地域。オポルトの北東あたりである。ポルトガルでは最も知られたテーブルワインの産地となっている。ヴィニョ・ヴェルテ Vinho Verde は Green Wine を意味するが、酒の色が緑というわけではなく、若く新鮮であるということである。赤、白、ロゼがある。少し発泡性を持ったものも見られる。

(2)　ダウン＝ドゥーロ河谷より南に向かってモンデコ川の流域。オポルトとリスボンの中間、中央ポルトガルにあたる。ヴィゼウがワインの集散地である。赤は色が濃く、コクがあり、香りが高い。ポートの同じ品種のトウリゴ Tourigo やチンタ Tinta の黒色種を原料とする。白は酒精分に富んで黄金色。やはりコクがある。アリント Arinto 種が原料。大半のぶどう園は岩山の段丘に展開しており、その規模も小さい。ここのワインはヴィゼウで巧みに調合されて出荷されるのが特徴であるといわれる。

(3)　ブセラス＝リスボンの近く、テージョ川を少し上がった河畔。白の産地である。
(4)　コラレス＝ブセラスの西。リスボンからやや北よりの西、大西洋に面し、海岸の砂丘のぶどうが栽培されている。ここは赤が中心で、コクと新鮮味を併せ持った酒が造られる。有名なラミスコ Ramisco は、粘土質が砂の層の下に横たわっているような特殊な土質に栽培されたものを原料とする。
(5)　カルカベロス＝リスボンの郊外に近く、やや西南のテージョ川に面している。甘口の白だが、ポルトガル・ワインには珍しく、食前酒か食後酒に向いている。
(6)　リスボンの東南。セツバル湾に面した港町。モスカテル Moscatel のぶどうの産地で、小さな丘の麓は、このぶどうでうめられている。甘口の白。食後酒として優れている。

本直し　ほんなおし
柳蔭ともいう。本みりんを原料にした混成酒。ボトメ二度、アルコール分二二%、糖分八%内外の甘くてきりっとした飲料。愛知県、なかでもみりんの産地である三河地方で飲まれる特殊な酒である。夏、冷やして飲むと、さわやかな甘さがいっそう際立つ。製法は、本みりんを仕込んだ醪《もろみ》で熟成する約一〇日前に、さらに多量のアルコール（焼酎）を添加し、圧搾ろ過したもの。最近は出来上がった本みりんに直接アルコールを混和する方法が多くなった。『守貞漫稿』『日本山海名産図会』といった古文書でも、本直しはみりんとよく似た製法で造ること、冷で飲むべき酒であることなどが書かれている。

本　火　ほんび
古語。普通、日本酒は四月ごろ火入れをし、これを大きなタンクに囲うのであるが、この際、大きな容器を用いず、火入れした日本酒を直接四斗樽の新樽に入れ、これを晩春から初夏にかけて出荷する。これを本火物（本火樽囲）などと称する。最近は樽を使うことが少ないので、普通の火入れと同じような意味で使われる

ま

マール（オー・ド・ヴィ・ド・マール）

Marc（Eau-de-Vie de Marc）

マールとはぶどうの圧搾粕、つまり、果皮や種子などである。この搾り粕を水で抽出し、さらに発酵させる。この液は直接飲用には向かないが、蒸留してブランデーを取ることはできる。オー・ド・ヴィ・ド・マールとは、そうした酒である。アメリカでは、ポメース・ブランデー Pomace Brandy、イギリスではマール・ブランデー Marc Brandy、わが国では粕ブランデーと呼んでいる。マールはしっかりとした味を持っているので、貯蔵の状態がよいと、果実の風味が香り立つ濃厚な風味のブランデーに仕上がる。純粋のブランデーと同様の蒸留法をとったものは、品質保証がなされる。各ワインの産地で、それぞれこの種のブランデーが造られているが、ブルゴーニュのマールはとくに有名である。ちなみに、白ワイン地帯のマールは軽快で、赤ワイン地帯のものよりやや優れていると言われる。

茅台酒　マオタイシュ

中国産の蒸留酒。高粱酒であって、貴州省仁懐県茅台鎮の特産。蒸留した製品は陶磁の甕に入れ、数十年におよぶ年月の間、貯蔵熟成させる。このために、香味はまことにまろやかで、香気もすばらしい。単なる高粱酒というより中国の代表的銘酒といった趣がある。アルコール分は高く五〇～六〇％。しかし、熟成の効果でそれほど高くは感じないやわらかさがある。日中国交回復交渉の際に登場し、話題となった酒でもある。

マスカット　Muscat

甘い特有の香りのあるぶどう。さまざまな変種があり、色も淡黄色から青色まで存在する。主に白ワイン用のぶどうであるが、生食にもよい。このぶどうから造るワイン（マスカテル Muscatel）は重厚な風味を帯び、そして香りも強い。主として食後酒に用いられる。また、発泡性ワインの材料にもよく使用される。カリフォルニアに産するマスカット・アレキサンドリアMuscat of Alexandriaやその他地中海沿岸に広く栽培されているミュスカ・ド・ボーム・ド・ヴニーズMuscat de Beaumes-de-Venise、ミュスカ・ド・フロンティニャンM.de.Frontignan、ミュスカ・ド・リュネルM.de.Lunel、ミュスカ・ド・サン・ジャン・ド・ミネルヴォアM.de.Saint-Jean-de-Minervoisが有名である。

松尾神社　まつのおじんじゃ

京都市右京区にある神社。古くから酒を造る道を教える神として奈良・大神神社などとともに酒造家の崇敬を受けている。現在、各地の酒造場にはこの神を祭った神棚が設けられている。祭神は大山 咋神《おおやまくいのかみ》と市杵島 姫命《いちきしまひめのみこと》であると言われている。大山咋神は素盞鳴神《すさのおのみこと》 の孫で山を司る神であったが、国土の経営や産業の振興も奨めた神である。市杵島姫命は筑前宗像《むなかた》神社の中津宮に祭られる女神であって、酒の神と言われる。その縁起について社記には「この地の穀物を採り、御山の大杉谷の水をもって、篤き崇敬を受けられている」とし、古来醸造の祖神として、篤き崇敬を受けられているとされる。一説には、この社は秦一族が建立したものとされる。秦氏は太秦《うずまき》・広隆寺境内に松尾の摂社として大酒神社を建てている上に、もともと酒造りには縁の深い一族であったことから、その氏神である松尾神社に〝酒〟を強く取り入れ、かつ、母神の一つ市杵島姫命も関連させて山の神社を酒の神としたのではないかともいう。『山城風土記』には「王依日売、石川の瀬見の小川に川遊びせし時、丹塗の矢、川上より流れくだりき。即ち取りて床の辺に挿しおき、ついに孕みて男児を生みき。人のなる時にいたりて外祖父建角身の命、八尋屋を造り、八つの戸扉を堅め、八腹の酒を醸みて、神集へに集へて、七日七夜楽遊し給ひき。然して子に語らひ言ひ給ひしく、汝が父と思はむ人にこの酒を飲ましめよと宣り給ひしに、すなわち酒盃を挙げて、天に向ひて祭りをなし、屋の甍を分かち穿ちて天に昂ぶりましき。すなわち外祖父の名に因りて賀茂の別雷の命と号す」とある。そして、別の古文書では、この丹塗の矢が神として祭られたのが今の松尾大明神であると伝えている。賀茂が酒に関係があり、また松尾も酒に因縁があることから生まれた伝説であろうか。

マドラー Muddler

カクテルなどを作成する際に使う棒状の器具。砂糖や果肉などをつぶすのに用いる。トデー・ステックともいう。古くは堅い木製の先端が枝分かれしたスイズル・スティックと呼ぶものが用いられていた。現在ではプラスチック製やガラス製の棒状のものがほとんどである。

マドリード協定 Convention of Madrid

一八九一年四月一四日、マドリードで結ばれた原産地名称に関する協定。酒をはじめあらゆる商品の原産地虚偽表示禁止を目的とした協定である。マドリード協定の参加国は、偽装表示がなされている商品を発見した場合は、商品の差し押さえや輸入禁止措置、虚偽登録の阻止といった行為が可能となっている。また参加国は、既述したような行為が可能であるように国内法を整備することも義務付けられている。日本は昭和二七年（一九五二）の平和条約締結後、マドリード協定への参加を義務付けられた。そして昭和二八年（一九五三）の法律第二六号で「商品の原産地虚偽表示の防止に関する一八九一年四月一四日のマドリード協定」に関する国内法の保証がなされた。

マラガ Malaga

甘口のデザートワイン。スペインの南西部、ジブラルダル海峡の東にあるマラガ湾に面する丘陵地帯で造られるのでこの名がある。甘口・濃褐色で、酒精を強化したワインである。原料にはペドロ・ヒメネス Pedro Ximénez 及びマスカット種のぶどうが用いられる。アルコール分は一八％前後、独特の芳香がある食後酒である。原料には摘んでから一週間ほど天日にさらしたぶどうを使う。この、乾しぶどうのように糖分比率が高まった原料をさらに加熱・濃縮し、ひどく甘い濃縮果汁を造る。こうして濃糖になった果汁を発酵させるわけだが、途中、ブランデーを加えて発酵を止めてしまうため、酒中には十分な糖分が残り、結果として甘口のワインが仕上がるのである。なお、マラガの貯蔵は同じスペインのシェリーにも似て、ソレラ・システムが採用されている。

マラスキーノ　Maraschino

ユーゴスラビア・アドリア海に沿ったダルマチア地方で産する酸っぱい桜実（マラスカMakasca）を原料にした白色の甘いリキュール。マラスキーノという名前は、材料である桜実（マラスカ）から取ったものである。ダルマチアにあったイタリアの領土がユーゴに合併されるまで、マラスキーノはザダルZadar（古くはザラZaraと呼ばれた）でのみ造られたが、現在ではこの酒の創始者であり、最大のメーカーであるルクサルド家が移転したイタリア国内で生産されている。マラスキーノは二五％のアルコール分、約四〇％の糖分を含んでいる。最大の特徴はマラスカ特有の香りであろう。干した蒲草で巻いた独特の細長いびんに入っているのも面白い。

マルサラ　Marsala

イタリア・シシリー島の西北部にあるマルサラとその周辺で造られる食後酒である。酒精は強化してあるので一七～一八％のアルコール分を持ち、色は琥珀色をしている。甘口が多く、シェリーに似ている。一八世紀、この地に家族とともに移住したウッドハウスらの手で造られはじめた酒とされる。当初はかなり高価だったポルトガルやスペインのワインの代用品として醸造がはじめられたらしい。マルサラを造る地帯は限定されており、ぶどうもグリロGrilloのほか、二種類が用いられる。マルサラ本来の型であるマルサラ・ヴェルジーニMarsala Vergineでは、シェリーと同様に、辛口・高酒精のブランデーによってアルコール分は一七～一八％に強化してある。とくに甘口を望む場合は、甘いぶどう果汁を加えるのが通例となっている。

マセラシオン・カルボニック法

Macération Carbonique

フレッシュで軽いタイプの赤ワインをる方法。ぶどうを粉砕せず、そのままタンクに入れ、二酸化炭素を充満させた状態で一定期間保存する。その間に細胞内の酸素反応を起こし、その後、圧搾、発酵する。ボジュレー・ヌーボーなど新酒の製法に活用されている。

マロラクチック発酵　Malolactic Fermentation

ワインの中で起こる、乳酸菌による一種の二次発酵。酵母によるアルコール発酵が終わった後、乳酸菌によってりんご酸が乳酸と炭酸ガスに変わることを示す。これによってリンゴ酸が減少し、乳酸が多くなるので、渋味を伴う酸味が減少。まるみを帯びてくる。したがって酸の多いぶどうを用いたワインにとっては、この種の発酵は好ましいことであり、醸造所によっては冬の間、酒蔵を暖めてこの発酵を促す所も見られる。

み

ミード　Mead

蜂蜜酒のこと。サンスクリット語のMadhuから来た名前であるとされる。インドやエチオピア、スカンジナビア地方で、二〇〇〇年ほど前から造られていた。とくに古代スカンジナビア人は、頭蓋骨で作った酒杯でこの酒を飲み、極楽にいけるようにと祈った。イギリス・ウェールズ地方やポーランドでも造られた時期があったが、現在ではほとんど見ることはできない。製法は各時代・地方によって異なっており、スパイスやハーブ、果汁などの入ったミードが造られていた。アルコール分は七〜一四％。

蜜柑酒　みかんしゅ

みかんの果汁を発酵させた酒。みかんは糖分が少ないので普通は果汁の砂糖を補充し、酵母を加えて数日間発酵させ、しばらく放置して清澄になるのを待ってびん詰殺菌する。ただし、多くの場合、発酵中にアルコールや焼酎、ブランデーなどを加えてアルコールを強化する。また、焼酎やアルコールに蜜柑を漬けて（あるいは、蜜柑の果汁を加えて）その香味を浸出し、砂糖そのほか調味料を加えるというリキュール的な手法で造る場合もある。『手造酒法』などの古文書を紐解くと、古い時代の日本にあった蜜柑酒は、このリキュール的な手法で造られたものであることがわかる。現在、わが国では家庭で造るのを認められている、いわゆる「ホーム・リカー」としての蜜柑酒が主であって、みかん果汁を発酵させる型の蜜柑酒はまれである。「ホーム・リカー」の蜜柑酒は、温州みかん、夏みかんなどをきれいにぬぐって四つくらいに切り、あるいは輪切りにし、みかん一kgに対し、砂糖〇・五〜一kg、焼酎九〇〇㎖に漬ける。三日目くらいからみかんの色が出て、だいたい一週間くらいで飲めるようになる。あまり長くみかんを漬けておくと苦味が出るから注意が必要だ。なお、苦味を出さないためには、みかんのうち一個だけを皮付きにし、ほかは皮をむいて漬けるとよい。

御酒（神酒）　みき

神や天子に捧げる酒。もともとは酒そのものを意味した言葉だった。

水麹　みずこうじ

清酒の酛《もと》（酒母）や醪を仕込む際、まず必要量の水を容器に入れ、ここへ麹を投入して水と麹をよく混ぜ合わせる。このような状態を水麹と呼ぶ。ここで麹中の酵素を水であらかじめ浸出しようとしているのである。しばらくしてから蒸米を入れて、仕込みは終わる。

水酛　みずもと

日本酒や焼酎に使用される酒母の一種。現在ではほとんど見ることはできない。方法は白米を蒸す前に水につけるが、一部の米をとりわけ、普通に飯をつくり、それを袋に入れ、水につけた米の中に入れておく。時々、袋をもみ出しながら、おおむね五〜六昼夜放置する。その間に飯の中から乳酸菌の養分が溶け出し、自然と乳酸菌が繁殖し、液は完全に酸性となる。このころを見計らって米と酸性の液を分離する。酸性の液は酒母の仕込み水に、米はいったんかけ水をしてから普通のように蒸し、麹を加えて酒母の仕込みを終える。仕込み水が酸性であることから有害菌の繁殖を自然と防ぐことができる。とくに旧盆の七月、あるいは八月の暑い時期に酒の安全を守るために考案された方法とされ、菩提酛とも呼ばれている。

水割　みずわり

ウイスキーや焼酎を水で薄めること。また、ウイスキーや焼酎を水で薄めた飲料。

霙酒　みぞれざけ

『手造酒法』には「みぞれ酒　一、干飯　あらあらとしたるを煎り水にてもみにごり汁を捨てよくかわかしよき酒にいれておくなり」とある。干飯を酒に浮かべた様子がみぞれが降るようなのでこの名があるのだろう。一説には麹を酒に浮かしたものという。『和漢三才図会』には薬酒の種々の中に「南都霙酒《あられ》」をあげており、奈良の名物であったことがわかる。霰《あられ》酒とよく似た酒である。

蜜酒　みつしゅ

中国・宋代（一〇〇〇年代）ころから造られた花の蜜を用いた酒。その造り方が記された『宋史』によると、蜜に糖分が含まれることから、別に麹を用いて糖化を行う必要がないと記されている。

南アフリカのワイン　Wines of South Africa

南アフリカでも三世紀余り前からワインが造られている。もっとも、この国におけるワインの消費量は意外と少ない。事実、一人あたりの年間ワイン消費量は、フランスやイタリアが五五～六〇ℓ近い量に達するのに対し、南アフリカでは八・五六ℓに過ぎない（いずれも一九九九年の統計）。

【歴史】一六五五年、オランダの移民の手でぶどうの樹がケープの土に植えられた。そしてその四年後、南アフリカで初となるワインが完成している。その後、この地にはフランスからの新教徒が相次いだ。彼らは主にケープに定住。そしてワインを得るために、周辺の土地をぶどう園として切り拓いていった。一八世紀に入ると、この国のワインは「コンスタンシアのワイン」として、イギリスなど西欧社会の中で一定の地位を得るに至った。ちなみに一八世紀ごろの南アフリカではブランデーの醸造も始まっている。しかし一九世紀半ばになると、グラットストーン政府によってイギリスへ輸出される際の特恵関税が廃止されたため、ワインの貿易は大きな打撃を受けた。さらに虫害(フィロクセラ)の襲来によって、南アフリカのワイン醸造業は大きく衰退してしまった。それでもアメリカからの虫害に強い品種導入などの努力によって次第に回復。一九一八年には南アフリカのワイン産業を統括する「南アフリカワイン醸造業者共同連盟」(The Co-operative Wine Grower's Association of South Africa Ltd. K.W.A.)が設立されるほどまでになった。南アフリカの四季は、春は九月から一一月、夏は一二月から二月、秋は三月から五月、冬は六月から八月となっており、ぶどうの摘果や醸造も北半球の主要ワイン生産国とは異なった時期になる。

【生産地帯】 南アフリカの伝統的なワイン地帯は主に南の地帯、南緯三三度と三四度の間に限られる。具体的にはケープタウン南西のコンスタンシア、この海岸線から東に向かってステレンボシュ、また北上してパール、ウエリントン、マルムスベリー、トルバク、セレスの内陸部である。いわゆるコースタル・ベルト Coastal Belt と呼ばれる地帯である。ここではセミヨンやソービニヨン・ブラン、リースリング、カベルネ・ソービニヨンのぶどうが栽培され、赤や白の辛口テーブルワインが生まれている。この地帯に接して東のウルスター、ロバートソン、モンタジエ、パリスデーレ、ラディスミスなどを含むリトルカルー高原と呼ばれる地帯がある。ここは雨が少なく、ぶどうは灌漑によって育てられている。主な品種はエルミタージュ、ステーンドリューフ、ムスカデル、サルタナなどで、主に甘口のワインやシエリータイプ、あるいはブランデーが造られる。

【酒の特徴】 南アフリカのワインは、ヨーロッパのそれとよく似ている。コンスタンシア・ワインは、どちらかというと食後酒で、ポートタイプやマスカテルタイプの甘口酒が多い。シェリータイプのものは半世紀余り前から、伝統的なソレラ・システムによって造られている。生産の中心はパールである。ちなみに、この地域はシェリーの主産地であるスペイン・アンダルシア地方と気候も地理的にもよく似ているとされる。コクのある赤のナチュラル・ワインはケープ周辺に多い。このうちやや軽いものはステレンボシュや海岸線近くに、より重いタイプはパールの付近に多い。ロゼもケープ周辺で造られる。白の中甘や辛口はパール、ステレンボシュに多い。他に発泡酒も造られる。

宮水　みやみず

兵庫県西宮市内に存在する井戸水で、とくに灘地区の酒造用水として用いられる水。天保期から酒造用の霊水として貴ばれた。この水は六甲山系から来る伏流水で、鉄分が少なく、リンやカルシウム、カリウムなどを多く含み、酒造用水としては理想的な水といえる。戦後、工場の進出や都市化の影響で、西宮の井戸水は危機に瀕したが、地元の酒造家が結束して保護に乗り出した結果、現在でも宮水の水質は保たれている。

ミュンヘン・ビール　München Bier

ミュンヘンはドイツにおける有数のビール生産地である。とくに色が濃く、麦芽の風味の強い濃色ビールである。黒ビールの伝統的な産地として有名だ。かつて、ミュンヘンビールといえば、ほとんどこの黒ビールを指していたが、近年は淡色ビールも増えている。

みりん

焼酎などにに米麹と蒸した糯米《もちごめ》を混ぜ、一～二ヶ月間置いて糖化させ、圧搾してつくる甘い酒。黄色透明で粘りがある。主に調理用で、アルコール濃度は一三～二二％と高い。そのままあるいは屠蘇《とそ》酒として飲用するが、おもに調理に用いられている。中国では糯米を用いた酒は多く、みりん（味醂）もまた中国から伝わったものと考えられる。醸造は焼酎製造技術とも関連し、三河（愛知県東部）地方に集中している。また近年はアルコール製造技術や量産の技術が開発されて、京都府、千葉県のメーカーによっても量産されている。

【定義】酒税法上の定義は、①米、米麹に焼酎またはアルコールを加えて漉《こ》したもの。②清酒における増醸のように、①の製品にぶどう糖、水飴、アミノ酸塩などを加えたものもみりんとみなすとしている。③さらに、みりんに焼酎、またはアルコールを加えたもの。④みりんにみりん粕を加えて漉したものも、みりんとして扱うとしている。みりんに焼酎またはアルコールを加えたものは、「直《なお》し」「本直《ほんなお》し」、あるいは「柳蔭《やなぎかげ》」と呼ぶ。エキス分が少ない分、すっきりとした甘さがあるリキュール的な酒となっており、とくに夏場、冷やして飲む。みりんは、そばつゆの味つけなどに、ほのかな甘味材として使われるほか、うなぎの蒲焼きやかまぼこなど、「照り」を重視する食品に使用される。昭和五九年（一九八四）には七万kl、平成七年（一九九五）には約九万klとなっている。

三輪神社（大神神社）　みわじんじゃ（おおみわじんじゃ）

正しくは、「おおみわ」と呼ぶ。この社は古くは奈良県磯城郡三輪町であったが、今では桜井市に編入された。造酒の神として、またわが国最古の神社として有名である。ここの祭神は大物主神《おおものぬしのかみ》、大己貴《おおなむち》神《かみ》、少彦名神《すくなひこなのかみ》である。大物主神、大己貴神は異名同神ではあるが、神徳の表れるのが異なっているという考えから、別座となっている。大物主神は大国主神《おおくにぬしのみこと》のことで、少彦名神と協力して殖産の道を起こし、医薬・療病・禁厭の術や造酒の方法を教えるなど、国土経営に大きな功績を挙げた神である。そして、末永く皇室を守るため自らの御魂を大和の大三輪・三輪山に鎮めた神でもある。この三輪山を神体とするのが三輪神社である。少名彦神は天の羅摩船《かがみぶね》に乗り、蛾の皮で造った衣を着て出雲国・美保岬に上陸された神で、大物主神とは義兄弟の契りを結ばれている。『日本書記』には崇神天皇の八年に高橋邑の活日《いくひ》が大神《みわ》の掌酒《さかびと》に任じ神酒を醸して天皇に献じた時、「この御酒は、吾が御酒ならず、大和なす、大物主のかみし御酒　活日佐《いくひさ》、活日佐」と歌ったのに対し、天皇も「味酒《うまざけ》　神の殿《と》の　朝戸にも推し開かね　神《みわ》の殿戸《とのど》を」と詠じ、臣下とともに宴を催したと伝えられている。また同紀の神功皇后の段には、皇后がその子応神天皇に侍酒を献ぜられて「此の御酒《みき》は吾が御酒ならず　酒の神　常世にいます　巌立たず　少名御神の豊祝《とよほぎ》寿ぎ廻《もと》ほし神寿ぎ　寿ぎ転《く》るほし　献来《まつりこ》し御酒ぞ　涸《あ》さず飲《ほ》せ　ささ」と歌っている。前の歌は活日の歌であるが、ここで大物主神が酒の神であることは明らかである。同様に神功皇后の侍酒の歌からは、少彦名神もまた酒の神であることは明らかである。この二柱が酒の神であることから、三輪神社も造酒の宮として尊ばれた。後には「みわ」は御酒と同じく酒を意味する言葉として用いられたほどである。ちなみに、この神社には拝殿はあるが本殿はない。拝殿の背後にそびえる三輪山そのものが神体として祭られているからである。この山は三輪山、三諸山《みもろやま》、倭青垣山ともいい、周囲約一六㎞はある。ちなみに杉の葉を球状に束ねて酒店の軒先に下げてある「酒林《さかばやし》」は三輪山の神木・杉をかたどったものである。

む

無灰酒　むかいしゅ

かつて、酒に酸味が出てしまった場合は灰を使って味を直した。無灰酒は、灰によって味を調節することをしなくて済んだ健全な酒の意味。『物品識名』には「無灰酒、水をまじへざる上品の酒」とある。これは、水を加えると酸敗しやすくなり、結局、灰を使わざるを得ない場合が多くなることを意味している。

迎酒　むかえざけ

二日酔を癒すために飲む酒。どのような効果があるのか、医学的に解明されているわけではない。ただ、多くの左党は二日酔で苦しんでいる際、ビールなり、ウイスキーなりの一杯で気持ちが次第に快方に向かうことを知っている。この効果が生まれる背景について、佐藤信氏は▽アルコールによって中枢神経が麻痺し、苦痛に鈍感になること▽血糖値が上昇すること（後で再び下がってしまうが）、そして▽心理的な効果—を挙げている。つまり、二日酔いで頭を痛める人は、ほぼ例外なく後悔のホゾを噛み、自己嫌悪や自己不信に悶々としている。迎酒はこうした鬱々とした気分を消滅させてくれるというわけである。

麦焼酎　むぎしょうちゅう

麦と米麹で造った焼酎。芋焼酎や泡盛に比べると、一般的に淡麗で軽やかな風味で飲みやすい。主な産地は大分県と長崎県・壱岐《いき》。とくに壱岐は大陸との交流の歴史が長いことから、平野部では古い時代から麦が栽培されており、一六世紀には既に麦を使った焼酎があったという。一方、大分県内の麦焼酎は、昭和五〇年代以降、県が推し進めた一村一品運動の影響で急速に定着したものである。この地方の麦焼酎は原料から麹まで一環して麦を使用し、イオンろ過・減圧蒸留しているという特徴があり、味もよりマイルドに仕上がっている。

蒸　米　むしまい

白米を洗い、水に浸漬したのち、甑《こしき》などの装置で蒸したもの。

無水アルコール　むすいあるこーる

普通の蒸留で得た水を含んだアルコール（含水アルコール）を、特別な方法で水分を抜いたもの。脱水法としては、生石灰、石膏、グリセリンなどの脱水剤を用いる方法と、ベンゾール・トリクロールエチレン（ドラビノール）などを用いて、共沸蒸留をする方法がある。日本における無水アルコールは比重〇・七九七以下、容量で九九・五％を示すものを指す。日本では主に化学工業用に使用される。

め

銘　柄　めいがら　Brand
酒類の商標。本来は登録されているマークを指している。また、マークそのものが有名な酒類は銘柄物ともいわれる。

メタカリ
正しくはメタ重亜硫酸カリウム。ピロ亜硫酸カリウム、異性重亜硫酸カリウムともいう。白い結晶で、酸性液で亜硫酸を発生する。この性質を応用し、ワイン醸造ではぶどう果汁に夾雑する野生酵母や雑菌を殺菌するために用いる。

メラノイジン　Melanoidin
糖とアミノ酸から褐変反応（メーラード反応）により生成される着色物質。食品の褐変の多くはこの反応による。

メルツェンビール　Marzenbier
ホップの強い芳醇な味わいが特徴のビール。アルコール度数約五・八％。ドイツ・バイエルンが名産地である。メルツェンとはドイツ語で三月の意味。三月に仕込まれたものが最も評価が高かったことから、この名が生まれたとされる。

も

酛　もと
酒母のこと。醪《もろみ》の発酵の基になる。日本酒の場合は、醪と同じ原料で仕込み、これを酸性にして多数の酵母を純粋に培養したもの。さまざまな型があるが、乳酸菌の自然増殖によって酸性となる生酛系酒母、乳酸をあらかじめ添加して酸性を得る速醸系酒母の二つに大別される。しかし、現在では後者がほとんどを占める。酛は醪のアルコール発酵の起動力となるため、その製造は十分な注意を払って行われる。

桃　酒　ももざけ

本来は桃花酒の意味がある。例えば『民間年中故事要言』には「三月三日、桃の花を酒に浸して病を除ひ顔色をうるほすとなん、月令広義本草などに記せり」とある。つまり、桃の花を使った浸出酒が桃酒である、ということである。一方、『西域聞見録』には「…桃熟可醸酒、味微酸…」とあり、桃を原料とした果実酒があったことも伝えている。また、脚本『揚巻助六廓の花見時』には「…弥生は雛の城酒に、女中の顔も麗しく、ももの媚ある桃の酒…」と白酒に桃花酒が別の風情を添える有様を描写している。

もやし

種麹のこと。麹を造る時の種として用いられるもので、蒸米、麦などに木灰をまぜ、麹かびの胞子を撒布、湿気の多い中で麹を製造するのと同じように培養する。普通の麹よりもっと老化させて胞子を着生させる。また、麦や豆を発芽させたものを指して麦もやし、豆もやしということもある。

モルト・ウイスキー　malt whisky

ウイスキーのうち、麦芽（モルト）を原料とするウイスキー。オオムギの麦芽と水のみで糖化発酵を行わせた醪を単式蒸留機（ポット・スチル）で二回蒸留。再留時にはアルコール分六五％程度の中留区分のみをとり、樫樽《かしたる》（シェリーの古樽を用いることもある）に貯蔵する。モルトウイスキーは蒸留所の個性がはっきり出ることでも知られる。とくにスコットランドでは、多くの蒸留所が自己のモルトウイスキーを他所のウイスキーとブレンドせず、シングルモルトウイスキー、またはピュアモルトウイスキーの名で市場に出している。ちなみに、他に穀類を使用し、パテント・スチルで蒸留・貯蔵したものがグレーン・ウイスキーである。

諸　白　もろはく

日本酒の麹米、掛米（蒸米）がいずれも白米であること。現在の酒は、諸白である。古い時代には掛米だけが白米で、麹は玄米を使うこともあった。これは片白と呼ばれた。もちろん諸白のほうが良質の酒ができる。

醪　もろみ

製造する酒類の原料をそれぞれ処理（蒸す、煮るなど）をして混ぜ合わせ、これに糖化や発酵のための種を加えたもの。つまり、酒類になる前段階のものである。日本酒の場合、醪を漉したものが清酒であり、こさないものは濁酒である。ビールの醪Mashは、麦芽に温水を加え、糖化させた後、これを濾過した液を発酵させる。ウイスキーは、この麦芽の醪を蒸留したものである。果実酒の醪は果実をつぶしたもの、あるいは果汁を発酵させたもの。果実酒の醪を蒸留するとブランデーになる。

醪取焼酎　もろみとりしょうちゅう

発酵した醪を蒸留して得る焼酎。粕を原料にした粕取焼酎に対する言葉。米醪焼酎、麦焼酎などが相当する。

や

薬　酒　やくしゅ

薬効をもった酒。薬用酒、薬味酒ともいわれる。生薬《しょうやく》を酒で浸出し、砂糖などで味をととのえたもの、あるいはこれに麹《こうじ》などを加え、醸造のような工程をとったものもある。

【歴史】西洋では一八〇〇年前、ローマ時代に名医のガレヌスが薬草をワインに浸して作ったのが薬酒の最初とされる。また、東洋では紀元前三〇〇年前ごろ、『神農本草経』に、薬草を酒に浸すことが述べられてある。漢方の発達と酒の発達が自然に融合して薬酒が生まれたとされる。『本草綱目』には六九種類の薬酒が記載されているが、大部分は直接的な薬効より不老長寿、強壮剤的性格を持ったものが多かった。そして、単純な浸出酒を「醴《らい》」、また醸造工程の入っているものを「酒」として分類している。動物性生薬は前者に多く、植物性生薬は後者が主であった。日本では、中国で完成された薬酒の製法が入ってきたもので、平安朝時代（八一二）、屠蘇酒が宮中で用いられたのが始まりといわれている。やがて、この風習が民間に伝わって年中行事となるのであった。その後、薬酒は次第に民間に広がっていった、やはり直接的な治療を目的としたものは少なく、各器官の調和が取れるよう、体全体に働きかける漢方的な要素をもったものが大半だった。現在普通に用いられている生薬は人参、地黄、虎骨《ここつ》、白朮《びゃくじゅつ》、五味子《ごみし》、当帰《とうき》、芍薬《しゃくやく》、茯苓《ぶくりょう》、甘草《かんぞう》、反鼻《はんび》、枸杞子《くこし》、五加皮《ごかひ》、杜仲《とちゅう》、黄蓍《おうぎ》、肉蓯蓉《にくじゅうよう》、淫羊藿《いんようかく》、桂皮《けいひ》、防風《ぼうふう》などがあり、数種を混ぜ合わせて、不老長寿、強壮剤として調合される。なお、薬酒の場合、病気の治療という局所的な作用もあるが、多くは長い期間服用して体質の強化を図ることを目的としている場合が多い。なお、わが国の法律によれば薬用酒には二通りある。ひとつは「薬用酒」と称して、薬事法の規定によりつくられ、薬効をもつものである。これは厚生労働大臣の許可を得て、酒としての免許をもち、薬局で販売されている。もう一つは「薬味酒」と称するもので、薬事法の適用を受けず、薬効といっても保健的な意味をもった薬酒である。酒店で販売されている「養命酒」や「陶陶酒」はこれに属する。

八醞酒　やしおおりのさけ

日本書紀には、出雲の国に降った素戔嗚尊《すさのおのみこと》が、その国神に命じて作らせた酒が八醞酒であるという。素戔嗚尊は出雲国簸《ひ》川の川上で泣きつづける脚《あし》摩《なず》乳《ち》と手《て》摩《なず》乳《ち》の老夫婦、そして一人の娘に出会う。これは出雲の国神であったが、夫婦の娘が八岐大蛇《やまたのおろち》に呑まれる時が近づいているためだった。ここから始まるのが、素戔嗚尊の八岐大蛇退治伝説である。そして、この大蛇退治に大きな役割を果たしたのが脚摩乳や手摩乳が造った「八醞酒」であった。八醞酒とは、一度できあがった酒を仕込水として、さらに酒の仕込みに用い、これを八回繰り返した酒という意味である。当時、そのような進歩した技法が用いられたとしたら画期的なことである。しかし、それほど深い意味ではなく、きわめて美味な酒という意味に解するべきであるという見方もある。

椰子酒　やしざけ　Palm Wine

やし、とくにココヤシの樹液には糖分が含まれている。その糖分を利用し、発酵させて造る酒である。原始的な酒としてワインよりも歴史が古いとされる。現在では南方諸島に残っている程度。これを蒸留したものもあるという。『和漢三才図会』など、わが国の古文書にもその存在が記録されている。

柳　陰　やなぎかげ

みりんのうち、本直しみりんの別名。

柳　樽　やなぎたる

両手（柄）がついている胴長の樽。朱塗りで、結婚の祝い酒を入れるのに用いる。柳は酒の異名である。ただし異説があり、『貞丈雑記』には、元々柳の木を用いた酒樽としている。

ゆ

有灰酒　ゆうはいしゅ

灰を入れることで味を調整した日本酒。灰を入れるのは酸敗を中和するため。つまり有灰酒は下等な酒といえる。もっとも、最近は酸敗自体がほとんど起こらないため、こうした酒が市場に出回ることも、まずありえない。→無灰酒《むかいしゅ》

融米仕込み　ゆうまいじこみ

米を一〇％ぐらい精米し、そこで熱湯の中に米を入れ、さらに液化酵素により溶かして仕込む方法。その後、麴と酵母を加えて発酵させる。「姫飯造り」と同じような造り方である。醪初期から液状であるため、自動計測器による発酵管理が容易となる。

よ

酔い　よい

アルコールには、脳の中枢神経のはたらきを抑える性質がある。とくに理性をつかさどる大脳新皮質の活動が鈍化する一方、本能的、原始的なはたらきをする大脳辺縁系が活発化する。その結果、興奮状態となるのが酔いである。この状態は必ずしも体に悪影響を及ぼすわけではない。むしろアルコールの量が少ないと、ストレス解消効果が得られる。しかし、さらに飲み続け、血液中のアルコール量が増え続けると、新皮質にとどまらず、辺縁系、小脳など、他の部分もマヒしはじめ、酩酊、泥酔状態になる。そして呼吸をつかさどる延髄にまで麻痺がひろがると、最悪の場合、死に至る。

血中アルコール濃度と酔いの関係

▼微酔・爽快期　さわやかな気分で頭はスッキリ、陽気になる。判断力ややにぶる。（〇・〇二〜〇・〇四％）

▼ほろ酔い前期　ほろ酔い気分、身体に熱感。（〇・〇五〜〇・〇七％）

▼ほろ酔い後期　抑制がとれる。悩みなしで表面的なゲーム感覚。手足ちょっと震え、脈拍が速くなる。（〇・〇八〜〇・一〇％）

▼酩酊前期（ほろ酔い極期）　気勢が上がる、気が大きくなる。衝動的になり、大声・大げさな話し振り。怒りっぽくなる人も出る。手足の動き円滑さを欠き、立てばふらつく。（〇・一一〜〇・一五％）

▼酩酊後期（完全な酩酊期）　千鳥足、酒をこぼす。何度も同じことを繰り返し喋るが、呂律回らず、呼吸早く、時に吐気も。（〇・一六〜〇・三〇％）

▼泥酔期　意識朦朧（混濁）、歩行困難（まともに立てない）怒り、叫ぶなど狂態を演じる人も出る。（〇・三一〜〇・四〇％）

▼昏睡期　意識を失って倒れる、深い呼吸になる。一気飲みでは死ぬことも。（〇・四一〜〇・五〇％）

羊羔酒　ようこうしゅ

羊の肉を用いた薬酒。いまでは見られない。汾州（現在の中国山西省）の名物だったようだ。

養命酒　ようめいしゅ

長野県は伊那谷、天竜川に沿った中川村で生み出された酒。江戸初期（一六〇二年）の創製という。日本では、もっとも生産量の多い薬酒である。色は濃い琥珀色。甘味のある酒で、強壮剤として用いられる。アルコール分一九％ほど、糖分約三〇％。みりんを土台とした一種の浸出法で造る。丁子、人参、大黄、当帰、甘草などの漢方を水に浸して煮詰めたものを用意し、みりんと混ぜ、しばらく放置。その後、ろ過し、びん詰めする。ぶどう糖などを加えることもある。

養老酒　ようろうしゅ

昔、美濃（岐阜県）養老で造られた銘酒。清酒かどうかわからないが、一説では養老酒はみりんであって、これを特別の容器に収めて売りさばいたという。また、みりんを土台にして、丁子、にんじん、その他を水で煮た汁をみりんに加えて、攪拌熟成させたものと記してあるものもある。いずれにしても養老の滝の故事にならってこの名がついたのであろう。『江戸買物独《ひとり》案内』では「名酒養老酒一升ニ付七匁五分」とある。このころ、名酒末広は三五〇文、薩摩焼酎は五〇〇文していたことを考えると、養老酒はきわめて庶民的な酒であったといえそうだ。

ら

醴（酒）　らい（しゅ）→甘酒

ライ・ウイスキー　Rye Whiskey

原料穀類としては五一％以上のライ麦を用いたウイスキー。アメリカ・ペンシルバニアとメリーランドが主産地である。蒸煮したライ麦を、通常の麦芽で糖化し、発酵させる。蒸留はパテント・スチルで行う。アルコール分一六〇プルーフ（八〇％）以下で溜出した液を内面を焼いた新樽に数年間貯蔵した後、びん詰して出荷する。このうち二年以上貯蔵し、他のものとは決して混合しなかったウイスキーをストレート・ライ・ウイスキー Straight Rye Whiskey と呼ぶ。ブレンデッド・ストレート・ライ Blended Straight Rye は二つ以上のストレート・ライ・ウイスキーを調合したもの。単にブレンディッド・ライ Blended Rye とラベルに記載されているものは中性アルコール、あるいは他のウイスキーを混合させたもので、より軽いタイプとなっている。一般にライ・ウイスキーはバーボンより重く、辛い。アイリッシュ・ウイスキーにやや似ているといえるだろう。もちろん、アイリッシュはポット・スチルで蒸留し、ライはパテント・スチルを用いるという違いはある。

ライト・ワイン　Light Wine

アメリカではアルコール分一四％未満のものを指す。一般にはアルコール分が低く、軽くやわらかな風味を持ち合わせた天然・非発泡性のワインを意味する。白ではドイツのモーゼルなどがその代表といえる。また赤の場合はとくにタンニンの少ないものをライトと呼ぶ場合が多い。

老　酒　ラオチュウ

中国では、長期間熟成した黄酒をこのように呼ぶ。特に、紹興酒を長期貯蔵し、熟成させたものを老酒という。

ラオホビール　Rauch

ドイツ・バンベルク特産のビール。アルコール度数は約五・五％。ラオホとは〝薫煙〟という意味。麦芽を乾燥させる際、スモークし、独特の香りと味をつけることから、この名前がある。通好みの、癖のある味が特徴。

ラガー・ビール　Lagaer Beer

下面発酵式製造法で造ったビール。この方法では若いビールを貯蔵室のタンクに送り、密栓、低温で貯蔵熟成する。ドイツ語のラーゲルン Lagern（貯蔵する）からラガー・ビールという言葉が生まれた。

ラタフィア　Ratafia

新鮮な果物のリキュールで、冷浸出法で造ったものに与えられる名称である。この方法は果実（場合によって果実の核）をブランデーに浸して香味を取り出し、果実をはなして液の部分をさらに調製して造る。

ラ　ム　Rum

さとうきびの汁や糖蜜などを発酵、蒸留、熟成させてつくる蒸留酒。アルコール分は四四～四五％、エキス分は〇・二～〇・八％で、わが国の酒税法ではスピリッツに入る。ラムの産地は、さとうきびの栽培されている場所が中心である。発祥の地である西インド諸島のジャマイカ、ハイチ、プエルトルコ、マルチニク、バルバドス、トリニダト、キューバの島々をはじめ、そのほかマダガスカル、ブラジル、アメリカ、フィリピン、オーストラリアなど、世界各地にわたっている。

【歴史】ラムという語源は、英語の rumbullion「騒がしいこと」「興奮」で、これが短くなって rum となったといわれるが、一説にはラテン語の saccharum「砂糖」の最後の rum からきているともいわれる。ラム酒は一六世紀の初め、スペインから西インド諸島にある小アンティル諸島のバルバドス島へ移住した人たちによってつくられたのが始まりといわれる。もっとも、それよりはるか以前、紀元二〇〇年代の中国でさとうきびが栽培され、これを使った蒸留酒があったという説もある。いずれにせよ、急速に蔗糖工業が発達した西インド諸島では、それに伴い甘蔗、糖蜜を用いる蒸留工業も発達。あわせてラムの蒸留も盛んになり、ジャマイカラムの名は広く知られるようになった。西インド諸島のラムは、一八世紀になるとイギリスにも輸出され、とくにイギリス海軍にとって給付品としても、欠くことができないものとなった。バーノン提督がラムを水と半々に混ぜて支給した話は有名で、提督がいつもグロッグという布地でつくった上着を着ていたことから、この水割りラムはグロッグとよばれるようになった。アメリカでは一八世紀なかば、ニュー・イングランドのマサチューセッツ州などにかなりのラム製造工場があった。ここでつくられるラムには樽で長期間熟成する方法がとられた。しかし、その後のアメリカでは穀類を原料とする蒸留酒の精製が活発化し、ラムは、次第に減少していく。わが国には豊臣秀吉の時代に荒気酒《あらきしゅ》というラムの一種が入ったことがある。しかし、正式には明治初期に輸入されたものが最初とされる。製造は、昭和一八年（一九四三年）、南洋で糖蜜からつくったものを発売したのが初めといわれる。戦後もラム酒の製造は続いているが、日本においては飲用より製菓用の方が多い。

【タイプ】 ラム酒は産地や製造法によってヘビー、ミディアム、ライトの三つのタイプに分けられる。ヘビーラムは色が濃く、香味が強い酒。ジャマイカラムなど、古い時代からあるラムはこのタイプである。ミディアムラムはヘビーラムよりも色は淡く、香りも低い。南アメリカのギアナ地方に産するデメララ ラムや西インド諸島のマルティニーク島で産するマルティニークラムがこれに属する。またアメリカ産のニュー・イングランドラムもこのタイプに入る。ライトラムは色がもっとも淡く、香味はまるい。西インド諸島キューバ島のキューバンラム、プエルト・リコ島で産するプエルトリカンラムが知られている。ヘビー・ミディアム・ライトの違いは、副成分の含有量の違いで、副成分が多いとヘビー、少ないとライトということになる。製菓用としてはヘビーが主力であるが、飲用としてはライトの消費量が多くなってきている。

【飲み方・利用】ラム酒は主にストレートで飲まれる。熱帯地方では酒といえばラムというほどよく飲まれている。また水兵たちが海上で好んで飲用。海賊とラム酒は付き物であった。そのほかソーダ水や水、氷で割って飲む場合もある。またラム酒はカクテルの重要なベースともなっている。さらにラムは糖蜜に由来する甘い香りがあるから洋菓子によくあう。そのアルコールが砂糖の甘さや卵のにおい和らげるなどの利点から製菓用にも用いられる。クリームやゼラチンに加えたり、アイスクリームなどに加えて、その風味を増すのにも使われる。製菓用としては、ヘビーラムが主体だが、ライトやミディアムも用いられることがある。

蘭　引　らんびき

江戸時代、酒を蒸留する（酒を焼く）ことを「蘭引」あるいは「羅牟比岐」と称した。これはアラビア語の Al-anbiq からきた言葉であるという。一六〇〇年代、すでに来日していたオランダ人は、さまざまな酒を持ち込んでおり、この中に焼酎に類した荒木酒などがあったし、また、元禄のころにはすでに日本でも焼酎を造っていたようだ。このころ蘭引は蒸留機そのものを指す言葉でもあった。こうした器械は西欧、あるいは琉球から渡来したものか、それを模倣したものであったらしい。

り

リーブフラウミルヒ　Liebfraumilch

リーブフラウエンミルヒ Liebfrauenmilch ともいうが、ドイツのワインの愛称。かつてはウォルムスの、リーブフラウエン教会で造られたワインを意味した。現在ではラインヘッセンのワインという、かなり広い意味で使われる。

リキュール　liqueur

甘くてアルコール分が強い酒で、主に食後に勧められる。砂糖、あるいはシロップとアルコール、この他に果実や香草などの匂いをつけた混成酒である。

【定義】 日本の酒税法では、リキュールを「製成された酒類と糖類、香味料、色素を原料とし、アルコール分が一％以上（酒類の定義）、エキス分が二％以上のもの。ただし、清酒、合成清酒、焼酎（しょうちゅう）、みりん、ビール、果実酒類、ウイスキー類、発泡酒に該当するものは除かれる」と定義している。リキュール類に該当する範囲はすこぶる広いが、原料と製造方法の面で制約がある。一言でいうなら、リキュール類とは製造された酒と他の物品を混和したものを指す。つまり、赤酒、地酒、濁酒のように製造工程中において他物を加えたものは「その他の雑酒」と分類されるのである。以上が日本におけるリキュール類の大まかな定義であるが、外国ではリキュールという言葉はもっと広い意味で使われる。また、フランスでは普通物 ordinaires、上物 fines、極上物 surfinesとに分ける。さらに極上物はcrmesとelixirsに区分される。この区分はアルコール度数と糖分量による。たとえば上物は二四・五％のアルコール分、四〇〜五〇％の糖分を必要とする。そして極上物はアルコール分二六・五％で香りも強い。イギリス、アメリカではリキュールをコーディアル cordial という。なお、アメリカのリキュールは、最終製品に二・五％以上の砂糖またはブドウ糖を含有していることと、合成香料、イミテーション香料は使用してはならないことになっている。

リキュールとして有名なものは、ペパーミント、キュラソー、マンダリン、アブサン、チェリー・ブランデー、ベネディクチン、マラスキーノなどである。

【歴史】 リキュールの語源はラテン語のリクオル liquor（液体）からきており、これが古代フランス語のlicurとなり、現在の liqueur に変化したものである。その歴史が始まったのは原料であるアルコールが造られるようになってからである。紀元前九〇〇年、アラブ人の手ではじめて蒸留酒が造られた。その粗い味を甘いシロップで和らげる工夫がリキュールを生み出したのであろう。その後、甘味のある草を加えたり、匂いを付けることでリキュールの幅は広がっていく。中世では、ワイン（後にスピリット）は傷を手当てするのに必要な消毒剤であったし、一方、草根木皮はいろいろな病気の治療薬でもあった。カタロニアの物理学者で化学者でもあるアルナウ・ド・ヴィルヌーブは草木をアルコールで抽出するという近代チンキ剤の発明者であった。彼と彼の弟子のレイモン・リュルは初めて病気を治すリキュールの処方を明らかにしている。スピリットを甘くすることによって始まったリキュールだったが、中世後半に入り、レモン・バラ・オレンジの花などもその材料として利用されるようになった。とくに一四世紀、ヨーロッパでペストが大流行した際には、植物性の香油や強壮剤を用いたリキュールは宝物のように重用されたと伝わっている。一五世紀にはイタリア人が主なリキュール製造者となった。イタリアからフランス王国に嫁いだカテリーヌ・ド・メディチは、イタリア風のリキュールの処方をフランスに持ち込んだ。そして、リキュールの造り方はフランスからさらに全ヨーロッパへと広がっていったのである。一九世紀には今日のリキュール産業の基礎ができあがり、多くの著名なリキュールが生み出された。二〇世紀に入ると、アメリカを中心としてカクテルの飲用が普及したことで、リキュールは世界中でたしなまれるようになった。一方、中国ではリキュールは薬酒として古くからつくられている。『神農本草経《しんのうほんぞうきょう》』に、薬を酒に浸して飲むことが記されている。また一五九六年に編まれた『本草綱目』のなかには、六九種の薬酒が載っている。

【日本のリキュール】わが国でも薬酒の歴史は古く、平安時代に宮中で用いられた屠蘇《とそ》酒が初めだといわれる。この酒は中国からきたもので、一説では後漢《ごかん》末期の名医・華陀《かだ》の創作であるとも言われる。薬酒以外のリキュール（西欧風リキュールとでもいうべきか）が日本で楽しまれるようになったのは近世に入ってからである。『平戸商館日記』に一六一八年一月一八日のページに平戸藩主へ手製のアニス酒を献上するという一文が見られるほか、一六二一年九月一三日には、強烈なじゃ香を加えて精製したリキュールを二壷、日本の役人に持っていったなどの記事があることを考えれば、リキュールの〝来日〟は江戸時代初期であるといえるだろう。江戸時代後期にもなると、かなり多くのリキュールがわが国にもたらされたようだ。実際、シーボルトの紀行文(一八二六年)には、リキュールやぶどう酒で小倉藩の使者をもてなしたことが記録されている。また、ペリーの『日本遠征記』にも、那覇の執政に「フランスとドイツのぶどう酒、スコットランドとアメリカのウイスキー、マデイラ酒およびおいしくて舌ざわりのよい強烈な香りの桜実酒(マラスキーノ)で香りをつけたオランダジン」を出してもてなしたことが記されてある。そのほか、幕末に来航した多くのロシアやアメリカの使節は、献上品としてリキュールを持ち込んでいる。国内でリキュールが製造されるようになったのはいつごろか、はっきりしない。ただ、サントリー株式会社が発行した社史『サントリー70年』の記録には、「明治四年東京の薬種商滝口倉吉リキュールの製造をはじむ」とあり、これが日本最初の国産リキュールといえるかもしれない。

【原料】リキュールの原料としてはアルコール、水、糖液、果汁、香気性物質(エッセンスも含む)があげられる。このうちアルコールは穀類、あるいは糖蜜から製造した精留アルコール(中性アルコール、精製アルコールともいう)またはブランデーが用いられ、目的とするリキュールのタイプに応じて使い分けられる。水は蒸留水が使用される。糖液には蔗糖の結晶糖がもっとも広く用いられ、その他ぶどう糖のようなでんぷん糖も用いられる。いずれも純度の高いものが用いられ、これを水に溶かしてシロップの形にするのが普通である。熱水、あるいは冷水に溶解するが、のちに結晶が発生しないよう適当な溶解度で行う。果汁は果汁リキュールなどの場合に使用される。果汁はとくに変わった方法で造られるわけではないが、大切なことは果物の香りがあとまで残ること、そして腐敗をできる限り防ぐことである。そのため、果汁は糖を加えた上で、いったんアルコール発酵させる場合が多い。また、アルコールを加えることによって腐敗を防ぐとともに混濁物質を沈定させることも行われる。リキュールに使われる果汁は、桜桃、杏、桃、西洋すぐり、えぞいちご、オランダいちご、赤すぐりなどである。かんきつ類の場合は果汁より香りが高い果皮の方がよく用いられる。香気を与える香料植物としては、ウイキョウ、苦よもぎ、ミント、アンゲリカ、オレンジ、ニッキ、丁香、肉豆蔻《にくずく》、アニス、アーモンド、ジンジャー、杜松《ねず》、トンカ豆その他数多くの植物が使用される。これらは、香気を得るために抽出や蒸留を行う場合がほとんどである。エッセンスは種類も多いことから、よく用いられる。色素はもともと植物色素であるが、合成色素も使われる。

【製造】　製造方法は、香気成分の処理の仕方で、以下の三つに分類される。(1)浸出法　香味物質をアルコールやブランデーに浸漬《しんせき》し、香味成分を抽出する。果実や草本系の原料は主としてこの方法を用いる。浸漬する期間は数日から一週間程度。速やかに抽出するため液の温度を五〇〜六〇度Cにあげる場合もある。あるいは植物を詰めた器の中をアルコールが循環するような方式もある。(2)蒸留法　原料植物のアルコール液を加熱蒸留し、とくに揮発性の成分を捕集して香料とする方式。ポット・スチル型の蒸留装置を用い、丁寧に蒸留を行う。調合は、浸出、もしくは蒸留で得た液を調合罐に入れ、さらに必要なアルコールや蒸留酒を加え、続いて芳香油、エッセンス、シロップなどを加え、よく攪拌する。最後に必要な水を加え、さらに十分に攪拌する。この時、着色料を加えることもある。各種原料の混合比率は、それぞれのリキュールごとに異なっている。調合が終わったものはしばらく放置し、熟成を行わせる。次に混濁がある時は特殊な清澄法、あるいは濾過を行って、できるだけ透明な酒を得る。ちなみに、アルコール分の高いものが多いため、加熱殺菌の必要はない。

【リキュールの成分】　リキュールは種類が極めて多く、成分も香りもまちまちであるが、一般にアルコール分は二五〜四〇%、エキス分は二五〜五〇%で、甘く、特有の香りがあるものが多い。

【リキュールの種類と用い方】 わが国で見られるリキュールは、アニス Anise、ベネヂクチン Benedictine、シャルトリユース Chartreuse、チェリー・ブランデー Cherry Brandy、クレーム・ド・カカオ Creme de Cacao、クレーム・ド・モカ Creme de Moka、マラスキーノ Maraschio、ペパーミント Peppermint、バイオレット Violette、キュラソー Curacao、ゴールドワッサー Goldwasser、キュンメル Kümmel、プランネル Prunnel、エッグ・ブランデー Egg Brandy などがあり、このほかわが国では白酒《しろざけ》、屠蘇酒、梅酒などがリキュール類にあげられる。リキュールは食欲増進のための食前酒、あるいは口直しのための食後酒として少量飲まれることが多い。そのほか、カクテル、製菓用にも使われる。梅酒はホームメードリキュールとしても家庭で広く飲用されており、各種の薬酒は滋養強壮剤として飲まれている。

琉球酒 りゅうきゅうしゅ →泡盛

りんご酒 Cider

りんご果汁を発酵させた、淡黄褐色の酒。軽い酸味がある。フランス語でシードル cidre、英語ではサイダー cider。ただし、日本ではサイダーは清涼飲料水の一種を意味する。産地としてはフランスのノルマンディー地方、イギリスのブリストル地方、ドイツの一部の地方が有名である。スイス、北アメリカなどでもつくられる。日本でも、終戦ごろまでは青森県や長野県、岩手県、大阪府などで、わずかではあるが醸造されていた。現在は青森県で大手洋酒メーカーが生産している。原料のリンゴは、生食用とは異なり、小粒でタンニンと酸の多いものがよい。りんご酒にはソフトシードルとハードシードルがある。ソフトシールドはりんご果汁をそのまま発酵させる。炭酸ガスを含んだアルコール分三〜五%の軽い酒で、若いうちに冷やして飲む。ハードシードルは糖を加えて発酵させたもので、アルコール分九〜一二%。樽《たる》に貯蔵される場合や、炭酸ガス注入の発泡性のものもある。りんご酒の歴史は古い。一説によると北ヨーロッパに住んでいた古代アーリアンはすでにこれを飲んでいたという。またフェニキア人もこれをシェカールとよんでいたようで、シードルという語はここからきたとも考えられている。

る

ルート・ビール　Root Beer
草根木皮に砂糖を加えて軽く発酵させたもの。ホップは使ってあるが麦芽は使わず、ビールではない。アメリカで発達した。

ルプリン　Lupilin
ホップの毬果に含まれている黄色い粘り気のある粒。分泌物のかたまったもの。ホップの苦味質や、その他有効成分の大部分はこの中に含まれている。

ルプロン　Lupulon
ホップの苦味を構成する成分の一つ。ルプリンの中に存在する。ただし、ビールの中へは余り移行しないので、ビールそのものの苦味に寄与することは少ない。

ろ

老 化　ろうか
酒が老熟すること。酒の種類によっては老化は品質の低下を意味する場合もあれば、逆に品質がよくなっていることを示す場合もある。

ロンドン・ジン　London Gin
ジンの中で、できるだけ不純物を取り除たアルコールを得て、これを再びネズなどの香料植物といっしょにゆっくりと蒸留したジン。ロンドンというのは、昔、ロンドン・ウエストミンスター付近で特定の業者のみが免許を得て造っていたことからこの名前がうまれたのであろうか。今では、こういう制限もなくなって、むしろジンのタイプを意味している。

このタイプにオールド・トム・ジンという甘口のものもある。これに対して辛口をロンドン・ドライLondon Dryと呼ぶこともある。

わ

ワイス・ビール Weiss Bier

小麦麦芽を使用するドイツ産の淡色上面発酵ビールで、酵母が含まれている。ベルリン・ワイスビール（ベルリンヴァイセ）が有名である。乳酸発酵もするため、酸味が強い。

ワイン（ぶどう酒） Wine、Wein、Vin

ぶどう果あるいは果汁を発酵させたこの酒は、果実酒の中では最も一般的で、そして最古の歴史を持った酒である。ちなみにワイン wine は英語。フランス語ではバン vin、ドイツ語でバイン Wein などといい、いずれもラテン語の vinum（ブドウを発酵したもの）からきている

【定義】 わが国の酒税法上に従えば、ワインは果実酒類に分類される。果実酒類は「果実酒」と「甘味果実酒」とに分けられるので、ワインもまた、「ワ

イン」「甘味ワイン」の二品目に区分される。そして「果実酒」に属する「ワイン」とは、「ぶどう、またはぶどうと水を原料に発酵させた」ものを指す。いわゆる「本格ワイン」がこれに相当する。そのほか、ぶどうに糖類を加えて発酵させたものや、ワインに糖類を加えて発酵させたもの、またはこれらの酒に糖類、色素、香味料、水および一定量以下のブランデーなどの酒類を加えたものが「果実酒」に属する「ワイン」である。一方、本格ワイン以外のぶどう酒で、アルコール分一五度以上のもの、砂糖、ぶどう糖、果糖以外の糖類を加えたもの、草根木皮を抽出してつくったりする酒精強化ワイン（ポートワイン、シェリー、ベルモットなど）は、ここに分類される。なお、添加アルコールが九〇％を超えるものはリキュールまたはスピリッツとなり、果実酒類には該当しなくなる。

【分類】法律上、ワインは二分類されるだけだが、実際は製造法や色、使用方法などによって複数の分類がある。(1)色による分類＝▽赤・橙赤《とうせき》、赤、紅、紫赤色と異なる。赤ワインの場合、紫色に近いほど若く、赤褐色近づくほど古い。▽ロゼ（ばら色）：薄桃色から橙色に近いものまである。▽白：淡黄から黄緑、黄色、黄金色と幅がある。(2)天然か補強か＝ぶどうに含まれる糖分発酵によってできたアルコール分のみを持つものが「天然ぶどう酒」Unfortified Wine、Natural Wine。ただし、一定の枠で糖やアルコールを加えたものを認める場合もある。これに対してアルコールやブランデーなどの蒸留酒類を加えて、アルコール分を強化したものが「補強ワイン」Fortified Wine (3)発泡性の有無＝炭酸ガスを含んだワインが発泡性ワイン Sparkling Wine。三つのタイプに分けられる。一つは酵母のアルコール発酵によって生成した炭酸ガスを含むもので、フランスのシャンパンやムスー、ドイツのゼクト、イタリアのスプマンテなどがある。第二は人為的に炭酸ガスを吹き込むもの。もう一つ、乳酸菌のマロラクチック発酵によって生成した炭酸ガスを含むものが、ポルトガルのベルデ酒である。非発泡性Still Wineは炭酸ガスをほとんど含まないワイン。普通の食中酒（テーブルワイン）と貴腐ワインが入る。⑷甘口・辛口による分類　とくに白ワインは、甘さの度合いで極辛口、辛口、やや辛口、やや甘口、甘口、極甘口に分けられる。極辛口は甘味を感じない白ワインで、強い酸味と重味が特徴。極甘口は貴腐ワインなど、濃厚で甘いワインである。⑸用途による分類　▽食前酒（アペリチフAperitif）オードブルとともに飲むもので、ベルモット、シェリー、ソーテルヌなどがこれに含まれる▽食中酒（テーブルワインTable Wine）食事中に飲むもので、生ぶどう酒（本格ワイン）がこれにあたる▽食後酒（デザートワインDesert Wine）デザートコースに飲む酒であり、ソーテルヌ、ポートワイン、マデイラ酒などが相当する。

【歴史】中央アジアを起源とするぶどう栽培は、新石器時代においてすでに存在していた。ぶどうから酒を創り出したのは、紀元前三〜四〇〇〇年ごろかと思われる。旧約聖書の中にあるノアの話の中にも、

夏のぶどう畑の景観

ぶどうから造った酒に酔う話が書かれてある。その他、バビロニアではハムラビ法典の中にワインの売買のことが記されている。さらに古代エジプトや古代ギリシアにもぶどうの栽培とワインの醸造が行われていたとされる。その後、地中海を支配したローマ人はとくにワインを好んだ。本拠地であるイタリア半島では全土でぶどう栽培を行ったほか、支配した先々の土地でぶどうを栽培し、ワインを造らせたのである。その結果、紀元一～二世紀ごろにはスペイン、北アフリカ、南フランスなどでワインが造られるようになった。この間、各地方にあるカトリックの僧院がその宗教的儀式のため酒を造ったという例も少なくなかった。こうしてぶどうの栽培は、ローマ帝国の広大な領土に広がっていった。フランスでぶどう栽培が始まった場所はローヌ川、ジロンド川の流域だった。その後、生産地はセーヌ河畔に移っていく。紀元四世紀ごろの古文書には、ボルドーやシャンパーニュ、ボージョレーといった産地名が見て取れる。ドイツ・ライン川流域にぶどう栽培を伝えたのもローマ人である。ただし、ドイツはぶどうの北限といえる土地であったため、その栽培もライン川の河谷にのみ発展していった。ちなみにイギリスにもローマ人の手によってぶどうは伝えられたが、結局、その栽培とワイン醸造は根づかず、むしろ、ワインを輸入することが盛んになった。ポルトガルやスペインのワインが今日の盛況を得たのも、イギリス人が最大の顧客となったからである。こうしてローマ人によってぶどう栽培とワイン醸造は全ヨーロッパへ伝えられたが、中世、それを維持・発展させたのがキリスト教の僧院だった。つまりキリスト教の布教と一体でワインの歴史も開けていったのである。こうしてワインのためのぶどう栽培が欧州全域に広がったのは一一～一二世紀のことであったという。さらに一四世紀にはフランスのブルゴーニュやジロンド、シャンパーニュ、南フランスの各地、ドイツのラインやモーゼル、スペインのシェリー、ポルトガルのポート・ワインなどは確実な地位と名声を得るに至った。今日のようなガラスびんやコルク栓が出来上がったのは一七世紀末で、これでワインは安全に長期の熟成が可能となった。このこともワインにとっては大変に有利だった。一八世紀中ごろ、ドイツのライン地方、フランスのソーテルヌにおいて樹にカビ（ハイイロカビ）が生えたまま放置してあったぶどうの実が多量の糖分を持っていること、これを醸造したワインがすばらしい芳香と優雅な甘さを実現できることが確認された。これが今日の貴腐ワインを産むことになり、これらの土地の特異な品として世界的な名声を得ている。また、北アメリカには一八世紀の開拓民の移住とともに欧州からぶどう樹木が持ち込まれ、とくにカリフォルニア州ではぶどうの栽培は著しく盛んになった。一方、アメリカには原産種であるラブルスカ種があり、大西洋沿岸に広く分布していた。この種は、特有のフォクシィ（狐香）があり、欧州系のぶどうに比べて香味はやや劣るが、「沼ぶどう」と呼ばれるほどの耐湿性があるなど、栽培上、有利な特徴も多かったことから交配などによって改良が進められ、ワインの原料としても積極的に用いられた。こうして西欧社会の食卓において、必要不可欠な地位を築いたワインだったが、一九世紀後半、おもわぬところから危機を迎えた。害虫・フィロクセラによって欧州全土のぶどう園が壊滅的打撃をこうむったのである。とくにフランスはぶどうがほとんど収穫できないほどの大被害を蒙った。この未曾有の危機を救ったのはアメリカ産のぶどう・ラブルスカ種である。もともとラブルスカ種はフィロクセラの生息する土地に自生していただけに、この虫に対する耐性もあった。その特徴に着目した欧州のぶどう農家たちは、ラブルスカ系のぶどうを栽培したり、ラブルスカ系のぶどうと欧州系のぶどうを接木するなどして、フィロクセラの脅威をはねのけることに成功したのである。その後、ワイン醸造は二度の世界大戦も乗り越え、欧州はもちろん、アフリカ大陸のアルジェリア、南アフリカ、北アメリカ、南アメリカのアルゼンチンやチリ、オーストラリア、日本にも広まり、世界的な酒としての地位を誇っている。

【日本のワイン】日本に古くからぶどうなどの果実を原料とした酒があったかどうかは明らかでない。しかし『日本書紀』には「汝衆果（なんじ、もろもろのこのみ）を以って酒八甕を醸むべし」とあり、果実を原料とした酒があったことを述べている。もっとも、これ以降日本に果実酒を醸したという記録はない。ぶどうが栽培されたのは文治二年（一一八六）、甲州の人・雨宮堪解由が野生の植物の中に在来の山ぶどうと異なった品種があることを発見し、これを別に移植・栽培したのがはじまりという。後にこのぶどうは今の勝沼に分植され、今日の甲州ぶどうの基礎を形成した。ただ、この種は欧州系のヴィニフェラで、山ぶどうのラブルスカとは異なっている。欧州系のぶどうが山梨県の盆地に自生してい た理由の背景には遣唐使の存在がある。遣唐使が東シナ海を渡って唐の都・長安を目指した七〜八世紀、すでに中国国内には中央アジアからわたってきた欧州種のぶどうが存在した。唐のあらゆる制度や文化を吸収しようとした僧侶たちは、欧州ぶどうも渡唐の成果の一つとして日本に持ちかえったのである。そして、そんな欧州ぶどうの一部が行基によって甲斐の国に移植されたのである。雨宮堪解由が発見したのは、行基が移した欧州ぶどうの子孫であると考えられている。一方、わが国にワインそのものがやってきたのは安土桃山時代のことである。当時、来日したフランシスコ・ザビエルは山口の領主・大内義隆に南蛮酒を送ったとされる。その後、宣教師は大名や領主への接見の際、献上品としてワインを使うようになったようだ。このころのぶどう酒は「チンタ酒」と呼ばれた。これは赤ワインを意味する Tinto Vinio の略と思われる。信長や秀吉、家康もこのチンタ酒を薬のように珍重したようだ。日本でワインを醸造したのはやはり甲府であって、山田宥教という人物であった。彼は託間憲久と共同醸造場を作り、はじめてワインを造って東京に売り出したという（明治三〜四年）。その後、山梨県令藤村紫郎は大いにワイン醸造を奨励し、今日の甲州ワインの礎を築いた。そのほか青森県弘前市では、藤田久次郎が明治八年フランス人の指導でワインやブランデーの製造を始めており、かなり長い年月続けた。さらに甲州・祝村には、現在のメルシャンの前身となるワイン会社が組織されたほか、数多くのワイン製造場が設置された。その後、北海道や滋賀県、長野県にも工場が設置されている。そして明治二三年、日本のぶどう栽培の恩人といえる川上善兵衛が新潟県岩の原に研究のためのぶどう園を設置した。明治三〇年には後のハチぶどう酒となる牛久ぶどう園が神谷伝兵衛によって開かれるなど、全国各地に醸造場が開設されていった。現在では山梨県や長野県や山形県、北海道だけでなく全国各地でさまざまなワインが造られている。二〇〇〇年の全国の出荷量は一〇三四六五kℓ、消費量は二六六〇六八kℓ。

【ぶどう】ワインの品質は、原料であるぶどうの品種に大きく影響を受ける。したがって、ぶどう果の選択はきわめて重要である。優良なぶどう果を得るためには、品種の選定し、気候・土質とも最適の土地に栽培しなければならない。現在、ワインの産地として知られている土地は、いずれもぶどう栽培に適した土地である。現在、使用されているぶどう果を大別すると欧州系（ヴィニフェラ種）Vitis vinifera、米国系（ラブルスカ種）Vitis labrusca の二つになる。これらの交配種も見られる。また、赤ワイン用と白ワイン用とでは原料果の種類が異なっており、赤は濃色のもの、白は淡色のものが主として用いられる。(1)主な赤ワイン酒品種＝「ヴィニフェラ系」ピノー・ノワール Pinot Noir、カベルネ・ソービニヨン Cabernet Sauvignon、メルロー Merlot、マルベック Malbec、ガメー・ノワール Gamay Noir「ラブルスカ系」ハートフォード Hartford、コンコード Concord、アジロンダック Adirondac「交配種」キャンベル・アーリー Campbell Early、マスカット・ベーリーA Muscat Bailey A ブラック・クイーン Black Queen、ミルス Mills、ベーリー・アリカント A Bailey Alicante A (2)主な白ワイン酒品種＝「ヴィニフェラ系」ピノー・ブラン Pinot Blanc、セミオン Semillon、リースリング Riesling、甲州、シルバーナ Sylvaner、マスカット・オブ・アレキサンドリア Muscat of Alexandria、ネオマスカット Neomuscat、トラミネール Traminer、シャルドネ Chardonnay、シャスラー Chasselas「交配種」ローズ・シオター Rose Ciotat、デラウェア Delaware、レッドミレニアム Red Millennium、ナイアガラ Niagara

ヴィニフェラ種は香りも強く糖分も高いため原料としては優れているが、虫害に弱く、高温・乾燥を好むので多湿な土地では栽培が難しい。とくに日本では、ぶどうは生食用が中心という事情も醸造用品種の育成を困難にした。だが近年は栽培技術も進歩し、ヴィニフェラ種も栽培されるようになった。とくにラブルスカ種との交配種がよく用いられる。「甲州」もヴィニフェラ種の東洋変種であって、わが国における白ワインの最大の原料である。甲州は目立った特徴はないが、くせのない酒ができるので醸造用としては適している。ラブルスカ種はアメリカの多湿地帯である大西洋岸で発達した品種で、比較的早くわが国に持ち込まれた。主に山梨県や長野県、山形県、新潟県及び瀬戸内の沿岸で栽培されている。ただ、この種を用いた酒には独特の香り（狐臭）があり、最上級のワインを造るには、今ひとつ適していない。ヴィニフェラ種との交配が造られたのはそのためである。白ワインの原料であるデラウエアはアメリカで育成されていたものが、明治一五年、日本に入ったものである。高級酒には向かないが、普通酒用としては手ごろな原料である。赤用のキャンベル・アーリー、マスカット・ベーリー・Aも交配種である。ぶどうの栽培法では日本と欧米は違っている。日本では棚式といって、人の背丈程の高さに棚を造り、そこに枝をはわせて作る。この方式は風通しがよく葉に当たる日照量も増えるので、とくに多湿な日本に適した栽培方法であるといえるだろう。欧米では垣根式であって、木は列を作って植える。高さは一m程度、枝は少し伸ばす程度で抑える。畝の間の幅を広く取れば、アメリカのようにトラクターが入ることも可能だ。ぶどうは気候に対してはかなり敏感に反応するが、土質からは、それほど大きな影響を受けないとされる。しかし、品種によってはかなりの問題があるようだ。ぶどうが果実類の中で最もやせ地でできる植物であることは間違いない。しかし、どちらかというとラブルスカ系が肥沃な土地を好み、ヴェニフェラ系はよりやせ地でも耐えるようだ。そのほか、酸性土を嫌い、石灰土質を好むのもぶどうの特徴である。そのため、優良なぶどう酒は石灰土から生み出されるとも言われている。また、水はけのよい土地が適しており、あまり粘質の土地は好まない。事実、甲州やデラウェアは石や礫の多い土地で造られている。地勢としては南向きに傾斜し、日光がよく当たるところがよい。丘の斜面を利用したフランス・ブルゴーニュの「黄金の丘（コート・ドール）」や、ライン川の傾斜を生かしたぶどう畑から世界的銘酒が生み出されるのは、そのためである。

【醸造法】ワイン場合、赤と白で醸造法は少し異なる。まず原料となるぶどう果が違う上に、赤の場合、破砕したぶどうをそのまま発酵させるのに対し、白は破砕後にまず圧搾し、果汁のみを発酵させるのである。(1)赤ワイン　赤ブドウまたは黒色系ブドウをつぶし、果肉、果皮および種をいっしょにし、ワイン酵母を加えて発酵させる。この際、亜硫酸（二酸化硫黄《いおう》）が添加される。雑菌の繁殖を抑え、果汁の褐変を防ぎ、色素の溶出をよくするためである。ちなみに、多くの場合、酵母を添加する前に、補糖するのが普通である。その際、全体の約二五％が糖分になるまで糖を加える。発酵温度は二五～二七度C。五～六日間発酵させたのち液を抜き、果皮部を圧搾機にかけて絞り、汁液をいっしょにしてふたたび糖分が完全になくなるまで発酵させる。ワインが澄み渡りだしたころ、清澄部に亜硫酸を加えて樽《たる》に詰め、熟成のために一～二年間貯蔵する。樽貯蔵後のワインは濾過《ろか》、瓶詰めされ、一定期間瓶熟成されたのち出荷される。(2)白ワイン　白ブドウまたは赤白系ブドウを使う。前述の破砕果粒に亜硫酸を加え、搾汁《さくじゅう》機にかけて果汁だけをとり、これに糖を補う。その後、酒母を加え、二〇〜二五度Cで七〜一〇日間発酵させる。甘口のワインをつくる場合は、残糖三〜四％になったところで五度Cに冷却し、亜硫酸七〇〜一〇〇ppmを添加し、発酵を止める。辛口の場合は残糖がほとんどなくなるまで発酵させる。主発酵の終わったワインは澱引きし、半年から一年の樽貯蔵後に瓶詰めをする。(3)ロゼワイン　仕込みは赤ワインと同じ。一〜二日間発酵させ、果皮の色素を一部液中に溶出させる。そののち、圧搾分離した果汁のみを白ワイン同様に発酵させてつくる。いわば、赤ワインの原料を白ワイン風に醸造したワインである。そのほか白ワインと赤ワインを混和する方法によってもつくられる。

【生産と消費】　ワインの、世界における生産量・消費量は下表のようになっている。

【ワインの飲み方】　ワインの飲み方は、そう難しいものではない。もっとも、いくつかの原則は存在する。(1)年数＝古いものほどよい、という考えは絶対ではない。大切なことはぶどうの当たり年に造られ

1999年主要国のワイン生産・消費数量（千kℓ　OIV・他）

	ぶどう栽培面積（万ha）	生産量	輸出量	輸入量	一人当り（リットル）
フランス	91.4	6,024	1,599	469	58.70
イタリア	90.9	5,807	1,832	54	54.15
スペイン	118.0	3,268	835	137	39.48
アルゼンチン	20.8	1,589	88	10	38.39
アメリカ	37.4	2,069	285	429	7.91
ドイツ	10.6	1,229	213	1,235	23.00
南アフリカ	11.5	797	129	11	8.56
オーストラリア	12.3	851	256	19	19.80
イギリス	0.1	1	18	876	14.20
日本	2.3	130	0.4	189	2.50
世界合計	786.4	28,344	—	—	—

たかどうかである。いわゆるビンテージ・イヤーVintage Year がそれである。そして、各年度ごとのワインの評価を一覧にしたのがビンテージ・チャートである。これを見れば、より味のよいワインは何年のワインなのか、一目でわかる。なお、一般に赤は醸造してから八～二五年がよいとされる。白はやや若い状態で飲む方がいい。辛口のものは二年くらいでいいとされるが、甘口は少し長く三～一〇年くらいがいい。(2)保存の仕方＝家庭でワインを保存する場合、大切なことは余り高温ではなく、しかも温度変化の少ない場所を選ぶこと。一五度Cくらいがいい。そしてびんは必ず横にしておくことである。(3)開栓＝ワインのコルクは長い。だから開栓するのは、そう簡単ではない。コルク抜きには簡単ならせん型のものから、いろいろと工夫したものもあるが、要は自分になれたものを使うことである。また、開栓する前に、かぶっている金属製のカプセルを取り除いておく。そして栓のまわりはきれいに拭っておくことである。(4)温度＝白は冷やして飲むのが原則だ。一〇度C前後を基準とする。したがって開栓前に冷やして、飲むときに丁度よい温度になるようにしておく。赤は室温で飲むものであるが、夏の高温のときなどは少し冷やしたほうがいい。おおよそ一七～二〇度Cくらいが適している。(5)グラス＝柄がついたワイングラスが適している。

ワイン・セラー　Wine Cellar

空調装置があり、適当な温度・湿度を保つ、ワインのための貯蔵室。空調装置がなかった時代には、一年中涼しく、太陽光が入らず、振動が少ないという条件を満たすため、地下に設けられることが多かった。

ワイン・バスケット　Wine Basket

ワインを入れるかご。ワインを持ち運ぶ際、振動によってにごらないように、瓶を寝かして置けるようになっている。

付録・日本酒の優良銘柄

以下は、独立行政法人・酒類総合研究所が毎年主催する「全国新酒鑑評会」のうち、平成一四、一五、一六年度に金賞を受賞した銘柄と、その醸造元である。一つの自治体内において、同じ銘柄の複数の蔵が受賞している場合は、一つにまとめた。

北海道

「大雪乃蔵」　合同酒精株式会社
「北の錦」　小林酒造株式会社
「千歳鶴」　日本清酒株式会社
「男山」　男山株式会社
「国士無双」　高砂酒造株式会社

青森

「松緑」　株式会社斎藤酒造店
「豊盃」　三浦義夫
「蔵物語」　八戸酒類株式会社
「稲村屋文四郎」　株式会社鳴海醸造店
「安東水軍」　尾崎酒造株式会社
「桃川」　桃川株式会社
「鳩正宗吟麗」　鳩正宗株式会社
「駒泉」　盛田庄兵衛
「菊駒」　八戸酒類株式会社
「南部蔵 長月花」　合同酒精株式会社
「玉垂」　株式会社中村亀吉

岩手

「あさ開」　株式会社あさ開
「月の輪」　横沢大造
「岩手誉」　岩手銘醸株式会社
「南部関」　合資会社川村酒造店
「廣喜」　廣田英俊
「堀の井」　高橋　久
「磐乃井」　磐乃井酒造株式会社
「秘春玉の春」　横屋酒造株式会社
「菊の司」　菊の司酒造株式会社
「七福神」　菊の司酒造株式会社
「南部美人」　株式会社南部美人

宮城

「鳳陽」　合資会社内ケ崎酒造店
「雪の松島」　宮城酒類株式会社
「墨廼江」　墨廼江酒造株式会社
「浦霞」　株式会社佐浦　矢本蔵
「於茂多加男山」　阿部勘九郎
「わしが国・瞑想水」　株式会社山和酒造店
「天上夢幻」　株式会社中勇酒造店
「宮寒梅」　合名会社寒梅酒造
「黄金澤」　合名会社川敬商店
「一ノ蔵」　株式会社一ノ蔵
「金紋両國」　株式会社角星
「蔵王」　蔵王酒造株式会社
「寿禮春」　金の井酒造株式会社
「萩の鶴」　萩野酒造株式会社
「勝山」　勝山企業株式会社
「乾坤一」　有限会社大沼酒造店
「天賞」　天賞酒造株式会社

秋田

「高清水」　秋田酒類製造株式会社
「白瀑」　山本合名会社
「天の戸」　浅舞酒造株式会社
「館の井」　沼舘酒造株式会社
「まんさくの花」　日の丸醸造株式会社
「北鹿」　株式会社北鹿
「千歳盛」　かづの銘酒株式会社
「由利正宗」　株式会社齋彌酒造店
「春霞」　合名会社栗林酒造店
「刈穂」　刈穂酒造株式会社

「天壽」　天寿酒造株式会社
「両関」　両関酒造株式会社
「爛漫」　秋田銘醸株式会社
「秀よし」　合名会社鈴木酒造店
「秋田晴」　国萬歳酒造株式会社
「出羽の冨士」　株式会社佐藤酒造店

山形

「壺天」　男山酒造株式会社
「出羽桜」　出羽桜酒造株式会社
「羽陽錦爛」　後藤康太郎
「米鶴」　米鶴酒造株式会社
「奥羽自慢」　佐藤仁左衛門
「白露垂珠」　竹の露合資会社
「大山」　加藤嘉八郎酒造株式会社
「栄光冨士」　冨士酒造株式会社
「上喜元」　酒田酒造株式会社
「松嶺の富士」　齋藤大輔
「麓井」　麓井酒造株式会社
「東北泉」　合資会社高橋酒造店
「栄冠菊勇」　菊勇株式会社
「最上川」　最上川酒造株式会社
「銀嶺月山」　鈴木酒造合資会社
「十四代」　高木酒造株式会社
「寿久蔵」　寿虎屋酒造株式会社
「酔芙蓉」　株式会社水戸部酒造
「香梅」　香坂酒造株式会社
「九郎左衛門」　有限会社新藤酒造店
「辯天・酒中楽康」　合資会社後藤酒造店
「奥羽自慢」　佐藤仁一郎
「蔵古流」　竹の露合資会社
「出羽ノ雪 酒のいのち」　株式会社渡會本店
「くどき上手」　亀の井酒造株式会社
「初孫」　東北銘醸株式会社
「楯の川」　楯の川酒造株式会社
「麓井」　麓井酒造株式会社
「東北泉」　合資会社高橋酒造店
「花羽陽」　株式会社小屋酒造
「紅花屋重兵衛」　古澤酒造株式会社
「あら玉月山丸」　和田酒造合資会社
「手間暇」　六歌仙酒造協業組合
「羽前白梅」　羽根田酒造株式会社
「若乃井」　若乃井酒造株式会社
「沖正宗」　浜田株式会社

福島

「金水晶」　有限会社金水晶酒造店
「花春」　花春酒造株式会社
「榮川」　榮川酒造株式会社
「会津中将」　鶴乃江酒造株式会社
「雪小町」　有限会社渡辺酒造本店
「地酒三春駒」　佐藤酒造株式会社
「穏」　有限会社仁井田本家
「又兵衛」　合名会社四家酒造店
「あだたら菊水」　有限会社大内酒造
「奥の松」　東日本酒造協業組合
「天明」　曙酒造合資会社
「學十郎」　豊国酒造合資会社
「あぶくま」　有限会社玄葉本店
「笹正宗」　笹正宗酒造株式会社
「國権」　國権酒造株式会社
「開當男山」　渡部善一
「千功成」　株式会社檜物屋酒造店
「大七」　大七酒造株式会社
「会津宮泉」　宮泉銘醸株式会社
「蔵粋」　小原酒造株式会社
「千駒」　千駒酒造株式会社
「玄宰」　末廣酒造株式会社

茨城

「月の井」　株式会社月の井酒造店
「至寶」　日渡酒造株式会社
「御慶事」　青木酒造株式会社
「来福」　来福酒造株式会社
「酔富垂涎乃的」　酔富銘醸株式会社

「一品」 吉久保酒造株式会社
「秀緑」 大塚酒造株式会社
「紬美人」 野村醸造株式会社
「松盛」 岡部合名会社
「久慈の山」 根本酒造株式会社
「東魁山」 東魁酒造合資会社
「住の江」 株式会社安井酒造店
「御慶事」 青木酒造株式会社

栃木

「四季桜」 宇都宮酒造株式会社
「若盛」 西堀酒造株式会社
「開華」 第一酒造株式会社
「惣誉」 惣誉酒造株式会社
「天鷹」 天鷹酒造株式会社
「菊」 株式会社虎屋本店
「北冠」 北関酒造株式会社
「泉月花」 株式会社島崎泉治商店
「旭興」 渡邉酒造株式会社
「松の寿」 株式会社松井酒造店
「とちあかね」 株式会社白相酒造
「千代乃白菊」 株式会社阿部酒造店
「鳳凰美田」 小林酒造株式会社
「天鷹」 天鷹酒造株式会社
「菊の里」 菊の里酒造株式会社
「忠愛」 株式会社富川酒造店

群馬

「関東の華」 聖酒造株式会社
「赤城山」 近藤酒造株式会社
「秘幻」 浅間酒造株式会社
「桂川」 柳澤酒造株式会社
「貴娘」 貴娘酒造株式会社
「手造りとうせん」 松屋酒造株式会社
「鳳凰聖徳」 聖徳銘醸株式会社
「水芭蕉」 永井酒造株式会社

新潟

「越乃寒梅」 石本酒造株式会社
「鶴の友」 樋木酒造株式会社
「越路吹雪」 高野酒造株式会社
「美の川 越の雄町」 美の川酒造株式会社
「柏露」 柏露酒造株式会社
「吉乃川」 吉乃川株式会社
「お福正宗」 お福酒造株式会社
「越乃景虎」 諸橋酒造株式会社
「福扇」 河忠酒造株式会社
「越乃白雁」 中川酒造株式会社
「朝日山」 朝日酒造株式会社
「萬寿鏡」 株式会社マスカガミ
「菊水」 菊水酒造株式会社
「白龍」 白龍酒造株式会社
「越後杜氏」 金鵄盃酒造株式会社
「長者盛」 新潟銘醸株式会社
「白瀧」 白瀧酒造株式会社
「天神囃子」 魚沼酒造株式会社
「〆張鶴」 宮尾酒造株式会社
「月不見の池」 猪又酒造株式会社
「能鷹」 田中酒造株式会社
「妙高山」 妙高酒造株式会社
「かたふね」 合資会社竹田酒造店
「越路乃紅梅」 頚城酒造株式会社
「笹祝」 笹祝酒造株式会社
「真野鶴」 尾畑酒造株式会社
「越の華」 越の華酒造株式会社
「越の関」 塩川酒造株式会社
「越乃日本桜」 株式会社越の日本桜酒造
「越乃梅里」 小黒酒造株式会社
「越乃八豊」 株式会社越後酒造場
「阿賀錦」 株式会社宮腰酒造店
「誉麒麟」 下越酒造株式会社
「越の初梅」 高の井酒造株式会社
「八海山」 八海醸造株式会社
「鶴齢」 青木酒造株式会社
「高千代」 高千代酒造株式会社

「雪鶴」田原酒造株式会社
「根知男山」合名会社渡辺酒造店
「君の井」君の井酒造株式会社
「雪中梅」株式会社丸山酒造場
「金鶴」有限会社加藤酒造店
「王紋」市島酒造株式会社
「越後五十嵐川」福顔酒造株式会社
「越乃雪椿」雪椿酒造株式会社
「米百俵」栃倉酒造株式会社
「越後ゆきくら」玉川酒造株式会社
「松乃井」株式会社松乃井酒造場
「謙信」池田屋酒造株式会社

長野

「雲山西之門」株式会社よしのや
「秀峰喜久盛」信州銘醸株式会社
「真澄」宮坂醸造株式会社
「信濃錦」合資会社宮島酒店
「菊秀」橘倉酒造株式会社
「カルカヤ正宗」横綱酒造株式会社
「美寿々」美寿々酒造株式会社
「福無量」沓掛酒造株式会社
「秀峰喜久盛」信州銘醸株式会社
「喜久水」喜久水酒造株式会社
「麗人」麗人酒造株式会社
「本金」酒ぬのや本金酒造株式会社
「佐久の花」佐久の花酒造株式会社
「大信州」大信州酒造株式会社
「桂正宗」有限会社千野酒造場
「渓流」株式会社遠藤酒造場
「千曲錦」千曲錦酒造株式会社
「七笑」七笑酒造株式会社
「木曽の桟」西尾酒造株式会社
「美寿々」美寿々酒造株式会社
「縁喜」株式会社玉村本店

千葉

「峯の精」株式会社宮崎酒造店
「金龍稲花正宗」稲花酒造有限会社
「腰古井」吉野酒造株式会社
「東灘」東灘醸造株式会社
「大多喜城」豊乃鶴酒造株式会社
「甲子正宗」株式会社飯沼本家
「梅一輪」梅一輪酒造株式会社
「かん菊」合資会社寒菊銘醸
「鳳冠」合同酒精株式会社
「仁勇」鍋店株式会社
「福祝」藤平酒造合資会社
「鹿野山」株式会社原本家
「東薫」東薫酒造株式会社

埼玉

「菊泉」滝澤酒造株式会社
「九重桜」大瀧酒造株式会社
「桝川」川端酒造株式会社
「日本橋」横田酒造株式会社
「秩父錦」株式会社矢尾本店
「秩父小次郎」秩父菊水酒造株式会社
「武蔵鶴」武蔵鶴酒造株式会社
「帝松」松岡醸造株式会社
「文楽」株式会社文楽
「旭正宗」内木酒造株式会社
「都鷹」株式会社小山本家酒造
「亀甲花菱」清水酒造株式会社
「武甲正宗」武甲酒造株式会社
「天覧山」五十嵐酒造株式会社
「万両」鈴木酒造株式会社

東京

「喜正」野崎酒造株式会社
「千代鶴」中村八郎右衛門
「金婚正宗」豊島屋酒造株式会社

神奈川

「白笹鼓」有限会社金井酒造店
「盛升」黄金井酒造株式会社

山梨

「福徳長」　福徳長酒類株式会社
「太冠」　太冠酒造株式会社
「甲斐の開運」　井出與五右衛門

富山

「満寿泉」　株式会社桝田酒造店
「銀盤」　銀盤酒造株式会社
「銀嶺立山」　立山酒造株式会社
「若鶴」　若鶴酒造株式会社
「富美菊」　富美菊酒造株式会社

石川

「朱鷺の里」　見砂酒造株式会社
「関白」　株式会社加越
「谷泉」　株式会社鶴野酒造店
「宗玄」　宗玄酒造株式会社
「能登 末廣」　合名会社中島酒造店
「高砂」　株式会社金谷酒造店
「天狗舞」　株式会社車多酒造
「加賀鶴」　やちや酒造株式会社
「手取川正宗」　株式会社吉田酒造店

福井

「福千歳」　田嶋酒造株式会社
「北の庄」　舟木酒造合資会社
「黒龍」　黒龍酒造株式会社
「越前岬」　田辺酒造有限会社
「早瀬浦」　三宅彦右衛門酒造有限会社
「花垣」　有限会社南部酒造場
「一乃谷」　株式会社宇野酒造場
「源平」　源平酒造株式会社
「常山」　常山酒造合資会社
「白岳仙」　安本酒造有限会社
「月丸」　西岡河村酒造株式会社
「真名鶴」　真名鶴酒造合資会社
「一本義」　株式会社一本義久保本店

岐阜

「美濃紅梅」　武内合資会社
「久壽玉正宗」　有限会社平瀬酒造店
「奥飛騨」　高木酒造株式会社
「蓬莱」　有限会社渡辺酒造店
「白真弓」　有限会社蒲酒造場
「長良川」　小町酒造株式会社
「篝火」　菊川株式会社
「天領」　天領酒造株式会社
「御代櫻」　御代櫻醸造株式会社
「女城主」　岩村醸造株式会社
「奥飛騨」　高木酒造株式会社

静岡

「萩錦」　萩錦酒造株式会社
「出世城」　浜松酒造株式会社
「千寿」　千寿酒造株式会社
「葵天下」　山中酒造合資会社
「開運」　株式会社土井酒造場
「杉錦」　杉井佐智雄
「志太泉」　株式会社志太泉酒造
「君盃」　君盃酒造株式会社
「富士錦」　富士錦酒造株式会社
「忠正」　吉屋酒造株式会社
「臥龍梅」　三和酒造株式会社
「正雪」　株式会社神沢川酒造場
「菊源氏」　旭化成株式会社

愛知

「神の井」　神の井酒造株式会社
「國盛」　中埜酒造株式会社
「初夢桜」　天埜酒造合資会社
「白老」　澤田酒造株式会社
「相生乃松」　相生ユニビオ株式会社
「神杉」　神杉酒造株式会社
「常盤」　常盤醸造株式会社
「長誉」　丸石醸造株式会社
「清洲桜」　清洲桜醸造株式会社
「尊皇幻々」　山崎合資会社

三重
「喰井」　石川酒造株式会社
「半蔵」　株式会社大田酒造
「俳聖芭蕉」　橋本勝誠
「高砂」　木屋正酒造合資会社
「参宮」　澤佐酒造合名会社
「出世鶴」　稲森酒造株式会社
「白梅」　合資会社笹野酒造部
「福の聲」　株式会社福井酒造場
「天下錦」　合名会社福持酒造場
「瀧自慢」　瀧自慢酒造株式会社

滋賀
「浪乃音」　浪乃音酒造株式会社
「七本鎗」　冨田酒造有限会社
「喜楽長」　喜多酒造株式会社
「香の泉」　竹内酒造株式会社
「美冨久」　美冨久酒造株式会社
「笑四季」　笑四季酒造株式会社
「琵琶の長寿」　池本酒造有限会社
「多賀」　多賀株式会社
「御代栄」　北島酒造株式会社
「萩乃露」　株式会社福井弥平商店
「金紋道灌」　太田酒造株式会社

京都
「月桂冠」　月桂冠株式会社
「黄桜」　黄桜酒造株式会社
「英勲」　齊藤酒造株式会社
「松竹梅」　宝酒造株式会社
「よさ娘」　与謝娘酒造合名会社
「玉川」　木下酒造有限会社
「聚樂菊」　佐々木酒造株式会社
「富翁」　株式会社北川本家
「玉乃光」　玉乃光酒造株式会社
「坤滴」　東山酒造有限会社
「白嶺・酒呑童子」　ハクレイ酒造株式会社
「菊富士」　富士酒造株式会社

大阪
「富久娘」　旭化成株式会社
「片野桜」　山野酒造株式会社
「利休梅」　大門酒造株式会社
「國乃長」　寿酒造株式会社
「天野酒」　西條合資会社

兵庫
「沢の鶴」　沢の鶴株式会社
「富久娘」　富久娘酒造株式会社
「大関」　大関株式会社
「松竹梅」　宝酒造株式会社
「櫻正宗」　櫻正宗株式会社
「瀧鯉」　木村酒造株式会社
「香住鶴」　香住鶴株式会社
「播州一献」　山陽盃酒造株式会社
「神結」　神結酒造株式会社
「竹泉」　田治米合名会社
「奥丹波」　山名酒造株式会社
「白鷺の城」　田中康博
「福壽」　株式会社神戸酒心館
「黄桜」　黄桜酒造株式会社
「竹泉」　田治米合名会社
「神結」　神結酒造株式会社
「日本盛」　日本盛株式会社
「小山屋又兵衛」　株式会社浜福鶴銘醸
「白鶴」　白鶴酒造株式会社
「播磨王」　木戸酒造合名会社
「龍力　米のささやき」　株式会社本田商店
「忠臣蔵」　奥藤商事株式会社

奈良
「御代菊」　喜多酒造株式会社
「吟和」　千代酒造株式会社
「三諸杉」　今西酒造株式会社
「談山正宗」　西内康雄
「猩々」　北村酒造株式会社

「八咫烏」 株式会社北岡本店
「長龍」 長龍酒造株式会社
「梅乃宿」 梅乃宿酒造株式会社
「山桂」 株式会社岡本本家
「萬穣」 中谷酒造株式会社
「玉の露」 堤酒造株式会社
「五神」 五條酒造株式会社

和歌山

「世界一統〈イチ〉」 株式会社世界一統
「万葉の和歌鶴」 平和酒造株式会社
「日本城」 株式会社吉村秀雄商店
「功乃鷹」 株式会社山西専太郎商店

鳥取

「福寿海」 中川酒造合名会社
「山陰 東郷」 福羅酒造有限会社
「鷹勇」 大谷酒造株式会社
「君司」 君司酒造株式会社
「日置桜」 有限会社山根酒造場
「元帥」 元帥酒造株式会社

島根

「十旭日」 旭日酒造有限会社
「李白」 李白酒造有限会社
「國暉」 國暉酒造有限会社
「菊弥栄」 株式会社岡田屋本店
「扶桑鶴」 株式会社桑原酒場
「都乃花」 有限会社原田本店
「月山」 吉田酒造株式会社
「美波太平洋」 木次酒造株式会社
「都錦」 都錦酒造株式会社
「加茂福」 加茂福酒造株式会社
「隠岐誉」 隠岐酒造株式会社

岡山

「極聖」 宮下酒造株式会社
「燦然」 菊池酒造株式会社
「喜平」 平喜酒造株式会社
「酒一筋」 利守酒造株式会社
「きびの吟風」 有限会社板野酒造場
「歓の泉」 中田酒造有限会社
「粋府」 三宅酒造株式会社
「萬年雪」 森田酒造株式会社
「富志美盛」 大野酒造株式会社
「御前酒」 株式会社辻本店

広島

「御幸」 株式会社小泉本店
「旭鳳」 旭鳳酒造株式会社
「黒松 千福」 株式会社三宅本店
「雨後の月」 相原酒造株式会社
「天寶一」 株式会社天寶一
「白蘭」 白蘭酒造株式会社
「芳華金紋 白牡丹」 白牡丹酒造株式会社
「八幡川」 八幡川酒造株式会社
「蓬莱鶴」 株式会社原本店
「宝剣 吟のしずく」 宝剣酒造株式会社
「本洲一」 合名会社梅田酒造場
「八重乃露」 上杉酒造株式会社
「賀茂泉」 賀茂泉酒造株式会社
「神雷」 三輪酒造株式会社
「瑞冠」 山岡酒造株式会社
「美和桜」 美和桜酒造有限会社
「峰仙人」 八谷酒造株式会社
「比婆美人」 比婆美人酒造株式会社
「瑞雲 華鳩」 榎酒造株式会社
「金冠 千代乃春」 千代乃春酒造株式会社

山口

「長陽 福娘」 岩崎酒造株式会社
「東洋美人」 株式会社澄川酒造場
「金紋 寿」 株式会社中島屋酒造場
「五橋」 酒井酒造株式会社
「関娘」 下関酒造株式会社
「宝船」 中村酒造株式会社
「銀嶺」 三浦酒造株式会社
「山頭火」 金光酒造株式会社

「錦乃誉」　八百新酒造株式会社
「東洋男山」　株式会社川村酒造場
「和可娘」　新谷酒造株式会社

香川

「金陵」　西野金陵株式会社
「綾菊」　綾菊酒造株式会社
「川鶴」　川鶴酒造株式会社

徳島

「瓢太閤」　有限会社太閤酒造場
「鳴門鯛」　株式会社本家松浦酒造場
「芳水」　芳水酒造有限会社

愛媛

「仁喜多津」　水口酒造株式会社
「川亀」　川亀酒造合資会社
「寿喜心」　首藤酒造株式会社
「日本心」　武田酒造株式会社
「梅錦」　梅錦山川株式会社
「酒仙　栄光」　栄光酒造株式会社
「久米の井」　後藤酒造株式会社
「山丹正宗」　株式会社八木酒造部
「虎の尾」　西本酒造株式会社
「京ひな」　酒六酒造株式会社
「森の翠」　篠永酒造株式会社
「雪雀」　雪雀酒造株式会社

「初雪盃」　協和酒造株式会社
「石鎚」　石鎚酒造株式会社

高知

「土佐しらぎく」　有限会社仙頭酒造場
「土佐鶴」　土佐鶴酒造株式会社
「純平」　有限会社西岡酒造店
「藤娘」　藤娘酒造株式会社
「玉の井」　有限会社南酒造場
「文佳人」　株式会社アリサワ
「司牡丹」　司牡丹酒造株式会社
「酔鯨」　酔鯨酒造株式会社
「豊の梅」　高木酒造株式会社

福岡

「天心」　溝上酒造株式会社
「慶雲朝凪」　朝凪酒造株式会社
「三井の寿」　井上合名会社
「若竹屋」　合資会社若竹屋酒造場
「花の露」　冨安本家酒造株式会社
「九州菊」　林　平作
「鷹正宗」　鷹正宗株式会社
「福徳長」　福徳長酒類株式会社
「しげます」　株式会社高橋商店
「旭菊」　旭菊酒造株式会社
「冨の寿」　冨安合名会社

「国の寿」　目野酒造株式会社

佐賀

「万齢」　小松酒造株式会社
「聚楽太閤」　鳴滝酒造株式会社
「能古見」　有限会社馬場酒造場
「天山」　天山酒造株式会社
「基峰鶴」　合資会社基山商店
「古伊万里」　古伊万里酒造有限会社
「東一」　五町田酒造株式会社
「竹の園」　矢野酒造株式会社
「鍋島」　富久千代酒造有限会社

長崎

「∴本陣ふるさと讃歌」　潜龍酒造株式会社
「白嶽」　河内酒造合名会社

熊本

「瑞鷹」　瑞鷹株式会社
「亀萬」　亀萬酒造合資会社
「千代の園」　千代の園酒造株式会社
「美少年」　美少年酒造株式会社
「れいざん」　山村酒造合名会社

大分

「倉光」　倉光酒造合名会社
「西の関」　萱島酒造有限会社
「智恵美人」　有限会社中野酒造

「薫長」　クンチョウ酒造株式会社
「八鹿」　八鹿酒造株式会社
「亀の井」　亀の井酒造合資会社
「久住千羽鶴」　佐藤酒造株式会社
「龍梅」　藤居酒造株式会社
「和香牡丹」　三和酒類株式会社

宮崎

「千徳」　千徳酒造株式会社

〈編著者略歴〉
外池良三（とのいけ・りょうぞう）
1909年、茨城県生まれ。35年、九州帝国大学農学部農芸化学科卒業。71年まで大蔵省（国税庁）醸造試験所に勤務したのち、㈶日本醸造協会、㈶日本醤油研究所に勤務。実践女子大学教授。著書に『酒類工業』『実験工業化学』『新酒造技術』がある。平成7年8月没。

多椊正芳（ただ・まさよし）
石川県金沢市出身。1993年、北国新聞社に入社。社会部、学芸部に所属し、主に大学関連の取材を担当。'98年、北国新聞社を退社。現在、総合情報誌などの取材記者として活動を手がける。

世界の酒日本の酒ものしり事典

2005年8月5日　初版印刷
2005年8月15日　初版発行

編　者――外池良三
発行者――今泉弘勝
印刷所――東京リスマチック株式会社
製本所――東京リスマチック株式会社

発行所――株式会社　東京堂出版
〒101-0051 東京都千代田区神田神保町1-17
電話　東京03－3233－3741　振替　00130－7－270

ISBN4-490-10671-8 C1577